環境アセスメント

―改訂版―

原科幸彦

●

Ⓒ 2000　原科幸彦
装幀・本文基本レイアウト　蟻原敏通

まえがき

　環境アセスメントという言葉は，次第に社会的に認知されてきたようである。アセスメントに関連する問題が毎日のように報道されるようになってきた。
　例えば，2000年の1月には徳島県吉野川の第十堰改築問題で住民投票が行われ，投票総数の9割以上が建設省の可動堰計画に反対の意向を示した。アセスメントに入る前の意志表示である。2月には愛知万博の問題が紙面を賑わしたが，これもアセスメントが関わっている。また，1999年の1月には名古屋市の藤前干潟が保全された。これはアセスメント後の，市の意思決定である。
　従来は，環境アセスメントというと，ppm やデシベルといった計測値や難しい数式が出てくるものという感じを持たれることが多かったようだが，最近は少し様子が変わってきた。このような科学的な分析はアセスメントの一部でしかない。大切なことは，分析結果が事業計画の意思決定に関連することである。環境アセスメントの本質は，環境を配慮した社会的な意思決定ということである。
　この意思決定に地域住民や NGO が参加することが重要である。そして，アセスメントは計画プロセス全体の中で考えなければならない。筆者は，計画や政策への参加がアセスメントにおけるキーワードだと考えており，

本書もこの視点で書かれている。

　筆者は社会工学を背景に環境計画の分野の研究を行っている。社会工学は，工学といってもソフトなテクノロジーの領域である。社会問題を解決するために工学的なアプローチをとるものであり，具体的には都市計画や地域計画，さらには国土レベルの計画や政策も視野に入る。このような公共的な計画におけるアセスメントは本来，これらの計画を作るプロセスの一部である。都市や地域レベルの計画では，計画の実施による影響を受ける住民の参加が必要になる。とりわけ地域環境への影響の大きいものはこれが不可欠である。

　だが，わが国はこのような公共的計画への住民参加の経験はまだ十分とは言えない。そもそも社会のなかに計画という概念があまり根づいていない。都市計画の制度にしても住民参加の仕組みは次第にできてきたが，その実践はまだ不十分である。これは行政の側だけでなく，積極的に参加しようとしない住民の側にも責任はある。とはいえ，地区レベルの計画などでは実践例が蓄積されてきた。

　また，環境に大きな影響が生じそうな企業活動にしても，従来はなかなか情報が提供されなかった。しかし，これも次第に様子が変わってきている。企業の自主的環境管理を社会に証明する ISO 14001 や，環境汚染物質排出移動登録（PRTR）制度などで，企業の情報が社会に提供されるようになってきた。今後も，この流れは変わ

らないであろう。

　地球規模での環境問題への対応が重要な課題となった今日，環境への積極的な配慮は必須条件である。Think globally, act locally（地球規模で考え地域で行動する）と言われるように，地域毎の環境を配慮した判断が結局は地球環境を守るのである。この意味で地域の環境計画は必然であり，アセスメントはこの環境計画と結びつくことにより一層効果が増すことになる。

　アセスメントは環境を配慮した意思決定を社会にオープンな形で行うことであり，このための手続きは，科学性と民主性が要求される。本書の前半ではアセスメントの方法について説明する。後半ではその具体的な事例をわが国と欧米の例で紹介し，さらに環境紛争や，新たなアセスメントである戦略的環境アセスメント（SEA），環境計画についても考えていく。これによってアセスメントとは何か，その本質を理解し，今後のあるべき方向について考察する。

　アセスメントがより効果的に機能するためには，情報公開の推進と，計画という概念の社会への浸透が必要である。計画への住民参加は，住民が責任を分担するということも意味する。読者がアセスメントとともに，社会における計画の重要性を理解し，これに積極的に関わっていかれることを念願する次第である。

本書は，放送大学の講義「環境アセスメント」の印刷教材として書かれたものである。1994年に出版した前著の改訂版である。本書のうち，予測手法については福島大学行政社会学部の村山武彦助教授に分担執筆をお願いした。同氏には，前著の執筆時にもご協力頂いた。

　環境アセスメントはようやくわが国でも定着してきたが，1999年6月から環境影響評価法（アセス法）が全面施行されたことにより，制度の大幅な変更があった。このため，本書もこれに合わせて改訂を行った。新制度への移行時期であるため流動的な部分も多く執筆のタイミングを合わせるのが困難であった。その上，環境理工学創造専攻における本務による時間的制約の他，愛知万博アセスの評価書の検討等で多くの時間を取られ，編集担当の方には大変な苦労をおかけした。担当の方のご協力と励ましに，謝意を表する次第である。

2000年2月

原科幸彦

目　次

まえがき　　　　　　　　　　　　　　　原科幸彦　　3

1──持続可能な発展　　　　　　　　　　原科幸彦　　11

1. 人間活動と環境……………………………………………11
2. 環境問題の変遷：リオの地球サミットまで…………18
3. 環境政策の新たな展開……………………………………22
4. 環境との共生………………………………………………26

2──アセスメントとは何か　　　　　　　原科幸彦　　31

1. 環境に配慮した人間行為の選択…………………………31
2. 政策分析としてのシステム分析…………………………33
3. 代替案と評価………………………………………………38
4. アセスメントはシステム分析の一応用例………………45
5. アセスメントの手続き……………………………………46

3──コミュニケーションの方法　　　　　原科幸彦　　51

1. アセスメントの手続き……………………………………51
2. コミュニケーションの方法………………………………56
3. 文書形式のコミュニケーション…………………………58
4. 会議形式のコミュニケーション──事例に即して──…61
5. コミュニケーションの改善………………………………64

4──検討範囲の絞り込み　　　　原科幸彦・村山武彦　67

1. 検討範囲の絞り込みとは…………………………………67
2. 対象事業および地域の基礎調査…………………………69
3. 絞り込みの基本的考え方…………………………………74

4．予測・評価項目の分類……………………………………78
　5．予測・評価項目の選定方法………………………………81
　6．絞り込みにおける課題……………………………………85

5―環境影響の予測(1)
　　　―環境の物理的要素―　　　　　　村山武彦　86

　1．大気汚染………………………………………………………86
　2．水質汚濁………………………………………………………92
　3．騒音……………………………………………………………96
　4．その他の公害項目 …………………………………………100
　5．気象，水象，地象 …………………………………………101

6―環境影響の予測(2)
　　　―自然生態系と社会関連項目―　村山武彦　104

　1．自然生態系 …………………………………………………104
　2．人と自然との豊かな触れ合い ……………………………108
　3．環境への負荷 ………………………………………………112
　4．その他の評価項目 …………………………………………115
　5．環境影響の予測手法に関する課題 ………………………118

7―環境影響の評価　　　　　　　　　原科幸彦　120

　1．評価 …………………………………………………………120
　2．個別評価 ……………………………………………………121
　3．総合評価 ……………………………………………………124
　4．代替案検討のための総合評価 ……………………………126
　5．総合評価の事例 ……………………………………………130

8―日本の制度の歴史　　　　　　　　原科幸彦　139

　1．わが国のアセス制度成立の経緯 …………………………139
　2．制度化への動き ……………………………………………145

3．法制化の失敗と閣議アセス …………………148
　　4．環境影響評価法 ………………………………155

9―日本の現行制度と事例　　原科幸彦　159

　　1．環境影響評価法の特徴 ………………………159
　　2．国の制度と自治体の制度 ……………………164
　　3．事例：藤前干潟のごみによる埋め立ての回避 …………166
　　4．事例：恵比寿ガーデンプレースの開発 ……………174
　　5．アセス法の活用と問題点 ……………………179

10―欧米の制度と事例　　原科幸彦　181

　　1．アメリカのNEPA ……………………………181
　　2．NEPAに基づく制度 …………………………183
　　3．ヨーロッパの制度 ……………………………190
　　4．オランダの事例 ………………………………196
　　5．イギリスの事例 ………………………………200
　　6．欧米のアセスから学ぶもの …………………206

11―より積極的な住民参加　　原科幸彦　207

　　1．積極的な住民参加 ……………………………207
　　2．アメリカの住民参加の具体例 ………………213
　　3．より積極的な住民参加 ………………………218
　　4．わが国における計画への参加の事例 ………220
　　5．住民参加の促進 ………………………………226

12―アセスメントと紛争　　原科幸彦　229

　　1．アセスメントにおける紛争の発生 …………229
　　2．アセスメントにより紛争解決が進んだ事例
　　　　　―シアトルのI-90号線建設紛争― ………229
　　3．アセスメントによる紛争発生とその解決の事例

──ジャクソンの下水処理場建設紛争── ………236
　　4．紛争発生と解決の方法 ………………………………243
　　5．アセスメントの効果 …………………………………246

13──戦略的環境アセスメント　　　原科幸彦　248
　　1．開発行為の累積的影響 ………………………………248
　　2．戦略的環境アセスメントとは何か …………………251
　　3．SEAの動向 ……………………………………………257
　　4．SEAの事例 ……………………………………………259
　　5．SEAの導入 ……………………………………………265

14──環境計画とアセスメント　　　原科幸彦　269
　　1．環境基本計画 …………………………………………269
　　2．自治体の環境計画の例：京都市の環境計画 ………271
　　3．環境と調和したチューリッヒの交通システム ……280
　　4．地域の総合計画のSEA ………………………………289

15──アセスメントの今後　　　原科幸彦　292
　　1．現行制度の改善 ………………………………………292
　　2．大切なスコーピング …………………………………296
　　3．新しいアセス，SEAの導入 …………………………301
　　4．土地利用計画と成長管理 ……………………………304
　　5．おわりに ………………………………………………310

参考文献　　　　　　　　　　　　　　　　　312

索引　　　　　　　　　　　　　　　　　　　323

1
持続可能な発展

1. 人間活動と環境

　環境アセスメントという言葉は，今では日常的に使われている。多くの人が知っている言葉になった。略して，環境アセスとか，アセスメント，あるいはアセスとも言われる。このように，よく聞く言葉になったが，その本来の意味について，どれだけ正確に理解されているかは疑問である。本書では，環境アセスメントについて，その概念と方法，現状，そして将来のあるべき姿について考察していく。

　わが国の環境アセスメントは，従来は公害というような環境汚染の未然防止を主な目的として実施されてきた。これは1960年代における深刻な公害問題への対応として，社会的に強く求められたからである。しかし，今では環境汚染の未然防止だけでなく，より積極的に環境を総合的にとらえ，地域の環境全体を保全していくという考え方に変わっている。

● スイスの環境保全

　環境を保全するということを考えるため，まず，世界の様子を見てみる。スイスの素晴らしい自然環境管理の例を紹介する。スイスのほぼ中央部に位置する，インターラーケン地方のグリンデルバルトという町の例を見てみよう（図1-1）。

　写真1-1に示すのは，グリンデルバルトから見たアルプスの景色で，有名なアイガーも見える。ここは，アイガーやユングフラウへの登山口

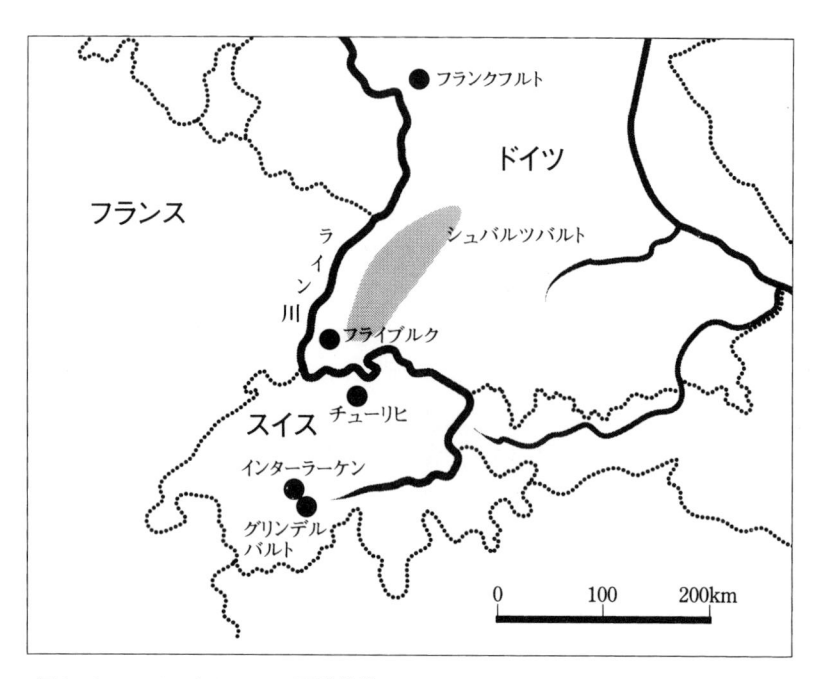

図1-1　スイスとドイツの国境地帯

として知られる観光地である。アルプスの美しい山々が眼前に迫る。また，ここからは登山電車で，ユングフラウヨッホへ行ける。写真のような観光地だが，日本の多くの観光地とは違っている。スイスの中でも日本人に特に人気のある地域である。日本からの観光客が多いが，なぜわれわれを引きつけるのだろう。

　その理由は，写真1-2のように，この町全体が，自然と調和した町づくりをしているからだ。土地利用の密度が低く，建物が自然の中に溶け込んでいる。建物のデザインは，この地方特有のシャレー形式で統一している。例えば，写真1-3の建築中の建物もシャレー形式のデザインと

写真1-1　グリンデルバルトから見るアルプス

写真1-2　グリンデルバルトの景観

写真1-3　シャレー形式で建築中の建物

なっている。
　スイスでは，このような町ができている。日本にも自然の美しい観光地は多いが，このように自然と調和した美しい町づくりのされているところは，残念ながら極めて少ない。これは，ヨーロッパは日本より人口密度が低いからなのだろうか。事実は違う。
　スイスは日本と同じ山国だから平地面積は少ない。その結果，スイスはヨーロッパの中では人口密度がかなり高い。国土面積当たりで見ても高く，実は北海道の2倍以上の人口密度である。北海道の半分ほどの面積に，北海道の570万人より多い，700万人が住む。
　だから，わが国との違いはスペースの制約の問題だけとは言い切れない。地域の環境を保全していくための計画の有無が，この結果をもたら

したのである。環境保全には計画が必須であり、スイスでは土地利用と町づくりのルールがきちんとしている。

● 東京とニューヨークの土地利用比較

　日本は今や、都市部に8割近くの人が住む都市型社会になった。しかも大都市への集中が激しい。次に、都市部の環境はどうだろうか。

　大都市と言えば、代表は東京である。東京と比較できる世界の大都市はニューヨークがあげられる。ニューヨークは摩天楼がそびえ立ち、東京よりもずっと高い密度のように見える。東京をニューヨークのマンハッタンなみに高度利用するべきだと言う声も聞かれる。

　しかし、これも、事実に反する意見である。実は、東京は世界でも突出した高密度都市であり、特異な状況にある。東京地方で周期的に起こる大地震に備えなければならない。1995年の阪神淡路大震災のことを考えれば、これ以上の高度利用は自殺行為と言える。

　そこで、この事実を写真で確認してみる。写真1-4、5は、ヘリコプターで撮影したものである。東京とニューヨーク、それぞれ都心から同じ距離だけ飛んだ地点の土地利用の様子を比較した。

　都心部ではマンハッタンは高層ビルが多いが、東京もかなりある。東京では広い範囲に高層ビルが分散しているため、マンハッタンほど高層ビルがないように見える。実は東京23区のオフィス面積は、ニューヨークの2倍ほどもある。都心から5kmほども離れると、あまり差がない。写真1-4は10kmの地点である。ニューヨークの密度は東京よりもかなり低い。写真1-5の20kmの地点では、この差は歴然としている。ニューヨークの密度は、東京よりも随分と低い。さらに、30km、40kmも、同じようにニューヨークの密度は低い。

　それ以上離れると東京は山になるので開発ができない。つまり、東京は自然の制約から土地利用ができなくなるまで、土地を開発し続けてき

都心から10kmの比較　　　　　　都心から20kmの比較

東京（世田谷区明大前）　　　　東京（調布）

↕　　　　　　　　　　　　　↕

ニューヨーク（サウス・ブロンクス）　ニューヨーク（マウント・バーノン）

写真1-4　東京とニューヨークの比較(1)　写真1-5　東京とニューヨークの比較(2)

（注）東京は都心から西へ，ニューヨークは北へ行ったところ。

たのである。このように,あの大都市,ニューヨークも,高度利用されているのは,実は都心のほんの一部だけなのである。都市圏全体の土地利用密度は相当に低いことがわかる。東京都市圏は通常,1都3県とされるが,この範囲の人口は3200万人である。同程度の範囲をニューヨーク都市圏で取ると半径 $60km$ ほどとなるが,その人口は1600万人である。何と東京の半分の人口しかない。

東京都市圏全体では広すぎるという意見もあろう。そこで,市街化の進行した東京23区の範囲で考えてみよう。東京23区の面積は約600平方キロメートルある。この程度の広がりで世界の大都市の人口密度を比較したのが表1-1である。

東京23区は1ヘクタール当たり132人の人口密度だが,これは異常に高い値である。ニューヨークは88人で,東京の3分の2しかない。ロンドンは半分以下の64人,パリも80人しかない。東京以外の世界の大都市は,90人にも満たない人口密度であり,これが標準である。これを見れば東京23区の異常さがわかる。写真1-4,5で見た,東京とニューヨークの違いが理解できよう。

表1-1　大都市の人口密度比較
―東京23区と同程度の地域―

	面積 [km²]	人口 [万人]	密度 [人/ha]
東 京 23 区	617.4	816.3	132.2
ニューヨーク市	833.5	735.2	88.2
ロ ン ド ン*	593.2	378.9	63.9
パ リ**	762.8	613.7	80.4

*インナーロンドン+外周6区, **パリ市+外周3県,
ニューヨーク・ロンドンは1988年, 東京・パリは
1990年のデータ　　　出典：東京都市白書'91

このような違いが生じたのは，欧米の諸都市は地域計画をきちんとやってきたが，わが国では十分な計画がなかったためである。例えばニューヨークは，1929年の大恐慌の年に，ニューヨーク都市圏の地域計画を作成している。この計画自体は，著名な都市学者ルイス・マンフォードらから成長を容認しすぎだという批判が出されたが，このように地域計画を作り，開発をコントロールしてきたことが重要である。欧米では，土地利用規制もわが国に比べ極めて厳しい。

　このような70年以上にわたる成果が，現在のニューヨーク都市圏の土地利用となっている。ロンドンも，パリも同じ原理が働いている。大都市の市街化部は密度が適正にコントロールされ，そのすぐ周辺に緑の地域がある。いずれも土地利用計画の成果である。

　環境問題は人口問題と言われるが，これを裏返せば土地問題であると言える。スイスの例も，アメリカの例も土地利用規制が，よりよい環境を作るための基礎であることを示している。

2. 環境問題の変遷：リオの地球サミットまで

　環境を保全するためには，環境への負荷を減らさなければならない。そのためには，人間活動の管理が必要である。土地利用計画はその基礎である。わが国でも次第にこのような考え方になってきたが，まだ，十分ではない。そこで，これまでの環境政策の変遷を見てみる。まず1992年，リオの地球サミットまでの日本の環境政策をたどる（表1-2）。

●公害対策

　わが国の環境問題の解決は，工業化の急速な進展のなか，生じた公害と言われる激甚な環境汚染への対応として始まった，水俣病，新潟水俣病，イタイイタイ病，四日市ぜんそくの4大公害事件がその代表である。これらはいずれも1960年代に大きな社会問題となったもので，いずれ

表1-2 環境アセスメント関連年表

年	事項
1956年	水俣病患者 公式に確認
62	レイチェル・カーソン「沈黙の春」出版
67	公害対策基本法制定
69	NEPA制定（アメリカ）
70	公害国会
71	環境庁発足
72	アセスメント閣議了解 ストックホルム人間環境宣言 自然環境保全法制定
76	環境庁むつ小川原総合開発計画へのアセス指針を提示 川崎市全国初のアセス条例制定 環境影響評価法案の提出を試みるが失敗
80	神奈川県・東京都アセス条例制定
81	環境影響評価旧法案，6度目の提出で国会審議へ
83	環境影響評価 旧法案廃案
84	閣議決定にもとづくアセス要綱
92	リオで地球サミット
93	環境基本法制定
94	環境基本計画策定
97	環境影響評価法制定
99	環境影響評価法施行

も裁判で企業の責任が問われた。この環境汚染の危機的状況からの脱出が最初の目標であった。

アメリカでも同じころ，環境汚染の問題があった。1962年にレイチェル・カーソンが有名な Silent Spring「沈黙の春」を出版し，社会的に大きな反響があった。この本は半年間で50万部が売れるという，当時としては異例のベストセラーとなった。彼女は，この本で，殺虫剤と農薬による環境汚染の問題を指摘し，環境問題が大きな社会問題となっていた。当時のケネディ大統領は大統領特別調査委員会を設置して調査を命

じ，1963年にカーソンの主張が正しいことが明らかになった。

アメリカと日本では形はやや違うが，1960年代は世界中で環境問題が生じていた。特に，1960年代の末から1970年代の初めにかけて，このうねりは世界中で高まった。

わが国でもこのころ，環境政策の新しい展開があった。1970年末のいわゆる公害国会では，公害・環境関連の14法案が国会を通過した。そして，1971年には環境庁が発足している。

このころの環境行政は，公害防止をめざし，大気や水質，騒音などの公害関連項目に環境基準を設定する規制行政であった。この規制行政の根拠を与える公害対策基本法は，環境庁の設置より前の1967年に制定されている。

●自然保護

次に，自然保護が第2の領域として加わった。自然環境保全法が1972年に成立している。

尾瀬や上高地のような，誰が見ても貴重な自然環境は手厚く保護されたきた。しかし，最近では利用客の増大により，人間行為と環境保全の問題が生じている。入り込み者数の制限が必要となっているが，交通アクセスが限られているため，現在でも実質的に制限されている。

ここでも，環境を守るためには環境保全のための計画が必要なことがわかる。

●環境アセスメント

さらに，未然防止という第3の領域，環境アセスメントが加わった。これには，1960年代の深刻な公害問題への対応が社会的に強く求められたことに加え，アメリカにおける環境アセスメントの誕生が大きく影響している。例えば，環境アセスメントは「環境影響評価」と言うが，これは，英語のEnvironmental Impact Assessmentに相当する言葉で

ある。

　1969年，アポロ11号が人類初めての月面着陸を果たした。テレビを通じてこの映像は世界各国に送られ，多くの人々が地球を外側から見るということを疑似的に体験した。経済先進国が中心であったが，人々が地球環境という意識を明確に持ち始めたのはこの時以来である。多くの人が，地球環境の有限であることを明確に認識し，環境保全行動への関心を高めた。テレビというメディアの威力を改めて知らされた事件でもあった。

　この1969年は，環境政策上極めて重要な法案がアメリカの連邦議会を通過した年でもある。National Environmental Policy Act，略してNEPA，日本語では国家環境政策法である。環境アセスメントは，まずアメリカで，このNEPAに基づいて行われるようになった。NEPAは1970年1月1日より施行された。

　この動きは経済先進各国に広がっていった。1970年には初めてのアースデイが持たれた。さらに1972年にはストックホルムで最初の国連人間環境会議が開かれ，人間環境宣言がされた。"think globally and act locally"（地球規模で考え地域で行動する）という言葉も生まれた。1970年前後は，環境問題が各国で注目された時代である。

　わが国は，1972年に環境アセスメント制度の導入を閣議了解しているから，制度化へのスタートは遅くはない。ストックホルムの国連人間環境会議で，当時の大石武一環境庁長官がアセスメント制度の導入を明言し，制度化の準備が開始された。

　しかし，法制化は遅々として進まなかった。特に1973年のオイルショックにより環境保全に対する社会の態度が変化したことも，これには関係していよう。個別法などの枠内でのアセスが作られ，地方自治体でのアセスの制度化も先に進んでいった。一方，国の法案は1983年に廃案と

なってしまい、法制化は挫折した。やむを得ず、翌1984年に法律でなく行政指導で国の統一的なアセスを実施することを閣議決定した。

●地域環境管理計画

このころ、環境行政は後退気味になった。だが、1980年代からは第4の領域として、アメニティの向上も対象に加わった。このため、各地で地域環境管理計画が作られてきたが、法的規制力はなく、実効性の低いものであった。

環境計画が法的根拠を持つのは、1993年の環境基本法の制定まで待たなければならなかった。環境基本法に基づいて、1994年に国の環境基本計画が策定された。これに前後して地方自治体レベルでも各地で環境基本条例が制定され、自治体の環境基本計画も策定されるようになってきた。

3. 環境政策の新たな展開

そして、1980年代の末から世界的に地球環境問題への関心が高まってきた。わが国も地球環境問題へ視野が拡大した。環境基本法ができたのも、このような領域の拡大も一因である。地球環境問題への対応が第5の領域である。1992年にリオの地球サミットが開かれた。

●持続可能な発展

1992年6月、ブラジルのリオデジャネイロで国連の環境と開発に関する会議が開催された。この会議では、Sustainable Development（持続可能な発展）という概念が国際的に合意された。Sustainable Developmentは、当初「持続可能な開発」と訳されたが、最近では「持続可能な発展」と訳されることも多くなってきた。

「開発」と「発展」では、どう違うか。

持続可能な発展を実現するための行動計画も作られた。これが、アジ

ェンダ21である。この中で，政府の意思決定のあらゆる段階での環境配慮，それへの国民の参加が推奨されている。環境アセスメントはそのための主要な方法である。

　NEPAに基づくアメリカのアセス制度については第10章で述べるが，実はリオの会議の20年以上前に作られた，NEPAの中にこの考え方がすでに現れている。

　NEPAの目的についての記述は，次のようになっている。

　「本法の目的は，人間と環境との間の生産的で快適な調和を助長する国家政策を宣言すること，環境と生物圏に対する損害を防止，または除去し，人間の健康と福祉を増進するための努力を促進すること，国民にとって重要な生態系と天然資源に関する理解を深めること，および環境諮問委員会を設置することである」

　この冒頭の宣言の「生産的で快適な調和」の原文は，"productive and enjoyable harmony"である。これは，人間にとっての環境という考え方が強いが，人間活動にとっての器としての環境という意識が見て取れる。

　NEPAでは，ここに示した目的にしたがって，環境アセスメントが行なわれている。人間行動を管理するという考え方である。アセスメントとは環境に与える人間行為の影響を事前に評価して，環境と調和した行為ができるよう意思決定を行うものである。

　地球サミットでの「持続可能な発展」という概念のもとは，このようにすでに1969年のアメリカのNEPAに現れている。だから，環境アセスメントは，持続可能な発展のための重要な方法である。

　リオの地球サミットでは，将来世代のために地球環境を保全することの必要性が確認された。これが可能なように，人間活動の器としての環境が，持続可能な「範囲内」での開発や発展を行うということである。

●環境基本法

　わが国は地球サミットでの議論をにらみながら，新たに環境基本法を制定した。上述のように，地球サミットの翌年，1993年のことである。

　環境基本法には当然，持続可能な発展の概念が反映されている。環境基本法では，これを「持続的発展が可能な社会の構築」と表現している。これは，将来世代が環境の恵みを享受できるよう，その継承を考えようということである。そして，この概念に基づき，法の第20条で環境影響評価制度の推進を規定した。

　これが根拠となり，改めて法制化の準備が行われた。今回は順調に進み，1997年に環境影響評価法，いわゆるアセス法が成立した。アセス法は2年間の準備期間を経て，1999年から全面施行された。

　この経緯からわかるように，環境基本法のもとでは，リオの地球サミットで国際的合意事項となった，持続可能な発展を実現することをめざしている。アセス法もそのための第一歩である。

　環境基本法の制定，それに基づく環境影響評価法の制定により，我が国の環境行政も次第に「持続可能な発展」に向けて変わってきた。

●藤前干潟の保全

　名古屋港に奇跡的に残された世界的にも貴重な干潟，藤前干潟の保全が，1999年の初めに決まった。この事例は，ゴミと野鳥の綱引きとも言われたが，21世紀を目前にして，わが国の環境政策の転換を示すものである。詳しくは，第9章「日本のアセス事例」で紹介するが，ここでは，なぜこれが環境政策の転換点と言えるかを考えてみる。

　名古屋市は市の一般廃棄物の最終処分場として，藤前干潟を埋立てることを計画してきた。環境アセスのあと干潟の価値を認めたが，やむを得ず埋立てるので，その代償措置として人工干潟の造成を提案した。これを環境庁が拒否し，許認可権者の運輸大臣は環境庁の意見を尊重し

た。すなわち，埋立てを許可せずと表明した。そのため，最終的に名古屋市が埋立てを断念し，干潟の保全が決まった。

これは，野鳥を守るという自然との共生のために，都市における人間活動をコントロールしたということである。すなわち，ゴミの発生を減らすこともあわせて考えないと，この干潟は守れなかった。名古屋市は最終的に，そこまで踏み込んだ意思決定をしている。

環境庁長官が，ゴミによる干潟の埋立てを止めるよう意見を出したが，埋立ての許可をくだす運輸大臣は，環境庁長官の意見を尊重した。これは，政府全体が環境との調和を図る政策に変わったことを示している。その根拠は，環境基本法にある。このように，1999年の藤前干潟の保全は，環境政策の転換を示す具体例である。

●環境政策の領域

このように，わが国のこれまでの環境行政への取組みを見ると，まず公害防止に始まり，貴重な自然の保護が加わった。これらのためには規制行政が中心だったが，さらに，環境汚染の未然防止という将来の人間

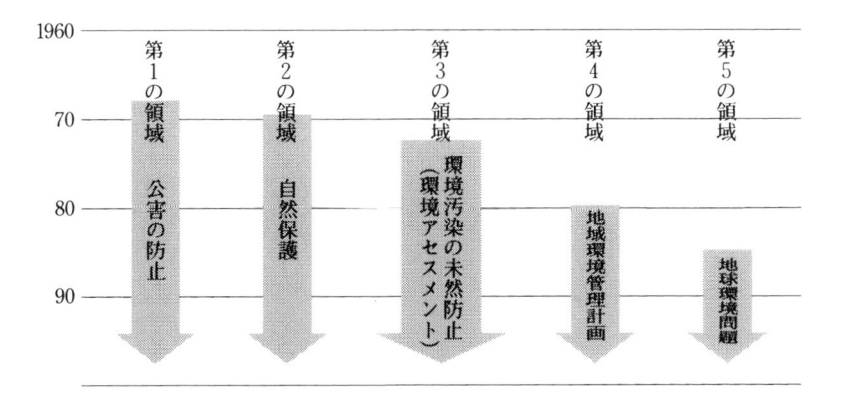

年	第1の領域	第2の領域	第3の領域	第4の領域	第5の領域
1960					
70	公害の防止	自然保護			
80			環境汚染の未然防止（環境アセスメント）	地域環境管理計画	
90					地球環境問題

図1-2　環境政策の領域の拡大

活動にかかわるものに拡大した。そして，環境計画というより積極的な計画的なものへと対象領域が拡大してきたことがわかる。現在では，第5の領域として，地球環境問題も視野に入っている（図1-2）。

環境アセスメントは，このような計画行政への入り口あたりに位置するものである。したがって，環境アセスメントを考えるときは常に計画ということを念頭に置いておく必要がある。

4．環境との共生

このように，これからの環境政策は，単なる環境汚染の未然防止だけが目的ではない。持続可能な発展のためには，「環境負荷の低減」と「自然との共生」が重要な課題である。このために，人間活動をいかに管理していくかが問題となる。欧米の環境先進国と言われる国々では，このための盛んな試みが行われている。特にヨーロッパの諸国は有名である。次に環境と共生する住まい方の例を見る。

●環境都市：フライブルク

この具体事例として，ヨーロッパの代表事例を紹介する。環境都市として有名な，ドイツのフライブルク（Freiburg）である。フライブルクは，ドイツ南部の森林，シュバルツバルツ（黒い森）の南端に位置する自然の豊かな都市である。（図1-1）

フライブルクは歴史の豊かな大学都市であり，観光地としても人気がある（写真1-6, 7）。人口は20万人ほどだが，ドイツでは大きな都市である。この市は1990年代の初めには，すでにドイツの自然保護団体から環境首都の称号を得ている。今では，環境関係の研究所や団体など60以上の組織が立地している。

このフライブルクでの生活と，市の環境政策について，この町に住む環境問題の専門家，今泉みね子氏に伺った。今泉さんのお宅は市の中心

写真1-6　フライブルクの市街

写真1-7　フライブルクの市内

写真 1-8　ヴォーバン地区の環境共生型住宅開発

部からからわずか1kmという近さでもとても静かで，野鳥もたくさん飛んでくる。容積率は低い。3階建てだが，容積率は70%ほどしかない。市は環境都市としての多面的な政策展開をしてきた。その秘密は市民の協力にある。地元のフライブルク大学の関係者を始め，各種の環境NGOがあり，環境に積極的な市民が多い。市は，市民の声に積極的に答えて環境行政を進めてきた。

　市民と行政の協力で町づくりをしている具体例を紹介する。市の郊外部，とはいえ，市の中心部から3kmほどのところにある，ヴォーバン地区の住宅地開発の例である。フランス軍の基地だったところが1992年に返還され，環境と共生する住宅地開発が行われている。このため，計画案のコンペを行った。

写真1-8のように，ヴォーバン地区にはいろいろなデザインの建物が立ち並んでいる。いずれも環境を配慮した建物で，太陽エネルギーを最大限に利用するパッシブソーラーハウス（太陽熱利用住宅）が建てられている。NGOが，このための技術的な指導も行っている。

　環境調査について，市の都市計画局の担当者によれば，1993年，コンペの1年ほど前に専門家が現地を見て回り，まず環境関連事項を整理した。その結果，小川を生物の生息地として保存するビオトープにしたり，騒音，土壌汚染問題への対処を行い，保存すべき樹木も決めた。これらが計画の制約条件になった。

　一方，NGOのメンバーによれば，市民参加については，市民たちは車がなくても住める街をめざして，市民の手で作ってきたという。そして，市民のイニシアティブで太陽熱利用住宅を導入した。市民センターや歩行者専用区域などの計画にも市民が参加している。環境影響の少ない建材の利用など，市民のアイデアが活用された。

　コンペの結果は計画の枠組みのみを与えた。その後は詳細な設計は，市民のイニシアティブで決めてきた。

　この住宅地は，環境配慮の姿勢が素晴らしい。自動車も使えるが最小限にし，自動車利用の抑制をしている。しかも一般庶民が住める町作りをめざし，住民が協力して町を作っている。このための計画段階からの積極的な住民参加が行われている。そして，町ができ上がったあとも，引き続き住民の手で居住環境を維持管理していく。

　この講義では，環境アセスメントを，環境を配慮した社会的意思決定に公衆がいかに関与するかという視点から論ずる。環境を配慮した意思決定とは将来の人間行為に関するものであるから，これは計画の一部としてとらえられるべきものである。そこで，計画への住民参加という視

点から，将来のあるべきアセスメントの方向について論じる。
　計画，さらには政策が，キーワードである。アセスメントを計画プロセスや，政策決定プロセスの中に位置づけて行かなければ，持続可能な発展は実現しない。

2. アセスメントとは何か

1. 環境に配慮した人間行為の選択

　従来の環境アセスメントは環境汚染の未然防止に重点を置いていたが，これからは，それを含め，より積極的に環境を総合的に保全するという考え方になっている。持続可能な発展のために，人間行為を管理して環境と調和させるということである。このための適切な意思決定を，社会的に支援する方法が環境アセスメントである。

　アセスメントという言葉は，もともと課税のために財産や収入などを査定することをさしていた。つまり，アセスメントは課税というような社会的な行為のための第三者による評価をさしており，この社会的という点が特に重要である。環境における評価では，このための条件として情報公開と住民参加が必要となる。

　事業者が自ら十分に環境配慮を行うのであれば，特にアセスメントという言葉を使わなくてもよい。しかし，事業者に任せたままではどこまで環境配慮がされるかはわからない。このことはわが国だけでなく，工業化した各国の歴史が雄弁に物語っている。例えば，19世紀末のイギリスや，戦後の日本，そして，東欧や途上国での深刻な環境汚染の状況がある。また，たとえ，事業者による環境配慮が期待できる場合であっても，その対応は事業者によってまちまちになってしまう。

　そこで，環境影響が大きいと予想される行為の選択については，これを社会的に管理することが必要となる。このように，アセスメントは環

境を配慮した意思決定のための，社会的な手続きである。したがって，社会のメンバーが納得するような手続きが必要となる。事業者の説明責任，アカウンタビリティを満たすための方法である。このため，環境影響の予測と評価を誰にもわかるようにオープンな形で行うことが必要となる。

●科学性と民主性

このプロセスが社会的に受け入れられるためにアセスメントにおいては，科学性と民主性が基本的な要件である。

科学性とは再現性のあることである。すなわち，誰がいつ確かめても同じ結果が得られなければならない。この意味で客観性のあることが必要である。環境への影響の判断は，誰もが納得し得る方法でその影響が予測されなければならない。再現性が保証されてはじめて，人々はその情報を信頼できるものとして判断の根拠にできる。

もう一つ，民主性とは，人々の価値判断が民主的な形で判断に反映されることである。客観的に同じ影響が予測されたとしても，その影響の評価は主体によって異なる。

また，評価項目によって，主体間の評価値の変動幅は異なる。安全性や健康性などに関わる項目の評価は専門家の判断により，ある程度一定になるが，利便性や，環境の快適性，歴史や文化などの地域の個性は，評価主体によって異なる。したがって，環境影響の評価には，影響を受ける関連主体の価値判断の反映が必要である。

このように地域社会に開かれたものでなければアセスメントとは言えない。とりわけ，地域住民への影響は基本的な問題であるので住民参加が必須の条件となる。事業者が環境配慮を行ったとしても，そのプロセスに住民参加のないものはアセスメントとは言えない。この点を明確にしておく必要がある。

アセスメントは，環境に配慮した，あくまでも「社会的な」意思決定のプロセスである。すなわち，これは社会的な合意を得るプロセスである。科学的な方法が取られるのも，そのほうが社会的な合意が得られやすいからといえよう。わが国のアセスメントは，科学的分析だけに集中しがちだったが，社会的な合意こそが中心課題である。

2. 政策分析としてのシステム分析

●科学的判断形成の方法

　環境への影響を予測，評価してこれをもとに適切な判断を行うための方法として，システム分析の方法が取られる。この方法は，問題解決のための合理的な判断を助けるためのものである。このシステム分析について概略を説明する。

　システム分析 - Systems Analysis - は第二次世界大戦後にアメリカを中心に生まれた方法で，意思決定を支援する科学的な方法という点では，この大戦中にイギリスで生まれた OR - オペレーションズリサーチ - の延長線上に位置づけられる。

　システム分析は問題解決のための，システム代替案の選択を支援する方法であり，単にシステムを分析するというだけの意味ではない。ここで，Systems と常に複数形で表現されていることが重要である。システム分析とは複数の代替案から最適な案を選択するための方法であり，意思決定者の選択を助けるものである。

　すなわち，もともと第二次世界大戦後の冷戦構造のなかで，アメリカのランド研究所などで，国防のための兵器システム - Weapon Systems - の選択の方法として生まれた。この方法論は，より一般的に平和的な各種の政策や計画の課題に適用することができることから，システム分析 - Systems Analysis - という言葉が定着した。

1960年代の末にはアメリカで政府の予算配分のためにPPBSが提案され，この考え方はわが国でも検討された。実際にはPPBSそのものは活用されなかったが，政策や計画における代替案選択の方法としてシステム分析は定着している。

　対象となる問題解決のための代替案はシステムとして認識されるものである。計画や政策はそれぞれ個別の要素となる計画や政策に分解でき，それらが相互に関連して全体の体系を作っている。すなわち，一つのシステムとして認識される。システム分析はこのような計画や政策代替案等の選択に応用されるので，最近では政策分析と呼ばれることも多い。

　システム分析で重要なことは，この対象がシステムとして認識されるということとともに，代替案選択のための評価がシステマティックであることである。すなわち，代替案の評価は階層的な評価システムを構築して行う。この評価システムは，まず代替案による影響を個別の項目に分解し，それぞれについて予測を行う。

　次にそれらについて個別評価を行い，その結果を総合化して総合評価という形で求める。この個別項目への分解は必ずしも一段階ではなく多段階のものが作成されることが多い。（図2-1）

　この手続きのため，特に定量化ということが重視される。定量化することにより，将来の状態について客観的な予測を行うことが可能となる。

●システム分析の方法

　システム分析の方法はいくつかの段階に分けることができる。これまでいろいろな研究者がこの段階の分類を行ってきた。いろいろな立場からの分類が行われているが，基本的な構造はほぼ類似している。これらを整理すると，表2-1のようになる。

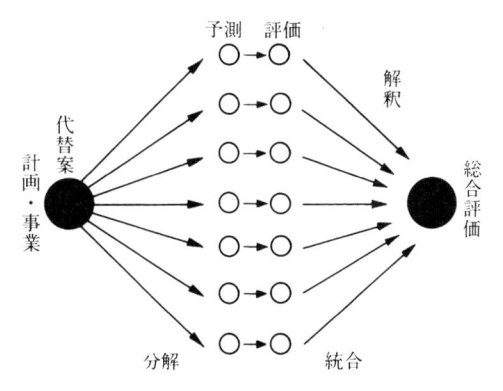

図2-1　システム分析における評価の構造

表2-1　システム分析手順の比較　　　　出典：原料, 原沢, 西岡 (1982) を加筆修正

		システム分析 Quade & Boucher (1968)	政策決定の諸段階 Dror (1971)	システム分析 宮川公男 (1973)	政策分析 Stokey & Zechhauser (1978)	システム分析 原科幸彦ら (1982)
分析的段階	システム分析	定式化 formulation	定式化	定式化	定式化	定式化
		調査 search	代替案の認識	調査	代替案の列挙	現状分析 代替案作成
		評価 evaluation	結果予測	評価	結果予測 評価	予測 評価
		解釈 interpretation	選好する代替案の決定	解釈	選択	解釈
総合的段階	施策検証	検証 verification	承認と実行上の考慮			

　まず，システム分析の初期の研究者であるクウェードらは全体を定式化，調査，評価，解釈，そして検証の5段階に分けている。これに対し

ドロアをはじめ，その後の研究者は，案を選択した後の段階である検証はシステム分析とは別のものとしている。

わが国のこの分野の代表的研究者である宮川公男氏は，基本的にクウェードの枠組みに沿いながらも，この違いを明確にしている。ストーキーらは評価の部分をさらに予測と評価に分割している。筆者らは調査にあたる部分も，現状分析と代替案作成に分けるべきだと考える。現在ではこの6段階の手続きが基本的である（図2-2）。

以下，これら6段階について説明する。

(1) 問題の定式化

この段階では，目的が明確にされ，問題の範囲，関連する要素が確認される。これにより問題解決の方向が異なってしまうからできるだけ的確に定式化することが必要である。この段階で，意思決定者だけでなく，

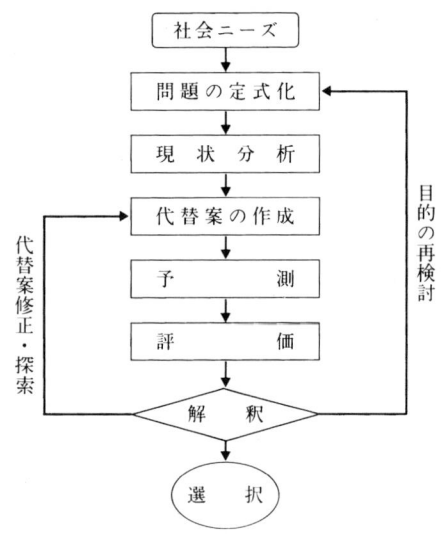

図2-2　システム分析の流れ

その問題に深いかかわりを持つ，多様な集団の意向も反映されなければならない．

(2) 現状分析

代替案を作成するまえに，現実に何が問題であるかについて現状を分析する．現状分析のためには，まず問題に関する既存の関連研究や調査の結果を収集する．この結果をもとに，さらに具体的な調査を行う．地図や統計資料の収集，社会調査の実施，さらに物理的な計測によって必要なデータを収集する．これらのデータを分析することにより現状の問題点を明らかにする．

次に，代替案を作成する．

(3) 代替案作成

現状分析により明らかにされた問題点を踏まえて，解決策を探索するための情報を収集する．類似例での解決方法の収集はもちろん，ブレーンストーミングやワークショップなどにより，解決策を考案する．与えられた条件により考えられる解決策の範囲は異なるから，いろいろな条件を想定してできるだけ多くの代替案を考案する．

(4) 予測

代替案評価を行なうために必要な代替案ごとの結果の予測は，各種の予測モデルを用いて行われる．将来の状態は一連の変数の組み合わせとして表現される．この変数は定量的なものが望ましいが，定性的なものも用いられる．既存のモデルを利用するだけでなく，問題に応じてさまざまなアドホックなモデルも作成する．

(5) 評価（個別評価）

予測結果は個別項目ごとであり，これらを個別評価する．ある程度客観的な評価が可能なものもあるが，基本的には評価主体により異なる．したがって，意思決定者が複数の場合には問題は複雑になる．

評価値は通常何らかの基準化された形で表現されることが多く，価値空間上へ投影された，同一次元のものとして把握される。例えば最高を1，最悪を0としたり，100点満点で表現したりする。

(6) **解釈（総合評価）**

これは，上の個別評価の結果を踏まえ，各代替案について総合的な評価を行う段階である。この目的は各代替案の順位づけを行うことである。ここで総合評価といわず，解釈と表現するのは個別評価の総合化だけでは含まれない要素についても，代替案の選択においては考慮すべきだというためである。

個別評価の総合化のためには，通常，個別項目別に重みづけが行われ，その総和が，総合評価値として用いられる。問題はこの重みをどう求めるかで，このためにさまざまな方法が開発され，検討されている。これらには，先験的に与える方法，統計的に与える方法と，評価主体に直接質問して求める方法の三つがある。いずれにせよ，評価主体が誰であるかがもっとも重要な問題である。総合化についての議論は，さらに第7章「環境影響の評価」で行う。

3. 代替案と評価

●フィードバック

この解釈の段階において，もっとも評価の高い案が，計画や政策の目的を満たすものであれば，その案が最適案として選ばれる。そうでなければ，さらに好ましい案を求めるフィードバックループに入る。

これは代替案の修正ループである。場合によっては，問題自体の再検討を行うため，問題の定式化まで戻ることもある。この場合には，先に述べた6段階，すべてを繰り返す。このように，繰り返しの分析ということが，システム分析において特に重要な点である。

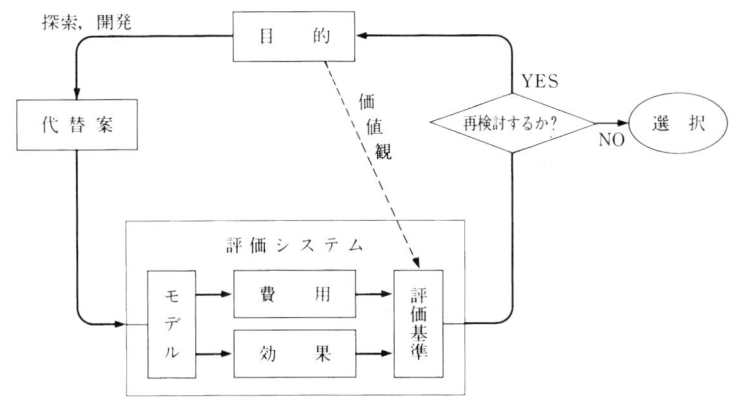

図2-3 システム分析の構造

　この繰り返しの検討について，システム分析の構造を模式的に表してみる。システム分析の要素を大きくまとめると，目的，代替案，評価システムの三つになる。これらが上の6段階を経て，図2-3のように，フィードバックされる。
　システム分析は問題解決のための方法であり，解決の方策としていくつもの代替案を考える。計画や政策においては，この代替案を考えるということはわが国でも当然行われている。
　しかし，この検討プロセスを公衆にオープンな形で行うということは従来あまりなかった。すなわち，代替案の検討に，住民等の関係主体がオープンな形で参加することは，あまりなかった。だが，環境影響評価法，すなわち，アセス法ができたことにより状況が変わってきた。
　とはいえ，わが国ではまだアセスにおける代替案検討の例は少ない。そこで，アメリカのアセスにおける代替案検討の例を次に示す。
　ところで，代替案というと代替地，すなわち，立地の代替案を考える

ことだと思われることがある。そして，アメリカなどと違い，土地制約の強い日本では無理だと言われるが，それは違う。立地点が決まっていても，事業計画の内容の違いによる代替案が検討できる。以下は，アメリカにおけるそのような例である。

●代替案の比較検討の例

—ミッションベイ開発の事例—

　これは，都市計画の例で，具体的にはサンフランシスコのミッショベイ開発計画である。ミッションベイは，図2-4のようにサンフランシス

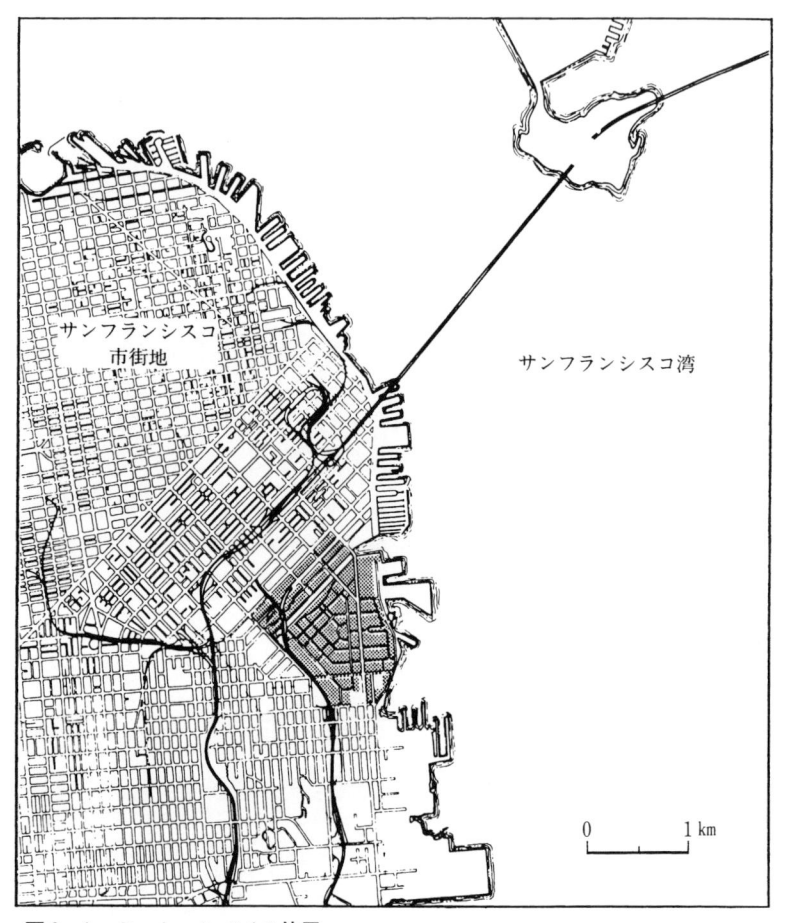

図2-4　ミッションベイの位置

写真 2-1　ミッションベイの現況

表 2-2　ミッションベイ開発計画の土地利用の変化

	1981年	1983年	1987年	1990年
住宅戸数	6,000戸	7,000戸	7,700戸	8,200戸
アフォーダブル住宅	0	0	2,310戸	3,000戸
オフィス床面積(ha)	90	153	37	43
商業／軽工業床面積	23	39	23	8
ホテル	2,100室	500室	500室	500室
小売業床面積(ha)	4	4.5	2.7	6.6
公共オープンスペース(ha)	4	16	25	25
オフィス最高高度	25階	42階	8階	8階
敷地面積(ha)	102	102	122	127

出典：San Francisco City Planning Department

コの都心からすぐ近くにある広大な未利用地である。ダウンタウン地区から約1マイルしか離れておらず 130ha ほどの広さがある。写真2-1のようにサンフランシスコのダウンタウンが見えるが、このように都心のすぐ近く、サンフランシスコ湾に面したところにある。

このような立地条件なので、まず業務地区を中心とした開発計画が立てられた。しかし、市民の多くから住宅やオープンスペースを増やすよう強い要求が出された。この計画のプロセスでは、計画案が早期から検討され、計画案の大きな変更がなされた。

表2-2は、計画案の変遷を量的な側面について示したものである。この地区で初期に提案された計画案はかなりの高層化を考えたものであった。しかし、代替案検討のプロセスで次第に変更され、最終的には中低層の開発になった。住宅の戸数は6000戸から8000戸に増え、特に一般庶民が住めるアフォーダブル住宅の増加が著しい。オフィスの床面積は当初案の半分、その最高高度も最高の42階から8階に減っている。公共のオープンスペースは増加が著しく、当初案の7倍近い。

そして、最終的に、1988〜1990年に環境アセスメントが行われた。

環境アセスメントでは、三つの代替案が検討された（表2-3）。事業計画の原案である、A案、さらに環境配慮を行ったB案、そして、何もしないという、ノーアクションのN案である。これらの代替案にはバリエーションがあり、最初は10、最後には12も検討された。

このアセスメントの結果、1990年に最終の計画案が決まった。最終案はバリエーション12に近いもので、これは代替案Aのバリエーションである。湿地帯を作るなど環境に配慮したもので、A案を基礎にB案に近いものとなった。

1990年に決まった案は、写真2-2のように中低層の、住宅とオフィスとの混合開発である。オープンスペースも多い。住民によればサンフ

表2-3 ミッションベイ計画の土地利用(アセスメントプロセスにおける変化)

	住民参加第一次案	D-EIR			採用案
		A案	B案	N案	
発表年	1987	1988	1988	1988	1990
住宅戸数(戸)	7,700	7,700	10,000	20	8,200
アフォーダブル住宅(戸)	2,310	2,310	3,000	N.A.	3,000
オフィス床面積(ha)	37	41	10	10	43
商業/軽工業床面積(ha)	23	36	4.2	N.A.	8
ホテル(室)	500	500	N.A.	N.A.	500
小売業床面積(ha)	2.7	2.5	3.5	1	6.6
公共オープンペース(ha)	25	12.5	29.3	4.2	25
オフィス最高高度(階)	8	8	8	N.A.	8
敷地面積(ha)	122	122	122	122	122
	84年から住民と行政・コンサルタントの共同作業の結果として生まれた案。	混合利用の開発。住宅と商業中心。住民参加第一次案とよく似ている。	住宅の比重が高く、全体の1/3がオープンスペースとなっている。計画地内の湿地を保存する。	No Project案。現在のM-2(重工業)地域の指定を変えず、総合的なプランニングを行わない。	F-EIRで示された代替案のバリエーションの中の一つ。湿地を保存する。

出典: San Francisco City Planning Department

写真2-2 最終(1990)の将来予想図

複数案には，A〜F案の他，
「整備しない案」もある。

横浜市青葉区

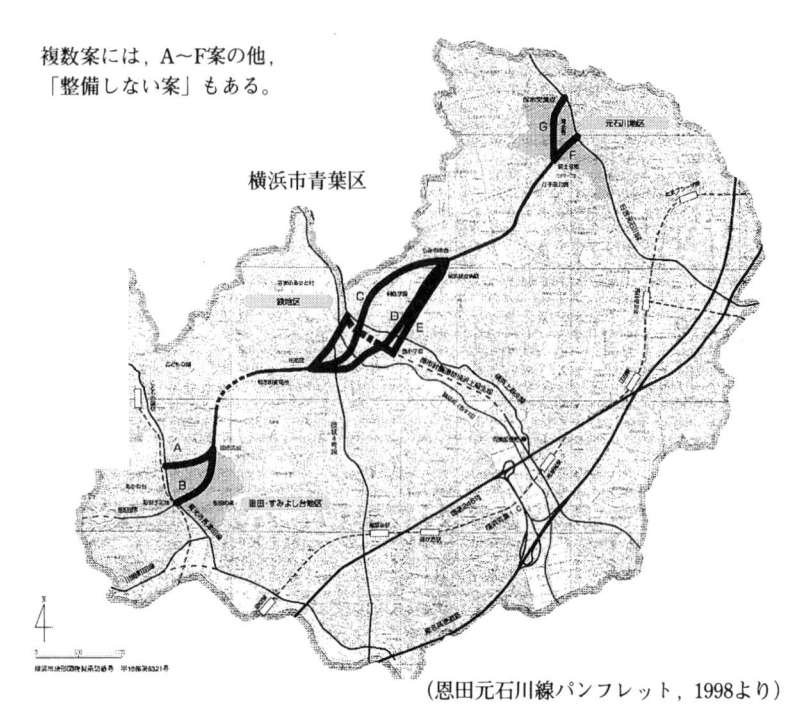

（恩田元石川線パンフレット，1998より）

図2-5　横浜市青葉区の道路計画代替案

ランシスコらしい計画ができた。このように，計画の代替案の変更がなされた。これはアメリカの例であるが，立地点が決まっていても，このように代替案の比較検討ができる。

　わが国では，アセスの場合には例が少ないが，住民が参加して代替案を検討する例が出てきた。立地点の選定段階での代替案検討の例もある。例えば，横浜市青葉区の例では，図2-5のように道路の路線計画の代替案が検討された。この場合には「道路を整備しない」，つまり，ノーアクションの代替案も検討された。

4. アセスメントはシステム分析の一応用例

　以上説明したように，システム分析は問題解決のための代替案選択を助けるための科学的な方法である。そして，環境アセスメントは，システム分析の代表的な応用例である。

　これを民主的に行うためには，社会に開かれたシステム分析ということが要求される。科学的分析といっても，環境の事象では，多くの不確実な要素を含むので，分析のプロセスでは必ずしもすべてが客観的に取り扱えるわけではない。

　まず，問題の定式化の段階で主観的な判断が入るのは当然だが，客観的と思われる現状分析や予測の段階でも主観的判断が入り込む。代替案の作成においても然り，そして，評価と解釈の段階は当然主観的なものである。

　したがって，地域の住民をはじめとするさまざまな関連主体の意向が，全体のプロセスに反映されることが必要である。このため，これらの主体の参加を保証するとともに，分析のための情報や各主体の意向が相互に交流するようなコミュニケーションの問題が極めて重要となる。

　環境アセスメントは，このシステム分析の手続きを，関連主体の参加によって行うものである。このため，アセスメントのプロセスでは，文書形式と会議形式の二つの形で，コミュニケーションを積極的に進めていく。主体間のコミュニケーションは，代替案の繰り返しの検討のため必要不可欠である。

　だが，代替案検討に住民らの関係主体がオープンな形で参加することは，わが国ではあまりなじみがなかった。特に，ある程度以上の規模の計画において，計画の早い段階から住民参加により計画の代替案を検討し，修正することはあまりなかった。しかし，アセス法に基づく制度で

は，これが必要である。
●事業の計画段階でのアセスメント

環境アセスメントは，大きな環境影響を与える可能性のある人間行為，具体的には，高速道路や，空港，発電所，都市開発などの大規模事業の決定に先立ち，この影響を最小限にするよう，事業の内容を変えるための手続きである。

したがって，事業による影響が甚大で，どんな方法を取っても環境への影響が無視できない場合には，その事業を中止するということも考えなければならない。事業実施の直前では，この中止という可能性は少ない。しかし，事業の計画段階では，これはあり得ることである。

アセス法ができるまでのアセスは，事業の直前に行われていた。しかし，アセス法では，事業の計画段階からアセスの手続きを行えるようになった。この結果，代替案の検討が可能となった。これが，アセス法の重要な特徴である。代替案の検討が，これからの環境アセスメントの中心となる。

5. アセスメントの手続き

環境アセスメントの具体的な手続きを以下に説明する。ここではアセス法に基づく手続きを示す。地方自治体の制度における手続きも，このアセス法の手続きに準じて行われているものが多い。

大きな流れは（図2-6）のようになる。本章では概略を示す。詳しくは第9章，「日本の現行制度と事例」で述べる。大きく分けると，スクリーニング，スコーピング，詳細なアセスメントの三つの段階がある。

まず，スクリーニング段階がある。これはアセスの対象にするか否か，対象事業を選定するプロセスである。事業の種類と規模から，対象事業を選定する。アセス法では第一種事業と，第二種事業とがある。両者の

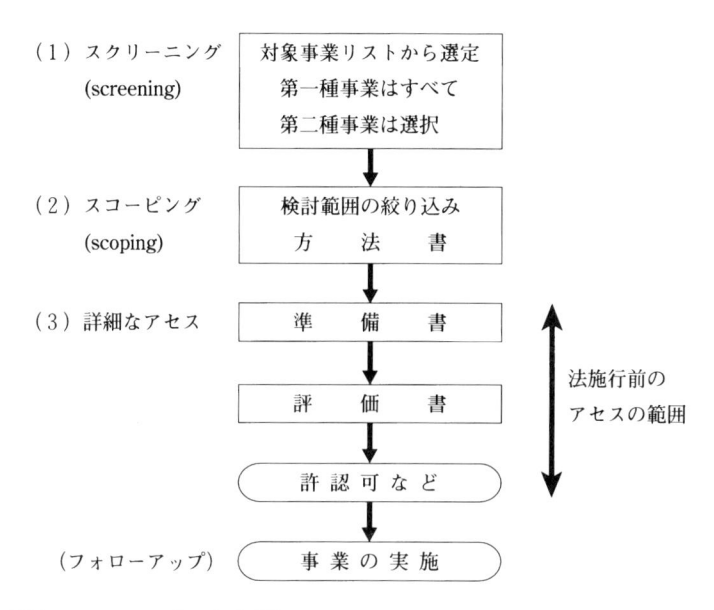

```
(1) スクリーニング    ┌─────────────────┐
    (screening)      │ 対象事業リストから選定 │
                     │ 第一種事業はすべて    │
                     │ 第二種事業は選択     │
                     └─────────────────┘
                              ↓
(2) スコーピング      ┌─────────────────┐
    (scoping)        │ 検討範囲の絞り込み   │
                     │    方  法  書     │
                     └─────────────────┘
                              ↓
(3) 詳細なアセス     ┌─────────────────┐       ↑
                     │   準  備  書     │       │
                     └─────────────────┘       │
                              ↓              法施行前の
                     ┌─────────────────┐    アセスの範囲
                     │   評  価  書     │       │
                     └─────────────────┘       │
                              ↓               │
                     ┌─────────────────┐       ↓
                     │   許 認 可 な ど   │
                     └─────────────────┘
                              ↓
(フォローアップ)      ┌─────────────────┐
                     │   事 業 の 実 施   │
                     └─────────────────┘
```

図2-6　アセス法による手順

違いは,規模の違いである。第二種は第一種より規模が小さく,第一種のボーダーラインぎりぎりの規模となっている。これは,アセス逃れをなくすための工夫である。

　アセスの対象にすることが決まると,次にスコーピングの段階になる。スコープは英語で範囲のことで,これは「検討範囲の絞り込み」ということである。検討範囲とは,検討する代替案の範囲,そして,これらによる環境への影響を評価するための項目,評価項目の範囲である。さらに,それらの評価項目の,調査・予測・評価の方法を絞り込む。この段階を,アセス法では「方法書」段階と言う。

　方法書段階が終わるとアセス作業に入る。これが,詳細なアセスメン

トである。アセス法が施行されるまでの制度では，この段階から始めていた。これが環境アセスメントの中心であるが，これは事業者と住民の間の情報交流プロセスである（図2-7）。

この情報は，評価書という文書の形で交流される。わが国には国としての制度の他に地方自治体ごとの制度もあり，この文書の名称はさまざまだが，代表的な用語は，評価書である。評価書は，繰り返しの検討のため，最初はそのドラフトが作成される。これはアセス法などでは準備書と呼ぶ。

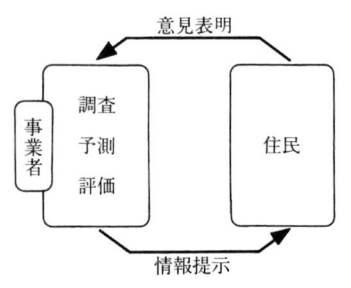

図2-7　アセスメントにおける主体間の関係

この準備書から評価書を作っていくための関係主体間の，コミュニケーションのプロセスがアセスメントのプロセスである。アセスメントは，このようなフィードバック・プロセスとなっている。

●評価書作成の手順

評価書と，その原案である準備書がアセスメントの中心となる文書であり，その作り方は，まさにシステム分析の手順にしたがっている。

すなわち，問題の定式化，現状分析，代替案の列挙または確認，環境影響の予測，環境影響の評価，解釈の6段階になっている（図2-8）。

方法書段階は，システム分析の一般的な流れでは，問題の定式化と代替案作成にあたる。環境アセスメントは環境影響をどう回避・低減するかが，問題である。このために検討範囲を絞り込む，スコーピングが行われる。

現状分析は，環境の現在の状態に対する分析である。これは将来予測のための基礎情報を与える。環境の物理的状態に関するバックグラウン

```
           ┌──────────┐
           │  予備調査  │
           └─────┬────┘
                 ↓           (スコーピング)
           ┌──────────┐ ←──────────────┐
           │評価項目の選定│                │
           └─────┬────┘                │
                 ↓                     │
           ┌──────────┐                │
           │  現状分析  │                │
    ┌─────→└─────┬────┘                │
    │            ↓                     │
  ┌────┐   ┌──────────┐                │
  │代替案│   │環境影響の予測│               │
  └────┘   └─────┬────┘                │
    │            ↓                     │
    │      ┌──────────┐                │
    │      │環境影響の評価│                │
    │      └─────┬────┘                │
    │            ↓                     │
 案の探索・修正   ◇ 解釈 ◇   問題の見直し
    │            ↓                     │
    │       ╭────────╮                 │
    │       │ 判断形成 │                 │
    │       ╰────────╯                 │
```

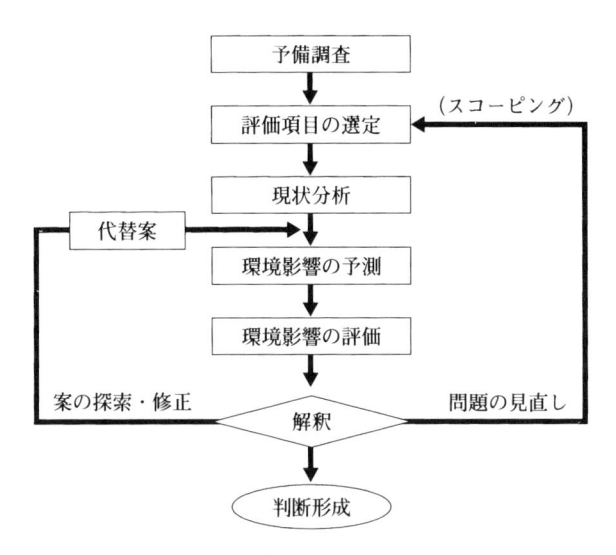

図2-8　アセスメントの流れ

ド値や，景観の状態，貴重な動植物などの保存すべき環境資源などが，明らかにされる。

　代替案の列挙または確認では，代替案が検討される。

　環境影響の予測では，大気質や，水質，騒音などの評価項目別に予測をする。また，景観や，動植物などの生態系の変化についても個別に予測する。これらの予測は，項目によってさまざまな予測方法が用いられる。

　次の環境影響の評価では，大気質や水質など，環境基準や目標値が設定されている一部の項目は，これらを基準に評価される。しかし，多くの項目はこのような基準がないので，代替案相互の相対評価が行われる。

　最後の解釈では，評価項目ごとの個別評価結果を総合的に判断する。

このためには，代替案の相対評価が必要となる。相対評価には，定量的な評価方法が効果的であり，そのための努力がなされている。

このように，環境アセスメントとは，事業者が環境影響の回避・低減にどれだけ努めたかを社会に説明するための手続きである。すなわち，事業者がアカウンタビリティを満たすための手続きである。

そのため，科学性と民主性が必要である。そして，科学性のための方法論的基礎はシステム分析である。

3. コミュニケーションの方法

1. アセスメントの手続き

　環境に大きな影響を与える人間行動について，環境への影響を配慮した意思決定をするための手続きが環境アセスメントである。そのため，アセスメントには二つの重要な要素がある。その一つ，環境影響の把握のためには，科学性が要求される。科学性に関しては，その方法論的基礎であるシステム分析について，第2章で述べた。アセスメントのもう一つの重要な要素は「民主性」である。

　予測評価の情報を，その影響を受ける関係主体に伝え，彼らの意向を事業や計画の意思決定に反映させることが必要である。関係主体の中心は，環境影響を強く受ける地域の住民であり，このため，民主性が要求される。

　環境影響を，どれだけ回避・低減したかを社会に説明すること（アカウンタビリティ）が環境アセスメントの目的である。したがって，コミュニケーションの方法が重要となる。アセスメントはコミュニケーションであると言っても過言ではない。この章では，住民や事業者，行政など関係主体間の情報伝達と，彼らの意向を計画に反映するためのコミュニケーションの方法について述べる。

●アセスメントのフロー

　第2章で述べたように，アセスメントの最終的な結果は環境影響評価書という文書の形で示される。世界のアセスメントのモデルとなったア

メリカの NEPA の手続きでは，これを Environmental Impact Statement（EIS）と言う。わが国ではいろいろな呼び方があるが，環境影響評価書がもっとも一般的で，これを略して「評価書」と呼ぶ場合が多い。

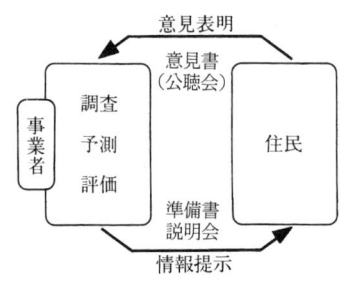

　詳細なアセスメントのプロセスはまず，図3-1のようになる。わが国では，事業者が評価書の原案である「準備書」を作成する。この準備書を公表し，地域住民等の関係主体の意見を求め，事業者はそれに答えて環境保全対策を講じていくプロセスである。このフィードバック・プロセスで住民の意向が事業計画に反映される。評価書はこの一連のプロセスの結果として最終的に生み出される。

図3-1　アセスメントにおけるコミュニケーションの一例（準備書段階）

　具体的にわが国の場合について，アセスメントのプロセスを見る。わが国のアセスメントは，国のレベルでは環境影響評価法（アセス法）に基づき，高速道路や埋立事業，空港，発電所など，国が関与する大規模事業を対象に行われる。また，川崎市，東京都，神奈川県など都道府県や政令市などの自治体ごとにも条例や要綱に基づく制度がある。47都道府県と12政令市では，すべての自治体がアセス制度を持っている。

●環境影響評価法に基づく手続き

　まず，国の手続き，環境影響評価法（アセス法）に基づく手続きを見る（図3-2）。

　これは，情報交流の観点から，わかりやすいように模式的に示したものである。上のラインは事業者と行政を示している。事業者と行政は別個のものだから，本来，分けて示すべきだが，ここでは説明の簡略化の

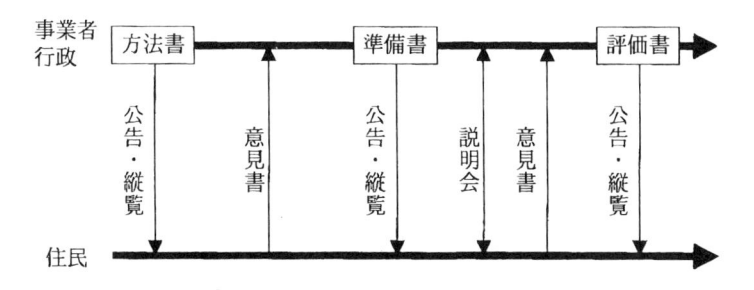

(制定：1997.6.13，施行：1999.6.12)
図 3-2 アセス法に基づくプロセス（住民から見た流れ）

ためまとめて示してある。下のラインは住民を示している。この図は住民の側から見たアセスメントの流れを示したものである。

　まず事業者は，どのような方法でアセスを行うかを文書で示す。方法の案をまとめた「方法書」を作成し，これを住民に示す。このため，「公告」「縦覧」という手続きが行われる。公告は，方法書ができたことの行政からのアナウンスメントであり，縦覧は方法書を住民等が読むための機会の提供である。

　これに対し，住民は意見を文書で提出する。意見書の提出期間は方法書の公表後，1か月と2週間と定められている。

　事業者は住民の意見を勘案してアセスの方法を確定し，現況調査，環境影響の予測，評価という一連のアセス作業を行う。

　事業者はアセス作業の結果を最終的に評価書としてまとめるが，まず，その原案である準備書を作成する。準備書も，住民等に公表され意見が求められる。このため，方法書の場合と同様に，「公告」「縦覧」の手続きが取られる。準備書の段階ではさらに，「説明会」が設けられる。説明会は，準備書の内容の理解を深め，住民からの疑問に答えるための，直接の情報交流の場である。説明会は事業者が開催する。

この後，方法書と同様に，住民から意見書が求められる。この場合も，意見書の提出期間は，準備書の公表後，1か月と2週間となっている。

　提出された意見書に答えて，事業者は説明資料を増やしたり，調査や予測の修正，あるいは追加，さらには環境対策の強化や，事業計画案そのものの修正を行う。この結果，準備書は修正されて「評価書」という形でまとめられる。

● **自治体における，より積極的な情報交流**

　以上は環境影響評価法，いわゆるアセス法による手続きの流れだが，地方自治体の手続きでは，住民との情報交流はより積極的に行われている。情報交流を促進するため，さらに次の三つの方法がある。

　第1は，意見書の提出に対して，これに事業者が文書で答えるものとして，「見解書」が出される場合がある。

　第2に，直接の情報交流の場として「公聴会」が設けられる場合がある。公聴会は説明会とは逆に，住民や事業者の意見を聞くことに重点があるが，双方の意見交換をはかることがより重要である。公聴会は行政が開催する。

　そして，第3に，住民，事業者とは違う，第三者の専門的立場からの情報交流もある。自治体の制度ではすべてにおいて，行政の諮問機関として準備書の審査会，あるいは審議会が設けられている。これらの審査会などでは，準備書だけでなく，方法書についても審査を行う場合が多い。審査会などでは，専門的・中立的な立場からの判断がなされ，審査書として行政に情報が伝えられる。この審査結果をもとに知事意見や市町村長意見が出される。事業者は，これらの意見を勘案して準備書を修正し評価書を作成することとなる。

　これらについて，条例で定められた手続きの例を紹介する。

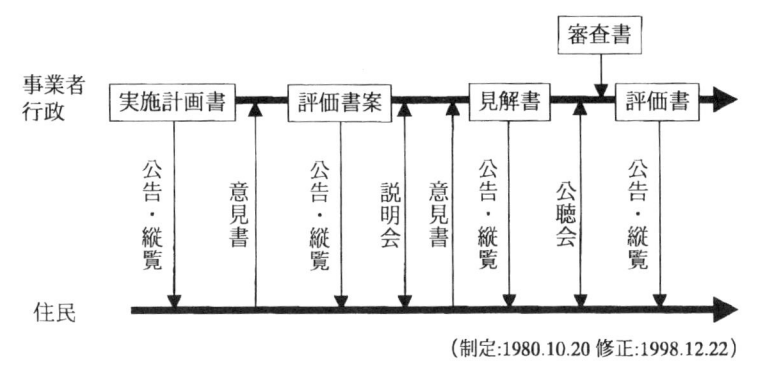

図3-3　神奈川県のプロセス（住民から見た流れ）
（制定:1980.10.20 修正:1998.12.22）

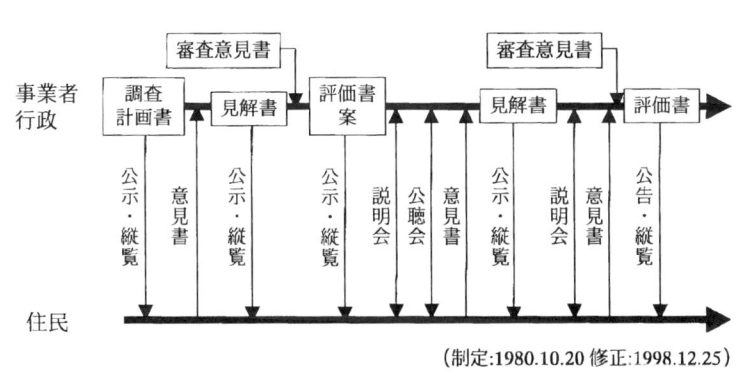

図3-4　東京都のプロセス（住民から見た流れ）
（制定:1980.10.20 修正:1998.12.25）

　図3-3は神奈川県の条例，図3-4は東京都の条例の場合である。いずれも自治体での制度化の初期に作られた条例であるが，アセス法の施行に合わせて改正が行われた。これらの制度ではアセス法にはない公聴

会が行われており，住民意見に対しては見解書を出して答えている。また，審査会あるいは審議会からの意見を求めている。これらは，条例制定の当初から設けられている仕組みである。

2. コミュニケーションの方法

●文書形式と会議形式

このようにいろいろなコミュニケーションの方法があるが，これをまとめると，表3-1のようになる。

事業者と住民との間のコミュニケーションの方法として，一つは意見書や見解書という，文書での間接的なやり取りがある。もう一つは，説明会や公聴会という，会議形式での直接的な双方向の情報交流の場がある。

●文書形式のコミュニケーション

文書形式のコミュニケーションは，事業者と住民とが直接，フェイストゥーフェイスで情報交流するわけではないという意味で間接的であ

表3-1 コミュニケーションの方法

	文書形式 （間接的方法） 単独では単一方向		会議形式 （直接的方法） 原則として双方向	
事業者 から		方法書 準備書 評価書 見解書	事業者か ら住民へ	説明会
住民 から		意見書	住民（及び 事業者）の公聴会 意見聴取　意見交換会	

る。環境アセスメントにおいて，文書が情報交流の中心である。

　これらの文書形式でのコミュニケーションの特徴を以下に示す。

　まず，主な利点は以下の3点である。

(1) 情報の確認ができる。誰が見ても同じ情報が伝達される。したがって，アセスメントの最終成果物としては，文書形式の評価書が作られる。そして，評価書作成の情報交流のために，まず準備書が作成され，さらにその前に方法書が作られる。

(2) 表現形式にある程度の制約はあるが，正確で詳細な情報が伝達できる。このためには，記述の分量が必要である。専門的な内容を一般の人に伝えるにも，ある程度の記述は必要となる。

(3) 印刷物やコピーとして複製し，必要に応じ情報の伝達範囲を広げることができる。

　一方，欠点は，次のとおりである。

　いずれにしても文書は一方向のコミュニケーションである。双方向の情報のフィードバックには，一連の文書のやり取りが必要となる。このため情報の往復に時間がかかり，迅速な対応はできない。

●**会議形式のコミュニケーション**

　文書による情報交流の欠点を補完するものとして，集会や会議形式による情報交流の場がある。前述のように，これには説明会と公聴会とがある。会議形式による直接的コミュニケーションの特徴は以下のとおりである。

　利点は，以下の3点があげられる。

(1) 双方向での議論ができる。文書では記載されている事項しか情報が伝達されないが，双方向の即時的な情報交流では開かれた議論が可能となる。

(2) 住民や事業者の考え方や感じ方，微妙なニュアンスの違いなど，

感覚的な情報の伝達は文書より優れている。
(3) 景観の評価などは、スライドやビデオなどの視聴覚機器が使えるため、情報交流の効果が特に高い。

しかし、欠点もある。
(1) 関係者が一堂に会さなければならないため、日時の制約や、地域の制約、会場の制約から、収容人員に限界がある。
(2) 会議の運営方法のまずさや、予期せぬ事態の発生などのために、関係主体と事業者との間の情報交流という本来の目的が達成できないこともあり得る。
(3) 文書でなく、言葉や映像による情報伝達であるためわかりやすい反面、聞く人の知識の違いや先入観などのため、同じ情報が人によって異なって受け取られることがある。したがって、最終的には文書により情報の確認がされる。

3. 文書形式のコミュニケーション

●方法書、準備書、評価書

　文書によるコミュニケーションの手段には以上のようにさまざまなものがあるが、アセスメントの中心になるのは評価書と、その原案の準備書である。方法書も重要な役割がある。このうち、住民が直接意見を出せるものの代表として準備書について、コミュニケーションの技法を述べる。

　評価書は、意見者や審査書などに答えて、準備書を書き直したものである。したがって、両者は文書としての基本構造は変わらない。また、方法書は、準備書に記載する評価項目や調査、予測、評価の方法などをまとめたもので、準備書よりもかなりコンパクトなものになる。

　写真3-1は、準備書と評価書のいくつかの例である。アセス法を先

写真3-1 準備書と評価書の例

取りした,愛知万博(2005年国際博覧会)のアセスメントでは本体だけで1,000頁近く,さらに資料編500頁近くという分厚い準備書が作られ,要約書も付いている。しかし,方法書は約100頁で,かなりコンパクトである。

●準備書の構成

準備書の構成はどうなっているか。一般的な構成は,次のようになる。 1. 概要, 2. 事業計画の内容,これには事業者が提案する計画案だけでなくその代替案も含まれる。複数の代替案を示すことが重要である。 3. 評価項目の選定, 4. 評価項目ごとに,調査,予測,評価の結果。そして, 5. 資料編となっている(図3-5)。

ここで,調査,予測,評価は,評価項目ごとに記載することが重要である。これによって,環境影響の判断がしやすくなる。例えば,大気質について,まず現況調査結果を記し,次に予測結果はどうか,そして,

```
1. 概要
  ↓
2. 基本計画
  ↓
3. 評価項目の選定
```

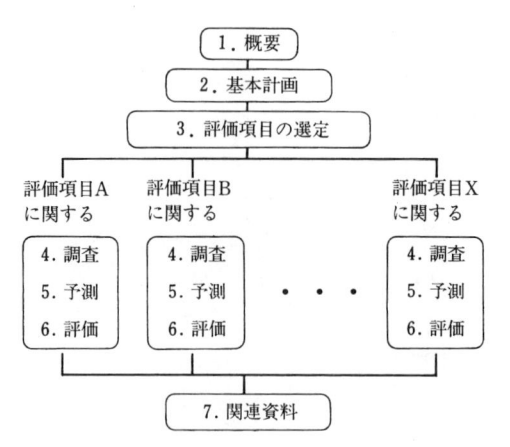

評価項目A   評価項目B   評価項目X
に関する   に関する   に関する
  4. 調査   4. 調査   ・・・   4. 調査
  5. 予測   5. 予測   5. 予測
  6. 評価   6. 評価   6. 評価

7. 関連資料

図3-5　準備書の構成

評価結果はどうなったかを示す。

●文書作りの留意点

文書の作り方の基本は分かりやすさと正確さである。通常次のような4点が留意点としてあげられる。

(1) 論理の明確性

科学的な報告書であるので論理の明確性は必須条件である。このため，文書の構成が大切で，用語の定義を明確にし一貫性を保つ。

(2) 理解しやすい表現

文章はできるだけわかりやすく書く。わかりやすい図や表を用いて説明する。必要に応じて写真も使う。例えば，景観の評価では，現況の写真と計画後の将来状態の写真を比較して示す。

(3) 事実と意見の区別

印刷されたものはすべて事実であると誤解しがちである。記載事項には事実に関する情報と価値に関する情報とがある。これらの両者を

表 3-2 縦覧期間の例（1999年現在）

	アセス法	川崎市	東京都	神奈川県	北海道
方法書	1カ月	なし	30日	45日	30日
準備書	1カ月	30日	30日	45日	30日
見解書	なし	15日	20日	30日	20日
評価書	1カ月	15日	15日	15日	30日

＊川崎市の見解書は修正報告書を指す。報告書と修正報告書を加えたものが評価書に相当する
＊＊方法書や準備書の名称は自治体により異なる

明確に区別する。

(4) データの出所の明示

　記載事項が正しいかどうかを判断するため，元データに戻って確認できなければならない。これは信頼性を確保するための必須条件である。例えば，動植物の調査の精度は調査員の技量により大きく異なるので，調査者の名前も記載すると信頼性が確認できる。

●公告と縦覧

　事業者の作成した，方法書，準備書，評価書，あるいは見解書などは，住民等がこれらの文書を読むための場を設定する。これらの場で住民が上記のアセス文書を閲覧することを縦覧と言う。縦覧の場所は通常，公共施設が使われる。自治体であれば市役所やその出張所などが使われる。

　縦覧の期間は文書により異なるが，例えば表 3-2 のようになっている。準備書の場合，アセス法では 1 か月と 2 週間。方法書も，1 か月と 2 週間。自治体でもほぼ同様の期間である。

4. 会議形式のコミュニケーション―事例に即して―

　会議形式でのコミュニケーションには，説明会と公聴会の二つがあ

る。具体事例に即して，その内容を紹介する。説明会は神奈川県での事例，公聴会は川崎市での事例である。
● 説明会
　説明会は準備書の内容を住民に周知徹底させるために行われる。したがって，準備書の縦覧期間に行われる。開催の仕方は事例により異なるが，地域の状況に即した方法が行われる。
　具体的な事例として，神奈川県の条例における説明会の例を示す。これは，道路建設事業における説明会の例である。この場合の事業者は県で，会は公開である。
　この事例での会の運営方法は，前半の1時間で事業内容の説明と，現況調査，影響の予測，評価結果の説明があり，後半の1時間を住民からの質疑に当てている。
　この例の会場は小学校の体育館が使われた。会場は地域の住民が参加しやすいところに設けられる。日曜日の夜7時から開かれた。主催者は入り口で，参加住民にパンフレットを配布し，会場の内部では壁に資料が掲示された。
　この例では，事業者による説明はスライドを用いて行われた。まず，計画内容の説明があり，この道路建設の必要性と計画の内容が紹介された。続いて予測・評価結果の説明に入った。この場合には，大気，騒音，振動，動物生態系，植物生態系，景観など，14の評価項目について，現況調査と予測・評価が行われた。それぞれの項目ごとに，現況調査結果と，予測・評価の結果が説明された。
　後半の1時間は，この説明に対する住民からの質疑とそれに対する事業者からの応答がなされた。1時間を少し越える時間，質疑が続いたが，この間に約20人から質問があった。質問の内容は，評価項目選定の問題や，予測の前提条件の問題などであった。

●公聴会

　説明会とは逆に，公聴会は住民等の関係者と事業者の意見を聴くことを主たる目的としたものである。したがって，説明会が終わった後，通常は住民からの意見書が出された後に開かれる。アセス法では規定はされてないが，自治体の制度では8割以上が持っている。

　公聴会は行政が主催して行われ，住民の意見は「公述」という形で述べられる。事業者も，事業者からの公述と言う形で意見を述べる。公述人は予め主催者に申し込みをしておく。公聴会も説明会と同じく一般住民の傍聴が認められる。

　川崎市の条例に基づく公聴会の例を示す。これは公団住宅の建替事業の場合で，事業者は住宅・都市整備公団である。

　川崎市の公聴会では，住民と事業者との間の意見のやり取りは，第1次公述から第3次公述まで，3回行われる。このため，例えば，この場合には5時間ほどの時間がかかった。

　この場合にも会は日曜日に開かれた。会場は川崎市の施設であり，ここでは区役所が使われた。朝の10時半からの開始で，午後の3時過ぎまで行われた。公述人とともに，多くの傍聴人が参加している。公聴会の段階では，説明会は終了しており，準備書（川崎市では報告書という）の縦覧も終わり，事業者の見解も示された後に開かれた。したがって，会場で新たに配布された資料はない。

　わが国の公聴会では，通常は，住民，事業者のそれぞれが1回ずつ公述するだけで意見の言い放しに終わる。これでは十分なコミュニケーションは行えないが，川崎市の方式では公述が3回繰り返される。

　まず，この3回のフィードバックが行われることなど，会の運営方法が主催者の市によって説明される。この時には，公述人は住民から7人，事業者から数人であった。第1次公述は，事業者による公述から始

まった。事業者による公述に続いて関係地域住民が公述し，賛成や反対，いろいろな立場の住民が意見を述べた。

　昼食を取った後，第2次公述に入った。まず，事業者が住民からのさまざまな意見に回答する形式で公述し，続いて，関係住民が第2次公述を行った。住民は事業者の第2次公述を聞いた後なので，住民の公述の前には休憩時間が取られて住民同志で相談がなされた。その上で住民による公述がなされる。このようなやり取りが続き，さらに第3次公述まで行われた。

　川崎市では，このように3回のフィードバックがなされる。このため，結果的には，事業者と住民の間で双方向のコミュニケーションがなされることとなる。これは，わが国では進んだ方法である。意見の言い放しにならないところが利点である。

5．コミュニケーションの改善

●技術的な改善

　以上，文書形式と会議形式のコミュニケーション，両方について見てきたが，これらの改善について考える。

　文書形式の問題点は，専門的すぎて理解しにくいこと，分量が多くなりがちなこと，文書ではフィードバックが不足することなどがある。

　会議形式の問題点には，会の設定方法（時刻，場所）や会議の運営方法，説明の仕方，議論のやり取りの不足などがある。

　これらの問題への対応は，わが国での他の事例を参考にするなど，経験を生かすことが重要である。また，住民参加を積極的に行っている欧米ではいろいろなマニュアルも作られている。

●コミュニケーションシステムの改善

　このように，個別のコミュニケーション技術の改善を進めるととも

に，住民と事業者の間の，コミュニケーションシステム全体の改善が肝要である。これは，文書と会議の組み合わせでの情報交流である。

住民と事業者，そして行政の三者の相互関係に着目することが重要である。行政は住民と事業者の間の調整役である。図3-6は，アセスにおけるさまざまなコミュニケーションの方法をまとめて示したものである。このプロセスで積極的なフィードバックを行うことが必要である。そのためには，ある程度の時間と費用は覚悟しなければならない。

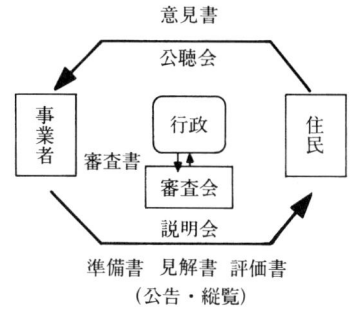

図3-6 コミュニケーションの諸方法

とりわけ，事業者の自主的な判断で，積極的なフィードバックを行うことが必要である。例えば，アセス法の方法書段階でも自主的に説明会を開くことができる。また，公聴会の規定がなくても住民の要求があれば行政に公聴会の開催を求めることもできる。愛知万博のアセスでは，事業者の自主的な判断で，方法書段階においても説明会と意見交換会（公聴会に相当）が開かれた。その結果，準備書段階での説明会は，事業者の予想よりもスムースに行われた。自主的に取り組めば，その効果はあることが示された。

しかし，一般に現在の日本のシステムはまだ硬直的である。住民と事業者の情報交流を促進するため，必要に応じて情報のフィードバックを増やさなければならない。説明会や公聴会では時間切れとなってしまう場合が見られるが，会議を複数回開けば議論のやり取りができる。効果的なコミュニケーションのためには，事業者の自主的取組みが期待される。

このためには，急速に普及してきたインターネットを活用することができる。方法書，準備書，評価書などのアセス文書はすべて，インターネットのホームページに掲載しておけば，一般住民の情報へのアクセスは格段に向上する。また，意見書の収集や，見解書での応答も，郵便やファックスなどの従来の方法に加えて，インターネットを使って補完的に情報交流を行うことができる。さらに，CATVなどのさまざまな通信メディアを活用することも積極的に行ってゆくべきである。
　また，わが国では事業者がアセス文書を作成するが，これでよいのかという根本的な問題もある。この問題への一つの対応方法として，上述のように，大多数の自治体の制度では，中立的な第三者による審査会を設けて審査している。国の制度ではこの審査会に相当する組織がないが，何らかの形で第三者的な機関を設けるべきである。
　そして，さらに進んで将来的には，中立的な主体がアセス文書を作成するように制度を変えていくべきである。

4

検討範囲の絞り込み

1. 検討範囲の絞り込みとは

　本章からは，環境アセスメントの科学的な方法論についてより詳しく述べていく。この章は検討範囲の絞り込みである。これは，アセス法では方法書のプロセスに対応する。

　アセスメントは環境を配慮した意思決定のための手続きである。したがって，環境影響をどのように評価するかが核心部分であり，検討範囲の絞り込みはその第一歩である。

　アセス法の手続きでは，方法書がアセスメント方法を決めるためのものである。方法書は，方法の案を文書で示す。この案に対し，住民は意見書により意見を出す。方法書は方法の原案なので，地域住民などとの意見のやり取りが重要である。

　第2章で述べたように，英語ではこれをスコーピング（scoping）と言う。スコープ（scope）とは範囲のこと，範囲を決めると言う意味である。具体的には，比較検討する複数の事業計画案の範囲と，評価項目の範囲を絞り込む。

●スコーピングの概要

　環境影響を，どれだけ回避，低減したかを社会に説明することが環境アセスメントの目的である。すなわち，事業者がアカウンタビリティを果たすための方法である。

　このためには，原案とともに環境配慮をさらに行った代替案の比較検

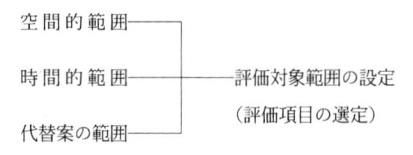

```
空間的範囲 ─┐
時間的範囲 ─┼─ 評価対象範囲の設定
代替案の範囲─┘   （評価項目の選定）
```

図4-1　対象範囲の設定（スコーピング）

討が必要である。したがって，評価項目を選定するためには，原案とともに代替案をどの範囲まで考えるか，絞り込んでいく。アセス法の条文では方法書段階における複数案の列挙を明示していないが，アセスを適切に行うにはこれが不可欠である（図4-1）。

　これら検討対象とする複数案が決まったら，次に評価項目を選定する。評価項目は，二つの面で決まる。

　一つは対象事業の計画内容により異なる。例えば，道路事業の場合，地上を通すか，地下を通すかで評価項目は異なる。地下を通す場合は，地下水への影響の問題なども評価しなければならない。

　もう一つは，地域の環境状態により異なる点である。都市部を走る道路か，自然の豊かな農村部を走るかで，考慮すべき自然環境の要素が異なり，評価項目の範囲は違ってくる。

　評価項目が絞り込まれたら，それぞれの評価項目について，調査，予測，評価の方法を決める。アセスの事例によって使える情報，技術，費用の制約が違い，評価方法の選択範囲が異なる。まさに，評価方法はケースバイケースで考えなければならない。

　こうして，方法書の内容が確定する。事業者は方法が確定した段階で，これを公表するべきである。アセス法では，準備書段階で評価方法を公表すればよいとなっているが，円滑なコミュニケーションのためには早めに公表をすることが必要である。

●情報のフィードバック

　この方法書のプロセスはダイナミックなプロセスである。地域住民などの方が事業者よりも地域環境の情報を多く持つ場合が多い。また，地域外の専門家の知識や意見も重要である。これらの意見に基づき，検討範囲を絞り込んでいく。

　事業者と，地域住民や専門家との間の情報交流をどう進めるかが，スコーピングの鍵である。情報の丁寧なフィードバックがないと，複数案の絞り込みはできない。評価項目についても，何が重要かは相互の十分な意見交換が必要であり，これをもとにメリハリの効いたアセスを行わなければならない。

　このためには，説明会が必須であり，意見交換のために公聴会も必要となる。アセス法では，これらの開催は義務づけられていないが，検討範囲を絞り込むためには，会議によるコミュニケーションの場を積極的に設けることが必要である。これは，第3章で述べたように，事業者の自主的取組みで可能である。

　こうして，方法書の内容が確定したら，準備書作成のための調査を開始する。内容の確定後，すぐに準備書が作成されることはあまりない。住民などの意見に適切に答えようとすれば，新規調査や追加調査が必要となることが多いからである。

2. 対象事業および地域の基礎調査

●絞り込みのプロセス

　環境アセスメントで行われる検討範囲の絞り込みの方法を図4-2に示した。まず，対象事業や対象となる地域の基礎的な調査を行い，絞り込みのための基本的な情報を収集する。次に，いくつかの観点から絞り込みのおおよその方針を決定する。この段階を経て，各々のアセスメン

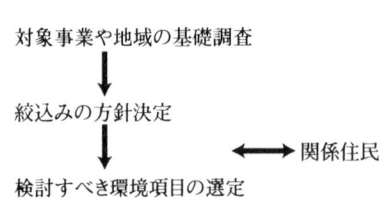

```
対象事業や地域の基礎調査
        ↓
   絞込みの方針決定
        ↓              ←→ 関係住民
 検討すべき環境項目の選定
```

図4-2　検討範囲の絞り込みのプロセス

トにおいて対象とする予測評価項目や方法について具体的に絞り込みを行う。

●対象事業の基礎調査

　提案された事業計画に対する基礎調査には，次のような内容が考えられる。

　第1に，対象となる事業が提案されるに至った経緯や地域社会における事業の必要性を調査する。第2に，計画されている事業の規模，事業がもたらす効果などを調べておく必要がある。具体的には，計画されている地点，施設の敷地面積，施設の物理的規模，施設が稼動あるいは供用された場合の運用状況などが考えられる。

　この種の調査は，従来事業者が開発推進の観点から行っているものであるが，本来環境影響の予備的な把握という視点も含めて，その内容を整理する必要がある。特に，相当以前から計画が検討されていた事業の場合，事業の必要性が時代に即していなかったり，具体的な施設内容が遅れていたりする。一部には，「時のアセスメント」という呼び名で計画を見直すことも行われている。その際，必要になるのは事業の必要性や施設内容を現在の視点から再検討することである。その意味からも，事業の基礎調査は重要である。

●対象地域の基礎調査

　事業によって影響を受けると思われる周辺の地域の基礎的な調査の段

```
                    ┌─────────────▶ 公害関係項目
      ┌─ 地域の自然的状況 ──┼─────────────▶ 社会環境項目
      │                └─────────────▶ 自然生態系
──────┤
      │              ┌─────────────▶ 土地利用関連項目
      ├─ 地域の社会的状況 ──┤
      │              └─────────────▶ 人口関連項目
      │
      └─ 地域に関係する環境関係の法制度
```

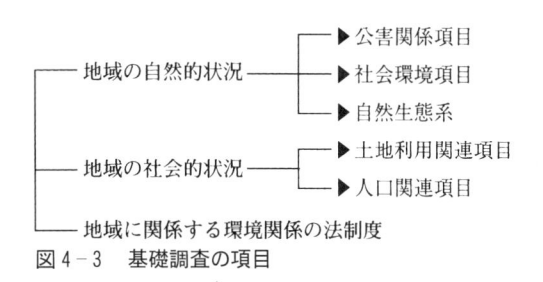

図 4-3　基礎調査の項目

階では，既存資料の収集や現地踏査など比較的簡易な調査が主であるが，検討範囲の絞り込みの判断材料となるので欠かすことができない。

(1) **対象項目**

まず，基礎調査の対象項目について述べる。図4-3には，基礎調査で集めるデータを三つに分類して表した。すなわち，地域の自然的な状況，社会的な状況，そしてその地域に関係する環境関連の法律や制度である。まず，自然的状況には人間に影響を及ぼす公害関係の項目，社会や生活に関する項目，そして自然生態系に関する項目がある。これらのデータが候補地の細かいエリア単位ですべてそろっていることはまずない。このため，定期的に行っているモニタリングの結果を用いて地域全体の状況を推定することになる。その他，地域の土地利用の状況や人口，さらに周辺の環境基準の設定状況を把握する。

(2) **事例**

東京都の目黒区にあるごみ焼却場は1991年に完成した新しい施設であるが，場所はJR山手線の外側に近い住宅の密集地である。まわりにマンションや一戸建てが立ち並び，隣には小学校もある。このため，アセスメントではかなりもめた事例である。公害の関係項目では大気や騒音・振動などのモニタリング結果が示された。図4-4には，騒音の測

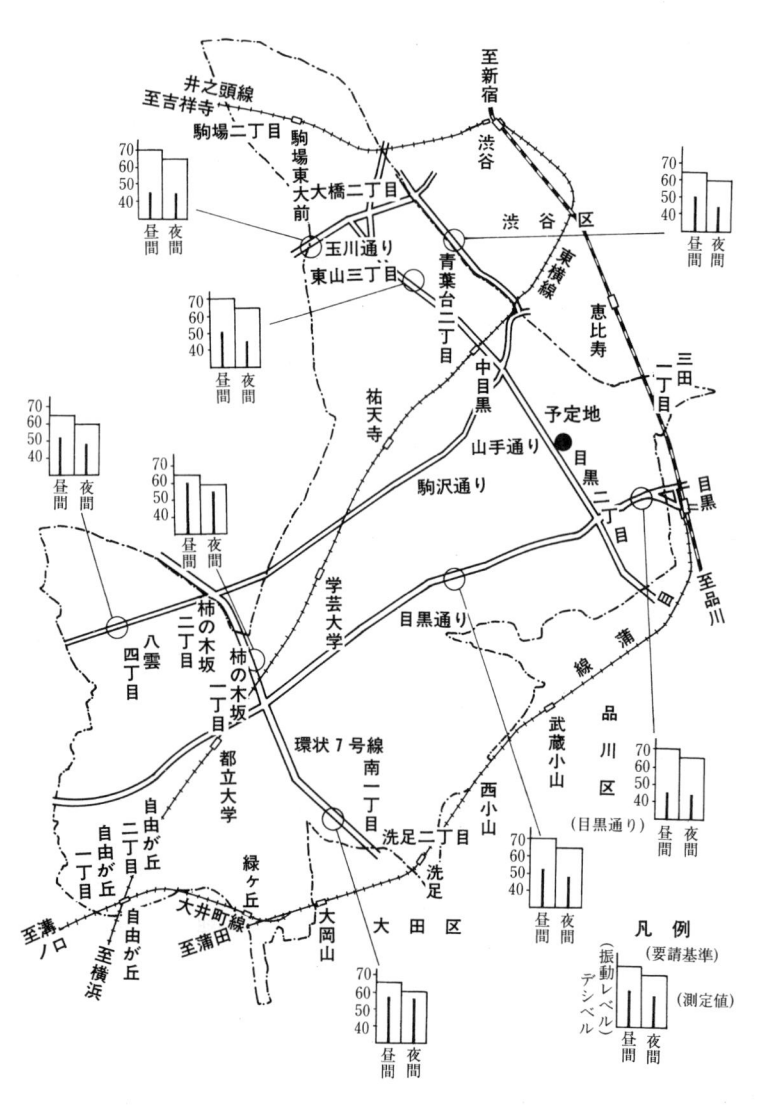

図4-4　騒音に関する基礎調査の例

出典：東京都環境影響評価書

図 4-5 環境基準の設定状況の把握例

凡例
- A 騒音に係る環境基準のA地域
- B 騒音に係る環境基準のB地域
- 1 騒音に係る環境基準のB地域及び特定建設作業の騒音、振動規制の第1号区域
- 2 大気汚染、騒音に係る環境基準及び特定建設作業の騒音、振動規制の第2号区域
- D 大気汚染、特定建設作業適用除外地域
- C 水質汚濁に係る環境基準の河川の水域類型指定地域（類型D）
- 水質汚濁に係る環境基準の海域の水域類型指定地域（海域C）

出典：東京都環境影響評価書

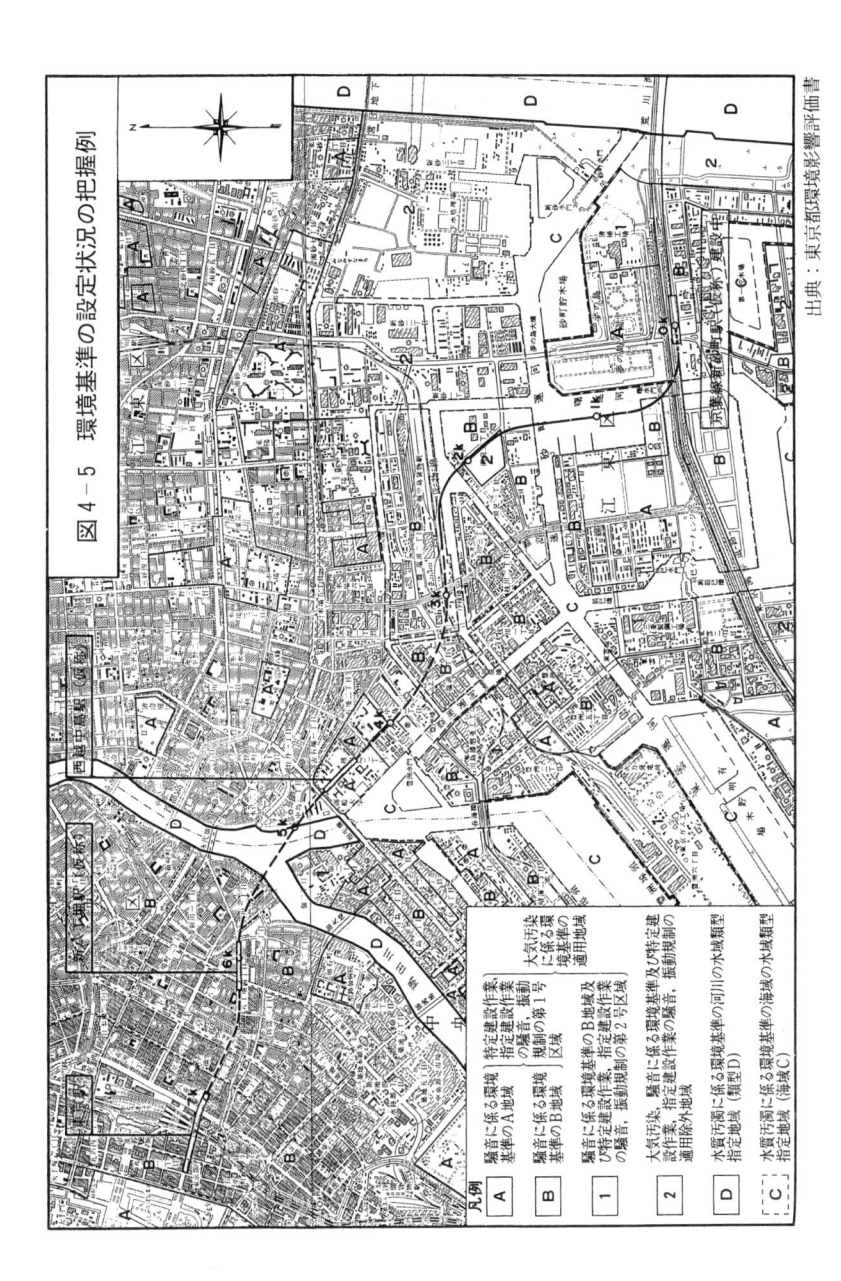

4 検討範囲の絞り込み

定結果が書き込まれている。定期的に測定している地点が少ないため，この段階では環境状態の概略だけを把握することになる。

次に示す事例は東京と千葉を結ぶ JR 京葉線である。この鉄道は最近開発が急速に進められている千葉県の湾岸地域を通り，沿線には団地が立ち並んでいる。また，最新の施設を備えたホテルや東京ディズニーランド，さらに放送大学の本部もこの沿線にある。図4-5は，この地区の環境基準の設定状況を示したものである。基準は地区の土地利用などを考慮して細かく設定されている。図の中で，Aで示されているエリアは騒音の基準が厳しくまたBはその次に厳しい地域である。これを見ると，どこで基準が厳しいかが把握でき，これらを満足する事業計画を策定しなければならないことがわかる。このようにして地域の諸条件や特性をつかむ。

3. 絞り込みの基本的考え方

●検討すべき範囲とは

以上のような基礎的な調査を行った上で，本格的なアセスメントを実施する際の検討範囲の絞り込みを行う。これは，英語でスコーピングと呼ばれ，アセスメントの中でも極めて重要な部分である。枠組みの範囲（スコープ）が狭ければ重要なファクターを見落とす可能性が高いし，逆に広すぎれば分析が複雑になったり膨大な作業が必要になり，結果を出すまでに膨大な時間を費やすことになる。具体的な予測評価に入る前のこの段階の決定が，後の分析を大きく左右する。スコーピングを考える際の三つの視点は次のようにまとめられる（図4-1）。

(1) 空間的範囲

対象範囲の設定にはいくつかの要素があり，その一つとして空間的範囲の設定がある。すなわち，環境影響の範囲としてどの程度の広がりを

考えればよいか,という問題である。ここでは,ごみ焼却場の建設を例に考えてみたい。ごみ処理の流れを1枚の絵に表したのが図4-6である。

　ごみの収集日に集積場に集められたごみは,清掃車によってごみ処理場へ運ばれる。清掃車はごみバンカと呼ばれる一時貯留場へごみを集め,作業員がごみ量や燃焼温度を見ながらごみを焼却する。このような過程で,煙突からは排気ガスが出てくる。焼却によって発生した灰や不燃物は埋立地へ運ばれる。その過程で,清掃車や処理場が大気汚染や騒音の発生源となる。その反面,還元施設,電力供給というプラスもある。

　さて,このようなごみ処理の流れの中で,ごみ焼却場を建設する場合

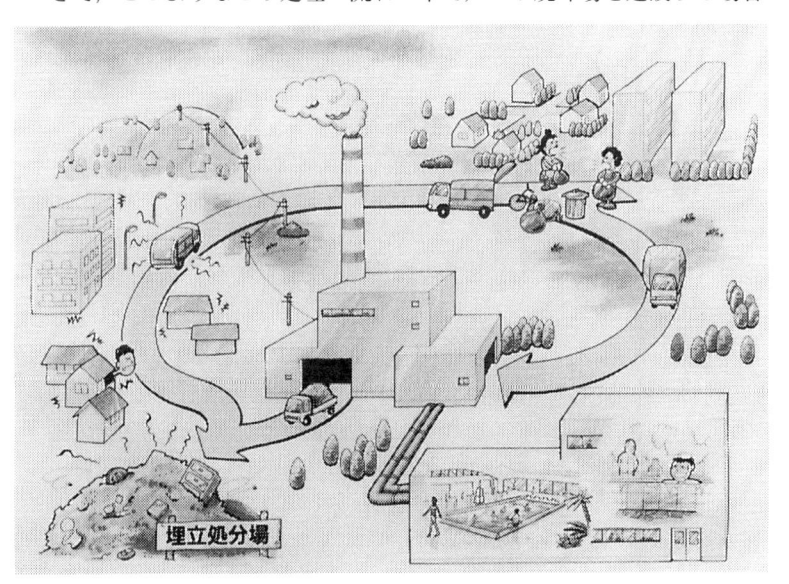

図4-6　ごみ処理の流れ

に生じる環境影響の範囲として我々はどのような範囲を設定すればよいだろうか。これには，焼却場周辺の住民への影響だけを考慮するか，あるいは煙突が見える範囲までとするか，さらには，埋立地まで含めるかなどが考えられる。このように，ごみ処理場のアセスメントを行うにもさまざまな空間的範囲の取り方がある。

(2) **時間の範囲**

環境影響を受ける時間の範囲も考えなければならない。これには，施設の建設時から，操業期間を経て，少なくとも耐用年数程度は考慮すべきである。最近では，施設のライフサイクル全体を考慮した建設から解体までの期間を対象とすることが理想となっている。また，有害廃棄物や放射性物質などの影響が長期に渡ると考えられる場合，施設の寿命以上に時間の範囲を広げなければならない。

(3) **代替案の範囲**

第3の視点として，代替案の範囲をあげる。これには，施設の場所，規模，構造，操業パターンなどのバリエーションが考えられる。対象とする事業の特性からどのような代替案をあげるべきか検討する必要がある。

複数の案を検討範囲に含めることによって，選定項目の範囲がより明確になる。このことが対象事業の環境影響を評価するための項目選定の根拠を高め，関係住民への説明の際の材料になる。

●**基本的な方針**

こうしたいくつかの視点を考慮しながら絞り込みを行う必要がある。ここでは，絞り込みを行う際の基本的な方針についてまとめておく。

一つは，従来の「レディメイド」な絞り込みから，個別事例の特性を考慮した「オーダーメイド」な絞り込みを行うことである。対象となる事業や周辺地域はそれぞれ特性を有しているので，それに伴って影響を評価すべき環境項目も異なってくることである。従来のアセスメントで

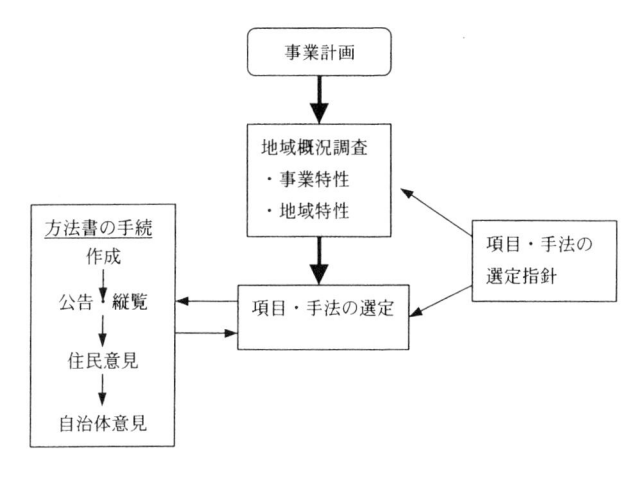

図4-7 環境影響評価法におけるスコーピングの手続き

は，事業の種類と規模によってほぼ予測評価すべき環境項目が決められていた。このため，スコーピングの段階はあまり重要視されていなかった。しかし，海外では以前からこの段階がアセスメントの重要なステップであったし，わが国でも環境影響評価法でようやくその重要性が制度的に位置づけられるようになった。もちろん，これまでどおり事業の種類ごとに一般に必要となる項目は示されるが，このような標準的手法にケースバイケースで付加的な検討を行うことが重要である。この検討には，効果的に予測評価を行うため項目を削除することも考えられるが，これには十分な議論と慎重な検討が不可欠である。

次に，ダイナミックな絞り込みのプロセスを進めることがある。図4-7は，環境影響評価法で規定されたスコーピングのプロセスを示したものである。ここでは，従来は取り入れられていなかった住民参加のプロセスが付加された。対象事業の環境影響に関心をもつ住民は，提案さ

れた検討範囲について，意見を提起することができるようになった。スコーピングという「ing」で示された言葉の由来から，絞り込みのプロセスは本来動的なものである。この絞り込みのプロセスは，カメラの「絞り」のように狭めたり広げたりしながら，適切な絞り込みを探ることが重要である。

　日本でもこうしたプロセスが実現するようになった。広げたり絞ったり，という試行錯誤を繰り返すことにより，よりよいスコーピングを行うことが可能となる。

4．予測・評価項目の分類

　次に，絞り込みにおいて対象となる環境項目について整理しておく。表4-1に5つに分類して示した。

● 地域環境の物理的な要素

　物理的な環境項目は，いわゆる典型的な公害が主でありアセスメントの中でも従来から重視されてきた。環境影響評価法では，大気，水，土

表4-1　予測評価の対処となる環境項目の分類

分類	項目
地域環境の物理的要素	○大気環境（大気汚染、騒音・振動、悪臭等） ○水環境（水質汚濁、地下水汚染等） ○土壌環境（土壌汚染、地形・地質等） ○その他
生物の多様性や生態系	○植物 ○動物 ○自然生態系
人と自然との豊かな触れ合い	○景観 ○自然との触れ合い活動の場 　（レクリエーション、里山、里地）
環境への負荷	○廃棄物 ○地球温暖化 ○その他
その他	○低周波空気振動 ○電波障害、日照阻害 ○文化財 ○地域分断 ○安全　など

壌やその他，という三つに分類されている。

大気質には，工場や自動車，飛行機などの交通機関から排出されるNO_xやSO_x，また浮遊粒子状物質や粉じんがある。最近では建材などに使用されるアスベストやごみを焼却する際に発生するといわれるダイオキシンなど，新たな有害物質も注目されている。騒音・振動は，建設作業中，交通，工場の操業など，多くの活動に伴うため，評価項目として選定される場合が多い。

次に，水質では特定の工場などから排出される有害物質や有機物による居住環境の汚染，さらに水道の処理に用いられる塩素や，半導体工場による地下水汚染などがある。

土壌汚染では施設の建設に伴い，放出される有害物質の影響とともに，候補地が以前，工場やごみの埋立地であった場合には過去に山積した有害物質が埋蔵されている可能性はないかチェックする必要がある。このほかの項目として，悪臭や地盤沈下などがある。

●生物の多様性や生態系

自然度が高い場所を対象にアセスメントを行う場合，その区域に生息する動植物への影響を考慮しなければならない。従来は貴重種の存在に影響を及ぼすかどうかが検討の対象であったが，近年の自然環境保全に対する人々の意識の高まりとともに，自然に対する考え方もこれまでより厳しいものになりつつある。植物や動物については，重要種の分布や生息・生育状況，重要な群落の分布状況，注目すべき生息地などが対象となる。

また，人間を含めた生物の間のつながり，すなわちエコシステムを変化させることになるかどうかも検討する必要がある。従来，生態系への予測評価は必要性が指摘されていたものの具体的な予測評価はあまり行われてこなかったが，環境影響評価法では評価項目の一つとして明確に

位置づけられた。

●人と自然との豊かな触れ合い

　この分野では，まず「景観」があげられる。これは新たな施設の立地や土地の改変によりこれまでの眺めが大幅に変わってしまう可能性はないかを検討するものである。また，環境影響評価法で取り入れた項目として，「触れ合い活動の場」というものがある。これは，野外レクリエーションや地域住民の日常的な自然との触れ合いの場となっている地域への影響をさしている。近年，人間の手が入っていない自然に加えて，身近な里山や里地といった存在の重要性が指摘されている。こうした場所への影響もアセスメントの項目となった。

●環境への負荷

　廃棄物については，建設時の廃棄物や残土，さらに操業時の廃棄物の2種類がある。また，廃棄物は産業系のものとそれ以外のものに分けられ，これら両面から影響の可能性を検討する必要がある。

　また，地球温暖化への配慮から温室効果ガスによる影響も評価すべき項目の一つとしてあげられている。この場合，個々の施設から工事中や供用時に排出されるガスの総量を予測し，これまでの状況との相対的な評価を行うことになる。

●その他の項目

　以上は主として環境影響評価法で扱われる項目であるが，地方自治体によってはこれ以外にも評価項目として取り上げているものがある。

　例えば，人間の耳には聞こえないほど非常に低い周波数の振動が建物のがたつきや人体に影響を及ぼすことが指摘されている。この低周波空気振動は工場や道路交通などが主な発生源である。

　そのほか，社会環境に属する項目がある。住宅が密集した都市部においては，電波障害や日照阻害が問題となる場合がある。また，埋蔵文化

財も開発の際に問題となるものの一つである。さらに，新たな施設の立地がそれまでの地域の日常的なコミュニケーションに影響を与える可能性がある。実際，幹線道路の新設はそれまでの地域の交流を減少させたという報告がある。

神奈川県のアセスメント条例では，低周波空気振動，電波障害，日照阻害，文化財，地域分断，安全といった項目が，評価項目としてあげられている。

5. 予測・評価項目の選定方法

以上のような項目に対して，対象事業や周辺地域の特性を考慮して予測・評価を行う環境項目を選定する。これまで提案された選定手法について表4-2にまとめた。

●**手法の分類**

(1) チェックリスト法

この方法では道路建設や工場の立地といった事業の種類ごとに予想される環境影響を予め列挙しておき，その中から地域の特性を考慮して項目を選定する。この方法のメリットとして，事業の種類が決まれ

表4-2 評価項目の選定手法

名称	方法	特性
チェックリスト法	事業の種類ごとに予想される環境影響を予め列挙	事業の種類によって項目が自動的に特定される。リストにあがっていない項目を選択する余地なし。
マトリックス法	環境に影響を与える行為と環境影響との関連を表形式で提示	チェックリスト法に比べ，より柔軟な選択が可能。
ネットワーク法	事業が及ぼす環境影響の因果関係を図示	波及効果などの複雑な関係が表現可能。
アドホック法	複数の専門家による討論・検討の結果を基礎	多様な専門家を集めることにより項目もバラエティに富む。結果が人選に左右される可能性あり。

ば自動的に項目が特定できるという簡便さがある反面，リストにあがっていない項目が影響を及ぼす可能性があったとしても，それらを選定することができないというデメリットがある。

(2) マトリックス法

事業の実施に伴い発生するさまざまな行為を抽出し，その行為ごとに環境影響をリストアップした関連表を作成する。そのため，この方法ではまずこれらの行為をあげなければならない。

例えば，高速道路の建設現場ではまず土地の造成を行った後，高架道路の場合は橋げたが作られる。さらに，コンクリートによって道路が形作られていく。この段階でさまざまな建設作業車が出入りすることになる。このような過程を経て道路が完成すると一般に開放され自動車が走行するようになる。郊外の高速道路では車の流れが比較的スムーズな場合が多いが，都心部の道路では交通量が過剰になり渋滞を引き起こす場合がある。それとともに，排気ガスや騒音が周辺の環境を悪化させる。

特に一般の幹線道路で交通量が多くしかも大型車が数多く走っている場合は，周辺の地域への影響が心配される。このような影響は道路周辺を登下校で利用する子供達や周辺住民の呼吸器系の疾患として現われることになる。

このような道路建設にまつわる一連の影響をまとめたのが表4−3である。例えば，土地造成によって森林を伐採することになれば，土壌汚染や動植物への影響が生じる可能性がある。また，完成後自動車が走行する段階では，大気汚染，騒音，さらに地域コミュニティへの影響が考えられる。このように，チェックリスト法に比べ，より柔軟な選定が行える反面，作業がより煩雑になるのはいうまでもない。

また，環境影響評価法の規定を取り入れて実施された愛知万博の事

表4-3 マトリックス法による項目選定の例
(内陸部における道路建設の場合)

		環境汚染項目				自然生態系			社会環境	
		大気汚染	水質汚濁	土壌汚染	騒音・振動	陸上植物	陸上動物	水生生物	景観	コミュニティ	廃棄物
造成	森林の伐採			○		○	○				
	工事車両の走行	○			○						
施工	切土・盛土			○							
	建設機械の稼働				○						
	工事車両の走行	○			○						
供用	自動車走行	○								○	
	構造物の存在								○	○	
	夜間照明					○	○				

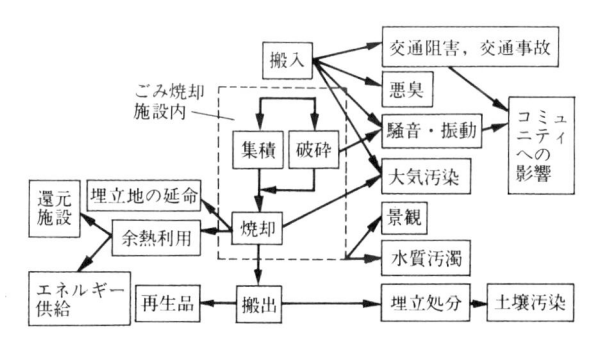

図4-8 環境影響の関連図(ごみの焼却場の場合)

例では,横軸に環境影響評価法で示された分類で評価項目が並んでいる。また,縦軸には工事中から万博実施,さらに終了後の時点も含められており,これらのどの時点でどの環境項目を予測評価すべきかが

検討されている。この例では、自然豊かな地域の特性から「生物の多様性の確保」や「人と自然とのふれあい」といった項目に多くの○印がつけられている。

(3) ネットワーク法

第3にあげたのは、ネットワーク法である。これは、さまざまな行為の相互関連（因果関係）を図に示し、そこから項目を選定しようとする方法である。図4-8はごみ処理場を建設した場合の環境影響の関連を示したものである。これらの流れの中で生じる影響を両側に示した。図の左側はプラスの影響、右側はマイナスの影響である。ごみの搬入から焼却・搬出に至る過程で、交通阻害や大気汚染、騒音といったマイナスの影響が生じる。これらの波及的な効果としてコミュニティへの影響が考えられる。一方、ごみの焼却は余熱利用や埋立地の延命などプラス面もある。ここに示した図では比較的簡略化してあるが、複雑な因果関係によって生じる影響を抽出するためには適した方法である。

(4) アドホック法

この方法は環境や都市計画、公衆衛生など事業計画の影響評価に関連した専門家の間で検討会を持ち、その議論の結果から項目を選定しようとする方法である。多様な専門家を集めればそれだけ項目もバラエティに富む。その反面、選定結果が人選に左右される。

●わが国における現状と今後

以上のような4つの方法のうち、従来日本で行われてきたのは、チェックリスト法にアドホック法を付加した形がほとんどであった。しかし、環境影響評価法施行後は、マトリックス法に準じた項目選定が行われる。このような手法は、東京都や神奈川県、川崎市など先進的な自治体ですでに取り入れられている。今後、標準的なマトリックスを基礎と

して，関係住民との話し合いの中で，オーダーメイドのマトリックスやネットワーク図を作り出していくことが求められる。

6. 絞り込みにおける課題

具体的な絞り込みの過程で検討すべき課題として次の2点をあげる。よりよい絞り込みのために，ダイナミックなプロセスを実施することである。より充実したコミュニケーションは，アセスメントの質を高める。そのため，単に方法書に対する意見の提出を住民に求めるだけでなく，それらの意見を反映させた修正案を再度提示し，住民の理解を得ることが求められる。このような情報のフィードバックがその後のプロセスの進展をより円滑なものにする。

第2に，より合理的な絞り込みを行うために，事業計画の代替案との相対的な比較を行うことである。対象事業の代替案に対して，原案と同様に検討範囲を絞り込めば，相対的な比較が可能となり，項目選定の妥当性がより合理的に判断できる。代替案の検討は法律には明記されなかったが，関係住民とのより質の高い合意のためには，極めて重要な点である。

5

環境影響の予測(1)
―環境の物理的要素―

　本章と第6章にわたって環境影響の予測手法について紹介する。環境アセスメントによって対象となる環境項目は第4章で示したが，環境影響評価法の制定に伴い扱われる項目も以前に比べ広がっている。そのうち，本章では環境の物理的な構成要素に対する影響を取り上げる。具体的には典型的な公害による環境汚染と，気象や地質などへの影響である。

1. 大気汚染

●汚染物質の種類
　大気汚染を引き起こす物質にはどのようなものがあるだろうか。図5-1にその概要を示した。物質はまずガス状かエアロゾル（粒子状）かに大別される。このうち，ガス状の物質はさらに無機化合物，有機化合物に分けることができる。この中で代表的なのはNOx（窒素酸化物），SOx（硫黄酸化物），CO（一酸化炭素）である。
　一方，有機化合物の中には炭化水素やアルデヒド，また近年ごみ焼却

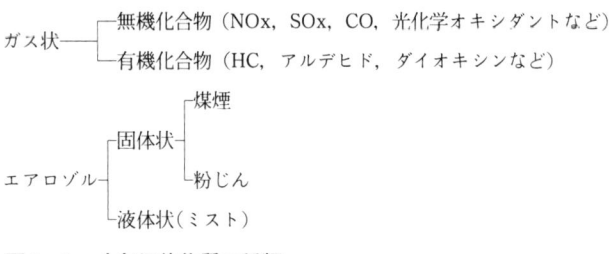

```
ガス状 ─┬─ 無機化合物（NOx, SOx, CO, 光化学オキシダントなど）
         └─ 有機化合物（HC, アルデヒド, ダイオキシンなど）

エアロゾル ─┬─ 固体状 ─┬─ 煤煙
             │           └─ 粉じん
             └─ 液体状（ミスト）
```

図5-1　大気汚染物質の種類

の際に生じるといわれるダイオキシンなどがあげられる。さらに，ディーゼル自動車の排気ガスからも有機化合物が検出されている。これらの物質は，しばしば発ガン性が指摘されている。

これらのガス状の物質に対し，エアロゾルは物質の粒子がより大きい。そのうち，粒径が10ミクロン以下の物質は大気中に長い間漂っているため，浮遊粒子状物質と呼ばれている。

● 有害物質の発生源

以上のような物質の発生源は，次のようにまとめることができる。まず，発生源が固定されているか，移動可能な状態であるかで二分される。このうち，固定発生源には，工場，事業場が代表的である。また，住宅も NOx や CO の主要な発生源の一つである。一方，移動発生源にはほとんどの交通機関が含まれる。

● 現況調査の方法

現況調査は一般に次のようなステップを踏む。まず，基礎調査の結果や実施する事業の特性から測定する物質を選定する。その後，各物質ごとに現況のバックグラウンド濃度を把握する。このデータに風向きや大気の安定度などの気象データを重ね，大気汚染のおおよその状況を把握する。

次に，アセスメントで対象とするエリアの測定を行う。エリアの代表的な地点で大気汚染の定期的な測定が行われていれば，その値を用いることができるが，ほとんどの場合改めて測定する必要がある。測定期間は通常一年間とし，季節ごと，あるいは各月ごとの変化を調査する。

● 予測の方法

発生源から排出された汚染物質は大気中に広がり，周辺の環境を汚染する。その際，どのように物質が拡散していくかを把握することは大気汚染を予測する際に非常に重要である。特に，煙突から排出された物質

はその鉛直下に着地するのではなく、物質が持つエネルギーによって一時上昇して広がり、風がある場合には風の向きに流される。このような拡散の状態を把握することにより、どの地点でもっとも濃度が高くなるかを推定することができる。

大気汚染の予測手法には、大別して次の2種類がある。一つは理論的な計算に基づく予測、もう一つは模型を用いた風洞実験に基づくものである。ここでは、アセスメントでしばしば用いられる理論的な計算による方法について紹介する。この予測の手順を図5-2に示した。この手順には予測枠組の設定とシミュレーションのシナリオ設定が大きな二つの柱である。

まず、予測枠組の設定では地域の気象条件と発生源の形態をモデル化する。気象条件は季節別、月別、時間帯別に変動特性を整理する。また、発生源には一般に点源（工場、大型船のバースなど）、線源（自動車、航空機）、面源（小規模工場、細街路、飛行場の一部等）があり、予測の対象がどれに該当するかを検討する。

以上のモデルを選択したうえで拡散モデルを限定する。このモデルには表5-1のように、いくつかの形が提案され、実用化に至っている。

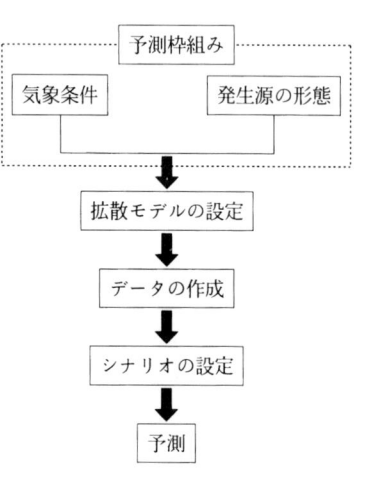

図5-2　大気汚染の予測手順

ガス状物質を扱う場合、もっとも簡略化したモデルはサットンの拡散式である。しかし、これは気象の変化や地形の状況を考慮できないため、

煙を一つの団塊（パフ）としてモデル化するパフモデルや，煙を流れ（プリューム）として捉えるプリュームモデルが一般的である。また，これらの特別な形として，建設の影響予測の際に用いられる JEA モデルや EPA モデルなどがある。

このように拡散モデルを設定した上で，例えば固定発生源の場合には煙突の高さ，排出強度，移動発生源の場合は交通量や単位発生源当たりの排出強度などのデータを与えなければならない。

一方，粒子状物質の予測では，別のモデルが開発され実用化されつつある。

このようにして予測枠組を設定した上で予測シミュレーションの設定を行う。その際，今後対象とする施設がどのように利用されるかをいく

表5-1 大気汚染の拡散モデル

名　称	概　　　要	主な前提条件
プリューム	汚染物質の移流・拡散を煙の流れで表現。風や拡散係数，排出量などは一定。	・ある程度の風（1m/s 以上）
パフ	煙の流れを一つ一つの団塊として表現。非定常や非均質な濃度推定に利用できる。	・高さ方向の風向速一定 ・高さ方向の拡散係数一定
ボックス	対象とする空間をいくつかの箱（ボックス）に区分し，各ボックス内の汚染物質の収支を算出。	・対象空間は一様 ・対象空間の境界での物質の移動が明確
JEA	環境庁が大阪府における実態調査を基に幹線道路の自動車排出ガスの予測用に開発。	・煙源の高さは地上
EPA	米国の環境保護庁が高速道路による自動車排出ガスの影響予測のために開発。	・パフモデルが基礎
サットン	小規模の煙源で排出量が少なく，影響が小さい場合の簡易手法。	・気象は一様 ・地形の影響は考慮できず
数値シミュレーション	気体の運動方程式と拡散式を基本としたシミュレーション。拡散係数などの情報が少なく結果の信頼性が問題。	・計算上の誤差が小さい。 ・メッシュ間隔が計算に対して適切であること。

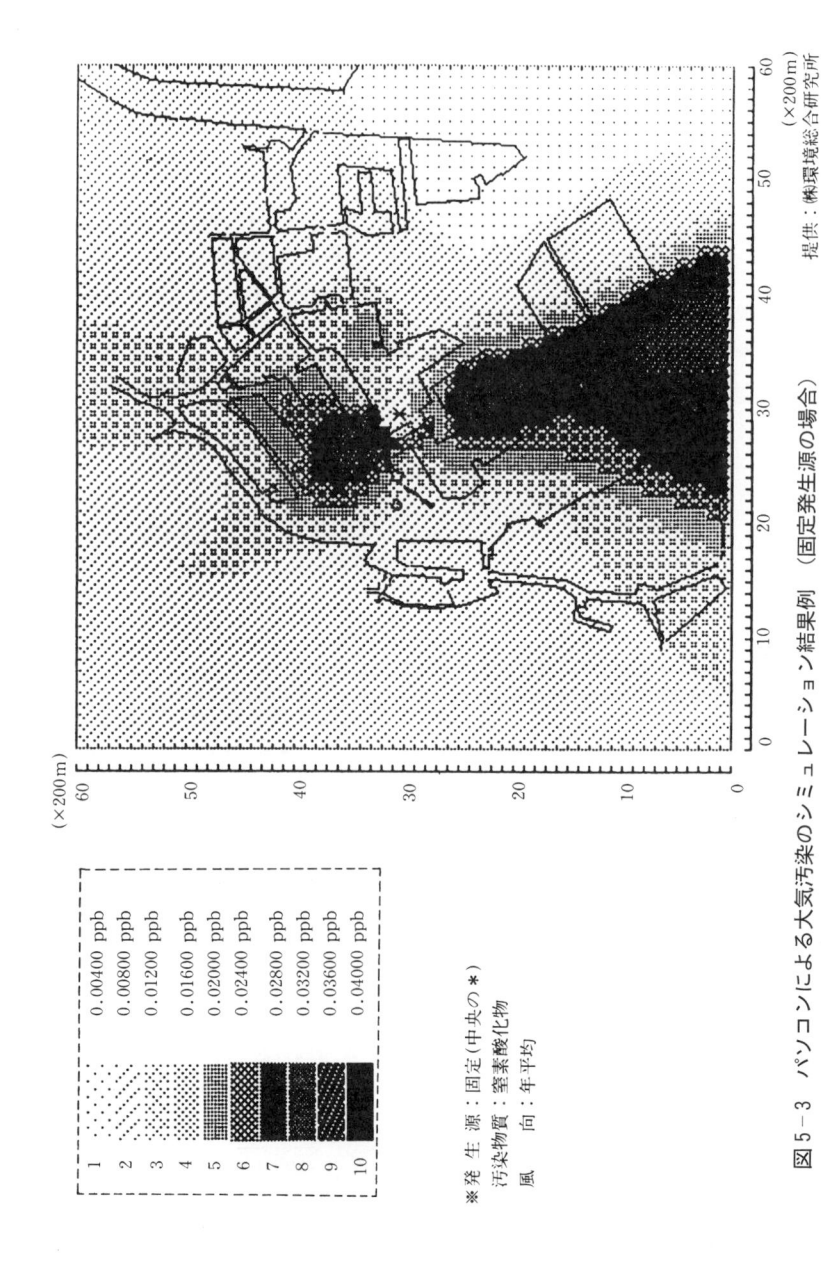

図5-3 パソコンによる大気汚染のシミュレーション結果例(固定発生源の場合)

提供:㈱環境総合研究所

※発生源:固定(中央の*)
汚染物質:窒素酸化物
風　向:年平均

凡例:
1: 0.00400 ppb
2: 0.00800 ppb
3: 0.01200 ppb
4: 0.01600 ppb
5: 0.02000 ppb
6: 0.02400 ppb
7: 0.02800 ppb
8: 0.03200 ppb
9: 0.03600 ppb
10: 0.04000 ppb

(単位：ppm)

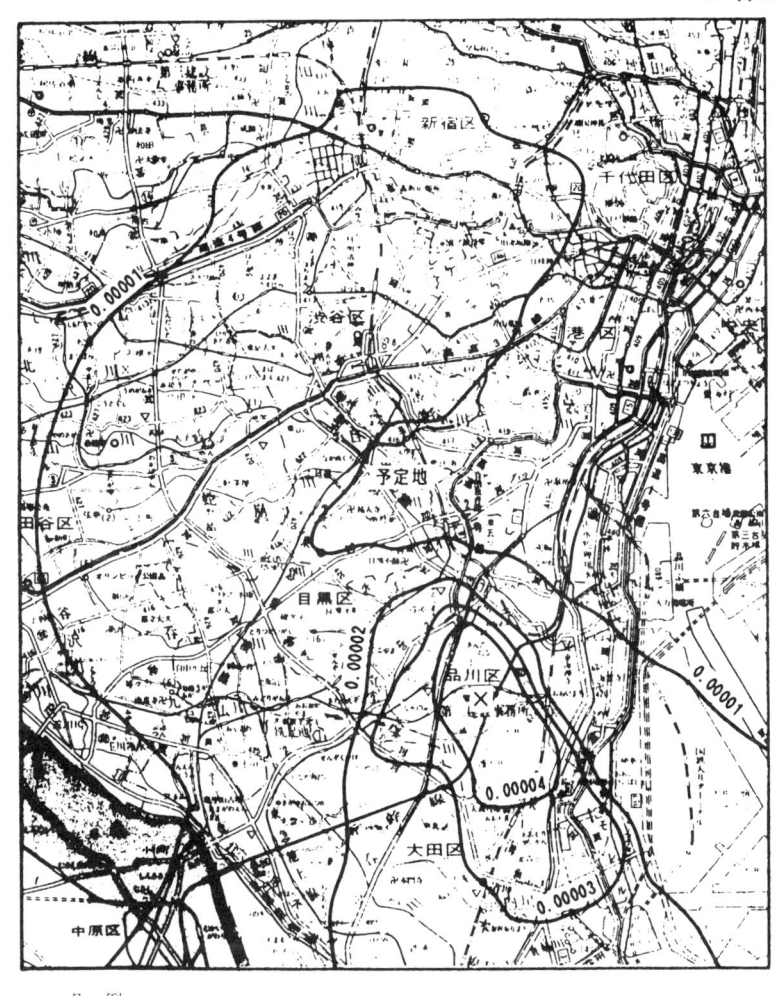

凡 例

×は予測最高濃度の出現地点を示す。

出典：東京都環境影響評価書

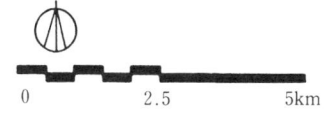

図5-4　大気汚染の予測結果（ごみ処理の事例）

つかのシナリオで表現する。具体的には工場の稼働日数や交通量の規模などがシナリオでの変数となる。

以上の諸条件を設定した上で予測を実施する。結果の表現には，予測濃度を施設からの距離ごとにグラフで示したものや，最近では立体的なグラフや地図上に表現したものもある。

図5-3は，ある工場を建設した場合に発生するNOxの1年間の平均的な予測濃度を表現した例である。環境影響の予測は多くのデータと複雑なプログラムを必要とするため，以前は大型のコンピュータによって行われていた。しかし，最近では目覚しい技術進歩によりパソコンレベルのコンピュータで，画面と対話しながらシミュレーションが行えるようになってきた。ただし，予測を行う場合の前提条件が変化すれば，結果に大きく影響する。どういった条件で結果が左右されるのかを関係住民とともに情報交換することが重要である。その意味で，パソコンによるシミュレーションは効果的であろう。また，図5-4は第4章で事例として紹介したごみ焼却場からの大気汚染の予測シミュレーションの結果である。対象物質は二酸化硫黄で，1年間の平均濃度が示されている。風の影響を考慮するため，ここではプリュームモデルが用いられた。年間を通じた気象調査の結果，この地区では北風が多いことがわかっている。このため，工場の南側で濃度が高く，しかも排出ガスが上昇して拡散するため，工場から3.5kmほど離れた地点で最高濃度を示していることがわかる。このような結果を用いて環境影響の評価を行う。

2. 水質汚濁

●汚濁物質の種類

水質汚濁の物質には次のようなものがあげられる（図5-5）。

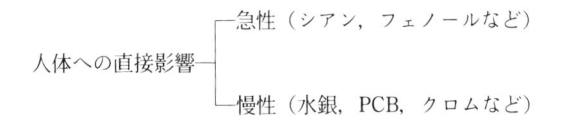

```
                    ┌─ 急性（シアン，フェノールなど）
   人体への直接影響 ─┤
                    └─ 慢性（水銀，PCB，クロムなど）


                    ┌─ 有機物（都市・生活排水など）
   環境への影響 ────┼─ 無機物（酸，アルカリ，栄養塩など）
                    └─ 油，不溶懸濁物質（土砂，鉱物，紙パルプなど）
```
図 5-5　水質汚濁を引き起こす物質

(1) 人体に影響を与える物質

　これには，シアン，フェノールなど急性の中毒を引き起こすものと水銀，PCB，クロムなど食物連鎖によって体内に徐々に蓄積して慢性的な影響を及ぼすものとがある。また，寄生虫や病原菌による汚染も問題となる。最近では浄水に用いる塩素と有機物が化合したトリハロメタンが水道水中を汚染しているという報告がなされている。

(2) 環境を汚染する物質

　環境中の他の物質に影響を及ぼす物質には有機物や無機物，また不溶懸濁物質，油などがある。

　有機物は，酸化分解する際，水中の酸素を消費し溶存酸素の量を減少させる。無機物では酸やアルカリのように，水中の水素イオン濃度を変化させるものと，塩素イオンのように生物に直接影響を与えるものがある。また，土砂や鉱物，紙パルプや繊維といった不溶懸濁物質は，太陽光線の水中への入射を遮り水生生物の活動に影響を与える。

●発生源

　以上のような物質の発生源としては次のような形が考えられる。まず，工場，事業場からの排水中には有機物，急性毒性を持つ無機物など

が含まれる可能性がある。また，油や酸・アルカリの強い無機物が流されることもある。都市型の施設からは有機物のほか，油や無機栄養塩が含まれる。そのほか，土地の造成や施設の建設段階は水質汚濁を起こす可能性が高い。

●現況調査方法

人体への有害物質はそれぞれ直接測定することになるが，環境への影響はpHのほか水中の酸素量の測定，浮遊物質の量などを測定する。特に酸素の量は直接溶存酸素を測定するとともに，BOD（生物化学的酸素要求量）やCOD（化学的酸素要求量）と呼ばれる指標を用いて，水中の酸素が微生物や化学物質によって，どの程度消費されるかを示す方法がある。調査の方法は人体に影響を与える項目とそれ以外で異なる。前者は毎月1日以上，各1日に4回以上採水し分析する。一方，後者は前者に加え，日間変動の大きい時点では通日調査を行う。測定の時期や地点は河川，湖沼，海域でそれぞれ異なっている。

さらに，水象の側面も調査しなければならない。河川については流量，流速，水位，合流地点の状況などがあり，海域では潮流，移流，鉛直方向の移動や河川との流出入の状況などがある。

●予測

水中に排出された汚濁物質は，水の流れとともに水流の乱れによっても拡散される。一般に前者を移流拡散，後者を乱流拡散と呼び，この二つが拡散の大きな要因となっている。しかし，実際にはこれだけでなく物質が水底に沈殿したり，流出中に分解したり生物によって新たな物質に合成され二次汚濁を起こすという現象が生じている。このため，実際の予測では発生源と水象の特性を考慮し，これらの要因を付加したモデルが用いられる。

水質汚濁の予測手順は大気汚染の場合とほぼ同様に考えられる。ま

ず,水象と発生源の特性を把握した上でモデル化し,それに適した拡散モデルを選択する。その上で,必要となるデータを作成するとともにシナリオを設定して予測を行う。表5-2に対象とする水域別に用いられるモデルの特性を示した。

河川においては,汚染物質が上流から下流に流れていく際に浄化される「自浄作用」を考慮したストリータフェルプスの式が一般的である。また,海域では,いくつかの区間に分割して汚染物質の収支を検討するボックスモデルや点状の発生源からの拡散式に基づいた点源汚染拡散やジョセフセンドナー式がある。さらに,数値シミュレーションによって拡散や富栄養化を表現する手法や,計画地周辺の水理模型を作成し汚染物質の拡散を実験によって把握する方法もある。

表5-2 水質汚濁の予測手法

種 類	概 要	適用範囲
単純混合	排出量が少ない場合に汚染物質が水域で完全に混合した場合	主に非感潮河川
ストリータ・フェルプス(自浄モデル)	流れが等速で横断方向の水質は一様と仮定した場合の拡散方程式。汚染物質が評価地点まで到達する間に分解し,再曝気され回復する過程をモデル化。	主に非感潮河川
ボックス	対象とする水域をいくつかの区間に分割し,区間ごとの汚染物質の収支を拡散式で表現。	潮汐の卓越した幅5km程度までの閉鎖水域(海湾,感潮河川)
点源汚濁拡散	・一様な一方向の定常波が存在 ・2次元の無限の広がりを持つ海洋で点状の汚染源から連続的に汚染物質が放出	海域
ジョセフ・ゼンドナー	点状汚染源から連続的に一定の速度を持った排水が一定の厚さで半円形または扇型に拡散。	流れの影響が少ない海域や湖沼
数値シミュレーション	流体力学の運動方程式と連続方程式,さらに物質の拡散方程式の3式を基本に各種の条件を付加したモデル。	さまざまな水域
水理模型	地形の模型を作成し,実験的に水質汚濁現象を予測。	さまざまな水域

3. 騒音

●騒音とは

音は身近な環境でどこでも耳にするものであるが、それらが思わしくないもの、期待しないものであるとき、それらが騒音と呼ばれる。騒音は基本的に音の高さと大きさに依存しているが、心理的な影響も重要な要因である。例えば、隣の家でピアノの音が気になりだしたらそれがどんなに物理的に小さな音であったとしても我慢できなくなる場合がある。このように騒音はほかの項目に比べ、心理的な側面を考慮する必要が大きい。

●測定単位

音の大きさ（SPL）は、音の圧力で決まる。一般にはこれを以下のように対数型に変換してdB（デシベル）という単位を用いて表現する。

$$SPL = 20 \log 10(P/P_0)$$

ここで、P_0 は基準となる音圧で 2.0×10^{-5}（N/m^2）である。前述したように人間が感じる音の大きさはその高さにも左右されるため、それぞれの音圧に対して、音の高さを一定にした場合の音圧に変換して、音の大きさを比較することが多い。このような変換の関係をA特性と呼び、この特性で表示された音の大きさの単位をdB（A）と書く。通常、「ホン」と呼ばれる音の大きさの単位がこれである。

騒音の発生源には交通機関（自動車、航空機、鉄道）、工場、事業場、建設・解体現場などがあげられる。振動についても飛行機以外は同様である。

●測定結果の表現方法

音のレベルは、図5-6のように時々刻々と変化する。そのため、何ら

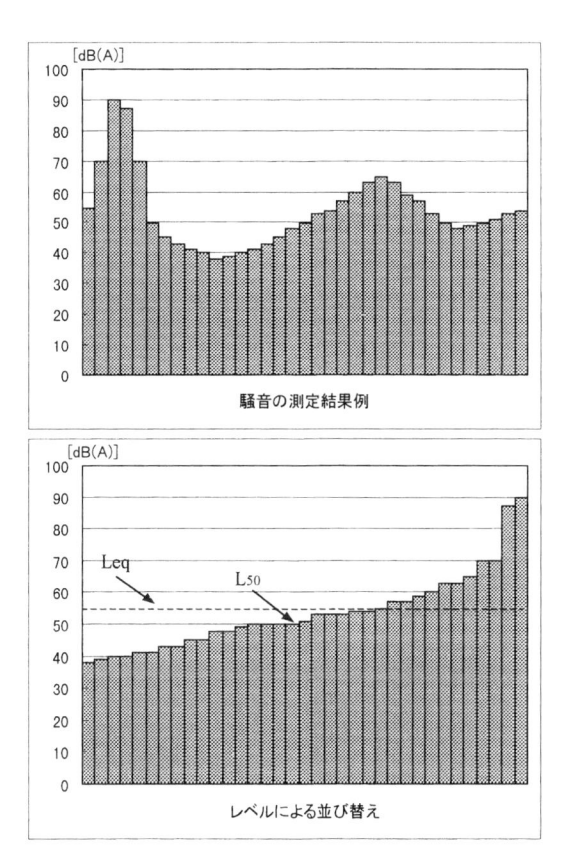

図 5-6　騒音測定と代表値の決定方法

かの形で代表値を決めなければならない。これまでの手法では，一定時間内の音圧レベルの中央値を取る場合が多かった。すなわち，音圧レベルを小さいものから大きなものへ並べ直して，ちょうど真中にくる値である。この図では，この点が中央値で，L_{50} と表現される。しかし，こ

れでは中央の音圧のみが問題となり，一定時間内に人間が受けた音圧全体を適切に表現していないという批判があった。このことから，1999年4月から中央値ではなく，音のエネルギーレベルの平均値（Leq）を用いることとなった。今後アセスメントが行われる場合は，こちらの表現が用いられることとなる。

●現況調査

調査は騒音調査と地象の調査に分けられる。騒音調査は施設候補地の敷地境界やその周辺の住宅地，人通りの多い地区などを測定地点とする。騒音は時間帯によって感じ方がかなり異なるので，測定時点は朝，昼，夕，夜というように1日の中でも複数の時間帯を対象としなければならない。

●予測

騒音の一般的な伝播は，これまでにかなり解明されてきており，高い精度で予測することができる。工場や事業場の場合は次式で求められる。

$$SPL = PWL - 20 \log 10r - 8 - A$$

ここで，PWLは発生源のパワーレベル，rは発生源からの距離，Aは補正減衰量である。

また，自動車の場合は音響学会が提案した式がある。一方，航空機騒音は断続的でピークが高いなど，一般の騒音と異なっているため，この特性を考慮した荷重等価平均感覚騒音（WECPL）という指標を用いて予測することが一般的である。

騒音の予測方法の具体事例として，東京の南西部を走る小田急線を取り上げる。この事例では，路線の一部を高架に変更した場合の影響予測が実施された。調査では，測定する場所を路線から垂直方向に5本とって行われた。ここでは，そのうちの1本についての予測結果を図5-7に

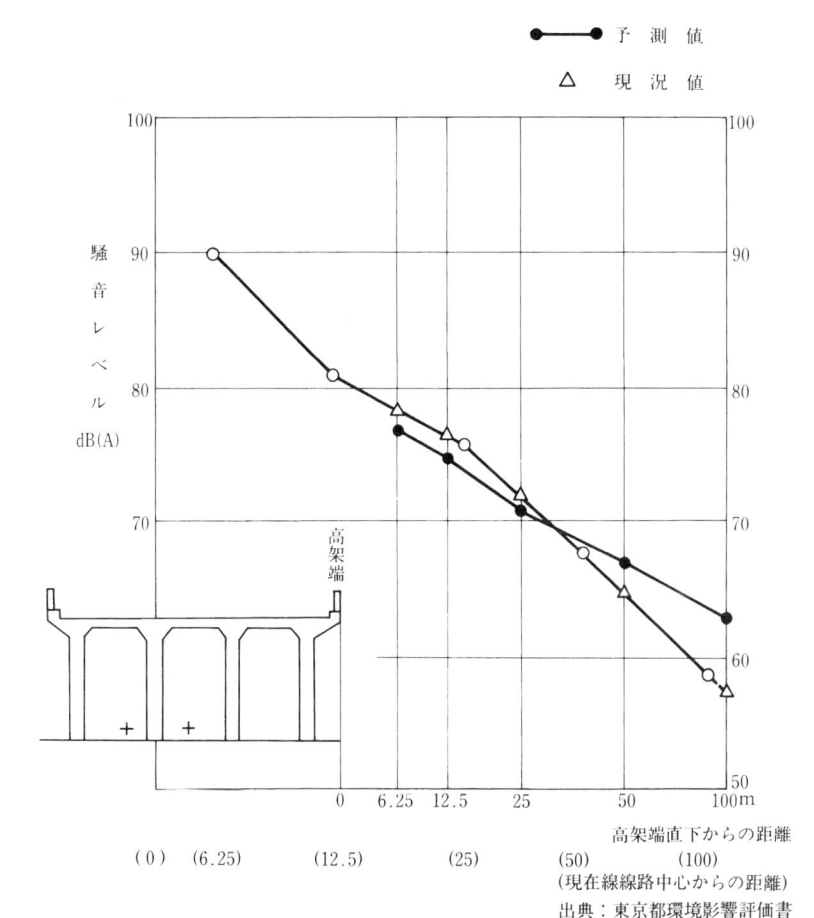

図5-7 騒音の予測結果の例（鉄道建設の場合）

示した。現況では，線路が地上にあるため，線路から離れるにしたがい比較的早く騒音値が減衰する。これに対し，高架にした場合は，より遠くにまで音が届くようになる。このため，予測では，このように近いところでは現況よりも値が低くなるのに対し，遠いところでは逆に値が高くなっていることがわかる。

4. その他の公害項目

●振動

振動は，物理的な要因により生じた振動が波動として周辺に伝播し，家屋が振動することによる不快感や，ひび割れなどの被害が生じるものである。この振動公害の発生源は航空機を除いて騒音の発生源とほぼ同一である。

現況調査では，騒音と同様に発生源別の振動特性と土地利用，被害状況などの地域特性を把握する。このように調査は騒音とかなり類似しているが，伝播の媒体が主に地盤であるためその特性はかなり複雑で，この点が騒音と大きく異なる。現在実用化されている手法としては距離減衰の理論式，実測例に基づく距離減衰式，および実測に基づく影響範囲の想定などがある。このうち，最初の理論式は固定発生源のみ適用可能で，移動発生源を扱う場合は実測例による経験値を用いることになる。このように，強度の定量的な予測が比較的困難なため，影響範囲を同定するにとどまる場合も多い。

このほか，人間の耳には聞こえないほど低い周波数の振動が家屋や人体に悪影響を及ぼすという研究が1960年代から始められている。この原因については，自動車交通量と低周波空気振動の音圧レベルとの相関関係を示す研究事例も出ており，今後さらに定量的な予測を行うために，知見の蓄積が望まれる。

● 地盤沈下

　通常，予測の対象となる地盤沈下は地下水の揚水による地下水位の低下が原因となっている。このため，事業の実施により工業用水，飲料水，農業用水として地下水を利用したり，土地の造成の際に地下水脈を切断する可能性のある場合に予測の対象項目となる。予測方法として地下水の収支に基づく理論的な手法と，地盤沈下をモデル化した数値シミュレーションの二つが代表的である。

● 悪臭

　悪臭は大気を媒体とした汚染物質により生じるが，人の感覚を通じて影響を及ぼす点が大気汚染と異なる。さらに，悪臭は一般的に低濃度でも感知され複数の物質による局所的な影響を及ぼす傾向が強い。代表的な悪臭物質としては，アンモニア，メチルメルカプタン，硫化水素などがある。

　予測方法はその拡散特性から，大気汚染の場合とほぼ同様の手法が適用できる。ただし，大気汚染の場合のように長期間の平均値ではなく，悪臭の生じやすい気象条件における短期間の予測を行なう必要がある。例えば，法律では 30 分間値が基準の対象となっている。

5. 気象，水象，地象

● 気象

　気象では，地形の改変，高層の建築物が計画地周辺の風向，風速，気温，温度などを変化させる程度を予測する。実際の影響評価では，風害が中心となっているので，以下ではこの点について紹介する。

　調査では，建物の高さの 1〜2 倍程度の区域を対象として，地域の一般的な特性とともに，風に関するデータを 2，3 年程度収集する。次に，計画地上空の風の状態を 1 年間観察する。さらに，各施設の位置を考慮し

て測定地点を設定した上で地表付近の風の状態について把握する必要がある。この段階では，地区の微地形が風に影響を与えるため，風洞実験が用いられることが多い。

これらの調査結果を基に予測を行う。具体的な方法としては，1) 既存の研究成果からの類推，2) 数値解法，3) 風洞実験などがある。風の変化は建物形状の微細な特性に依存している場合があるため，実際のアセスメントでは，建物の形状や地域の施設の配置を再現し実験を行う第3の方法がもっとも信頼されている。

● 水象

水象に関しては，計画地内の流出係数の変化に伴う表面流出量の増加による影響予測を行う必要がある。ここでは，洪水発生の危険性に関する予測について述べる。

現況調査では，次の3点が項目としてあげられる。まず，これまでの降雨の状況である。計画地から流出する雨水により，河川流量が大きく増加すると思われる地域を対象に，気象台の観測資料や独自に設置した雨水計によってデータを収集する。また，計画地周辺の河川の流下能力を把握する。これには，河川の流速，流量や形状などを計測する。第3に，地下水や利水の状況についても把握しておく必要がある。

これらの調査を行った上で，予測を行う。具体的な方法としては，簡易測定法，数値シミュレーション，水理模型実験などがあげられる。

● 地象

地象では，施設の立地に伴う盛土，法面擁壁などが崩壊して周辺住民に影響を与える度合を予測する。

このため，現況調査では，既存文献で地形，地質，土質の概略を把握した上で，地表踏査とボーリング調査などの現地調査を行う。次に，土砂崩れの原因となる降雨や雨水流出，さらに地震の頻度などについて調

査しておく。さらに，土砂崩壊が発生した場合に影響を受ける民家や施設があるかどうかを把握するため，土地利用の状況を調査する。
　これらの調査を行った上で，予測に入る。これには，斜面の安定計算による理論的方法とともに，地質，土質などの地象面と計画施設の把握，形状，施工面で類似している既存事業から影響を推測する方法があげられる。

6

環境影響の予測(2)
―自然生態系と社会関連項目―

1. 自然生態系

●動植物
(1) 影響の種類

　事業の実施に伴い動植物へ与える影響は，図6-1のようにまとめることができる。植物では，植生の変化には，緑量などで代表される量的な側面とともに，植物相や貴重種の存在などの質的な側面がある。また，動物では，動物相や貴重種の保全といった質的なものや個体数や生息地面積などの量的な側面がある。これらの変化の要因には土地の造成，森林の伐採，植栽といった直接要因のほか，気象や大気汚染，騒音などによる環境質の変化に伴う間接的な要因があげられる。

(2) 現況調査

　現況調査では，環境庁が行っている自然環境保護基礎調査や自治体の資料などをもとに，動植物の概略，植物相，貴重種の分布を把握する。次に，現地調査によってより詳しいデータを収集する。生物の分布状況

```
┌─直接的影響（土地の造成，森林の伐採，植栽など）
├─間接的影響（大気汚染，騒音，気象など）
├─量的（緑量，固体数）
└─質的（動植物相，貴重種）
```

図6-1　動植物へ与える影響

は季節変動があるため，植物の調査は春から秋にかけて，また動物については四季を通じて各季節で行うことが望ましいとされている。特に，動物に関しては植物と違って移動能力があるため，現地に詳しい地元住民や有識者，自然愛護家に対して聞き取り調査を行うことが有効である。

(3) 予測

予測では，まず影響の原因について直接・間接の両面から予測した上でそれらによる変化の度合を予測する。

まず，植生変化の予測項目としては次の3点があげられる。第1に，植物群落の構造，緑量の変化である。ここでは，現況調査の結果と計画とを重ね合わせ，植生改変の有無や樹林面積の定量的な変化を予測する。第2に，貴重種の改変の度合いである。実際のアセスメントではこれらの種がなくなるかどうかを予測の対象としている場合が多い。第3に，事業に緑化計画が含まれている場合は植栽種が計画地に十分生育していくかどうか，またこれらの種が他の生物へ与える影響について予測を行う。

一方，動物についても基本的には植物と同様の手順で予測を行う。動物への影響要因として特徴的なのは動物に移動能力があるため，他の地域の連続性も考慮する必要がある。また，鳥類については計画地外であっても繁殖地への影響も考慮する必要がある。

●生態系

これまで個々の要素について現況調査し，予測する形をとってきた。しかし，項目の多くは因果関係で結ばれており，一方の予測結果が他方の予測に影響を及ぼす場合も少なくない。このような状態を把握するためには，項目間の互いの関係を考慮した総合的な予測が必要となる。

項目間の関係を表現する一つの手段として「生態系」がある。生態系

とは，ある地域内の人間を含めた生物同士の関係，およびそれらの活動と気象・水象・地象との関係を総称したものである。

　これまで生態系は自然を中心に論じられることが多かった。例えば，森林における微生物から植物そして昆虫，陸上生物や鳥などの間の植物連鎖を分析し，それらに人間の活動が与える影響を把握するというものである。このような自然中心の生態系は，従来より取り上げられ，実際のアセスメントの中でも扱っているものがある。

　しかし，近年重要さを増してきているのは人間活動を中心とした生態系である。例えば，都市のヒートアイランド現象は，土地利用や交通，水循環や緑の状態などさまざまな要因が影響して生じているといわれる。図6-2は，都市内の状況をまとめたものである。自然生態系において酸素や有機物を生産していた緑色植物が都市部ではほとんどないため，食糧あるいは化石燃料などが他の地域から供給される。さらに，人間活動によって生じた物質はほとんど分解されることなく大気や土壌，水域を汚染する。このように，自然生態系では確保されていた物質循環の流れが都市生態系では生じにくい。このような都市生態系にこれから実施しようとしている計画がどのような影響を与えるか，特に大規模な開発の場合は予測する必要性が高い。

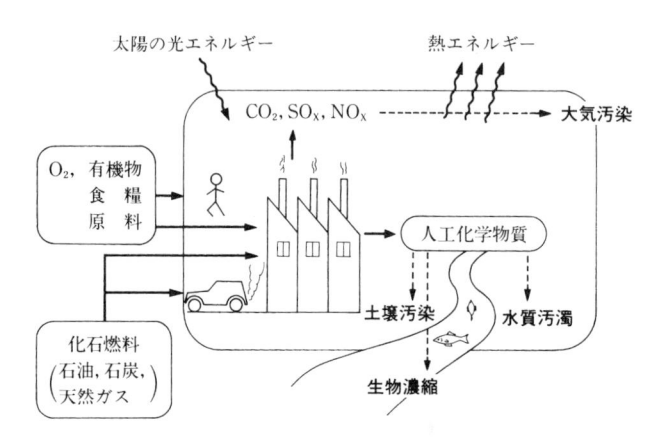

図6-2　都市生態系の姿

現在のところ,このような予測を行うための基礎的な知見が少ないためアセスメントで実施には至っていないが,環境影響評価法で評価項目として明確に位置付づけられたため,今後手法の充実が求められる。

●予測事例

図6-3は,レクリエーション施設の建設に先だって実施された緑環境の評価例である。ここでは,地理情報システム（GIS）を利用して対象地域の水涵養や大気浄化の機能を表現したものである。

また,スイス連邦工科大学のシュミット博士らは,こうもりの生態を観察しどのような経路で移動しているかを分析している。こうした結果をもとに,都市の成り立ちが動物の生態にどのような影響を及ぼすかを予測する試みがなされている。日本でも都市内の小鳥の移動は,一度に飛べる距離が限られるため,適度な間隔でまとまりのある緑が必要であることが指摘されている。こうした問題にも,紹介したような手法は有効であろう。

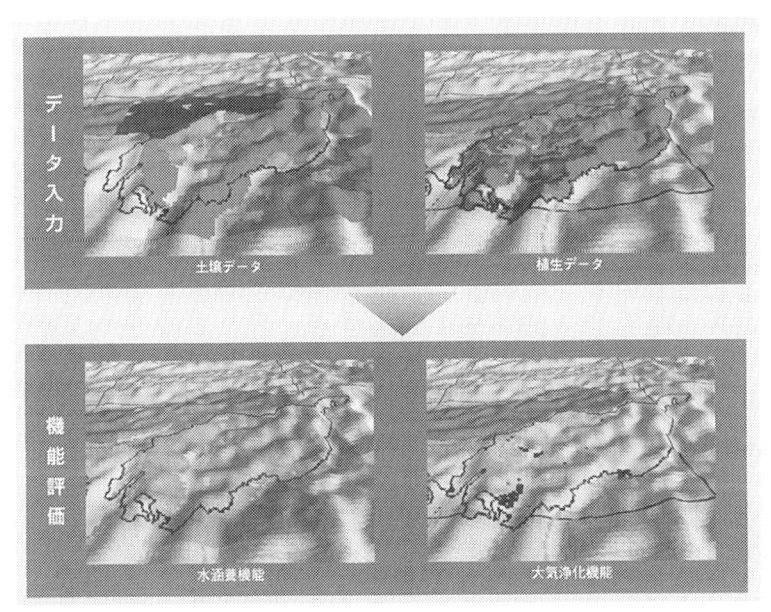

図6-3 緑環境の評価例（出典：鹿島建設資料）

2. 人と自然との豊かな触れ合い

●景観

(1) 景観とは

　事業の実施による建物の建設や土地の造成が「環境のながめ」をどのように変化させるかを予測する。ここで扱う景観とは周辺地域の調和を考慮した広い意味で捉えられており，近景（〜350m 前後），中景（350〜2.5km 前後），遠景（2.5km〜）といった三つの眺めが景観を成り立たせているといわれる。

(2) 現況調査

　現況調査においては，眺望地点の設定とともに景観構成要素と地域景観の特性を把握する。まず，調査地域の範囲を設定する必要があるが，いまのところ厳密な定義はない。これまでの評価書ではおおよそ5km程度となっている。また，工場の煙突が新設される場合は煙突が見える範囲という漠然とした定義がなされる場合もある。

　次に，眺望地点を設定する。これには，次の二つの視点から決定する。まず，不特定多数の人々が眺望用に利用している箇所で，いわば観光目的の眺望である。第2にあげられるのは地域の住民が日常的に利用している箇所で，いわば生活目的の眺望点である。前者では，いわゆる観光名所やハイキングルート，河川の護岸などがあげられ，後者では生活道路や公園，神社仏閣などが対象となる。これらの眺望点の選定には地形図を用いるほか，最近ではコンピュータの利用によって各地点から計画地方向の眺望状況を把握する試みがなされている。

　次に，各眺望地点からの景観の構成要素を把握する。要素としては地形，植生，水域，集落，人工物などがあげられる。その際，取り上げる視野の範囲は，人間の目の視野とし，これは35mmのフィルムを用いて

28mmの焦点距離を持つレンズで撮影した場合の写真で近似できる。また，調査の時期は広葉樹の葉が出揃ったころが最適とされているが，景観は四季折々変化するため通年で調査する方が望ましい。このようにして得られたデータは，視覚や心理的な感覚に訴える定性的な表現とともに，視野内における緑や人工物の占有率などによって定量的にも表現する。

(3) 予測

これらの現況調査の後に行う予測では，次のような三つのステップを踏む。まず，1) 事業の実施による建物や土地形状の変化が各地点から見えるかどうかを調べ，2) 見えるとすれば量的にどの程度見えるか，また3) 質的にどのように見えるかを把握する。これらの具体的手法を表6-1に示した。1) の段階では，地形断面図や可視領域図を作成し可視不

表6-1 景観の予測手法

	種類	概要
可視解析	地形断面図	計画地内の代表点と眺望点とを結ぶ断面図を作成し，眺望点からの施設の可視不可視を判定。眺望点がすでに確定している場合に有効。
	可視領域図	計画地内の代表点が見える地点をリストアップし，地図上に表現する手法。眺望点の確定に十分な資料がない場合に有効。
定量的分析	視角分析	視角の指標となる俯角，仰角，水平角などを用いて，眺望点からの施設の見え方を測定。
	占有率	建築物や緑などの量観要素が視野内面積をどの程度占めているかを測定。緑量の場合は緑視率と呼ばれる。
定性的分析	フォトモンタージュ	現況の写真に事業実施後の施設の予想図を表現する方法。写真に絵を描く方法と施設のパース，模型の写真を貼り込むなどの方法がある。
	パース(透視図)	眺望点からの透視図を描く方法。
	コンピュータグラフィックス	地形，施設の形状，周辺土地利用などをデータ化し，コンピュータ上でパースを作成。色彩，材質なども表現可能。
	模型	周辺地域の模型の上に事業実施後の施設を付加。

可視を判断する。量的な予測では構成要素の視角や視角的な占有率を基準とする。また，質的な予測では，フォトモンタージュ，パース，コンピュータ・グラフィックスなどにより完成予想図を作成し，施設の見え方を検討する。

　図6-4に，景観の予想図をコンピュータ・グラフィックスによって表現した事例を示した。この事例では高層ビルを建設し，その上前面の空間を緑道にした場合が表現されている。コンピュータ画面上では，ビルの壁面の色も自由に変更することができる。このようにして，事業実施後の景観を予測し評価のための材料とする。

● 触れ合い活動の場

　環境影響評価法では，そのままの形で保護すべき自然を対象とするとともに，新たな項目として人と自然との触れ合いの場への影響も対象としている。例えば，東京圏の近郊に位置する埼玉県の見沼田んぼでは人が親しむことのできる自然が多く残されており，大都市近郊に位置するという立地条件から人と自然との触れ合いの場の典型例としてあげられる。このような場は以前里山とか里地といった呼び名で地域の人々に大切にされてきたが，都市化の波により急激に減少してきている。近年こうした里地の役割が再認識されてきており，アセスメントをはじめとする行政施策としても対象となっている。

　また，千葉県には三番瀬という東京湾に面した海岸がある。これは，東京湾に唯一残された自然の海岸であり，日本有数の水鳥の飛来地として貴重な環境資源となっている。それに加えて，都市住民にとって水鳥たちの生態に触れる数少ない場所でもある。この地区には埋めたて計画が策定されたが，自然との共存をめざして1999年の時点で計画の修正が検討されている。こうした触れ合い活動の場への影響予測は実績がほとんどないため，具体的に紹介することが困難である。今後実例を重ね

提供: 東京大学　安岡善文教授

図6-4　コンピュータグラフィックスによる景観シミュレーションの例（高層ビル建設の場合）

ることにより,手法が定型化されるであろう。

3. 環境への負荷

　環境影響評価法で新たに定められた環境項目の一つが「環境への負荷」である。この項目はこれまで予測評価の対象となっていなかったため,予測手法が十分確立されているとはいえないが,ここでは温室効果ガスと廃棄物による負荷の予測手法についてみる。

●温室効果ガス

(1) ガスの種類

　温室効果ガスの抑制については,1997年の京都会議で方向が示された。表6-2に,京都議定書で対象となった温室効果をもたらすとされる物質を示した。もっとも代表的なのは二酸化炭素であるが,そのほかに,ものの燃焼や農工業で発生するとされるメタンや亜酸化窒素,冷蔵庫・エアコン,洗浄剤などに用いられるフロンガス類,電気絶縁や半導体のエッチングに用いられる六フッ化硫黄があげられている。

(2) 温室効果の測定単位

　これらの物質は,同じ量でも種類によって温室効果をもたらす度合いが異なることが知られている。このため,アセスメントの対象となって

表6-2　温室効果ガスの種類と特性

種　類	地球温暖化指数 (GWP)
二酸化炭素 (CO_2)	1
メタン (CH_4)	21
亜酸化窒素 (N_2O)	310
ハイドロフルオロカーボン (HFC)	1300 など
パーフルオロカーボン (PFC)	6500 など
六フッ化硫黄 (SF_6)	23900

いる施設から排出される各物質の量だけではなく，温室効果をもたらす尺度を考慮することによって，効果全体を把握する必要がある。もっともよく用いられるのが，GWP（Global Warming Proportion）で，単位量当たりの二酸化炭素がもたらす効果を示している。GWPで測るとメタンは21となり，温暖化に対しては二酸化炭素より21倍効果が大きいことがわかる。先程の表6-2にGWPを合わせて示したが，単位量では六フッ化硫黄が約24000ともっとも大きい。ただし，この物質は現時点では総量がわずかであるため，日本全体では，数％の温室効果しかもたらしていないとされている。

(3) 発生源

発生源は温室効果ガスの種類によって異なっている。表6-3にそれらの概要を示した。二酸化炭素やメタン，亜酸化窒素はとしては，石油や石炭，天然ガスなどの化石燃料の燃焼が代表的なものである。その他に，メタンや亜酸化窒素については化石燃料の採掘やバイオマス系の物質の燃焼も発生源となる。メタンについては，牛などの家畜の反芻や糞尿も発生の原因となる。さらに，二酸化炭素や亜酸化窒素は森林によって吸収されるためアセスメントの対象となる事業が森林消失を伴う場合は，温室効果への影響を検討する必要がある。

表6-3 温室効果ガスの発生源

種類	発生源
二酸化炭素 （CO_2）	・化石燃料の燃焼 ・セメント製造時の石灰石使用 ・大規模な森林伐採
メタン （CH_4）	・化石燃料の燃焼 ・化石燃料の採掘過程 ・家畜の反芻，糞尿
亜酸化窒素 （N_2O）	・化石燃料の燃焼 ・化石燃料の採掘過程
ハイドロフルオロカーボン （HFC）	・冷蔵庫・カーエアコンなどの冷媒 ・スプレーなどの充填剤
パーフルオロカーボン （PFC）	・半導体のエッチングガス ・半導体などの製品の洗浄
六フッ化硫黄 （SF_6）	・電気絶縁ガス ・半導体のエッチングガス

ハイドロフルオロカーボン（HFC）は，冷蔵庫やエアコンなどの冷媒に用いられ，パーフルオロカーボン（PFC）は，半導体のエッチングや洗浄などに用いられている。また，六フッ化硫黄（SF_6）は電気絶縁や半導体のエッチングに用いられている。

(4)　予測の方法

　わが国では 1998 年に地球温暖化対策推進法が制定され，国や自治体レベルで削減計画が策定されるようになった。その過程で，地域レベルで温室効果ガスの将来予測が行われてきている。その中で，化石燃料による効果については，燃料の種類によってどの程度の二酸化炭素が発生するかを換算することが可能となっている。図 6-5 にはその一部を示した。例えば，ガソリン 1 リットル当たり 643.3 グラムの二酸化炭素が発生するのに対し，軽油では 721.2 グラムとやや多いことがわかる。これにより，施設の立地によって消費される燃料の種類別総量がわかれば，温室効果全体への負荷量が推定できる。それ以外の発生源についても，基本的には単位活動量当たりの温室効果ガス発生量と活動量を乗じることによって効果ガスの発生量を把握する。

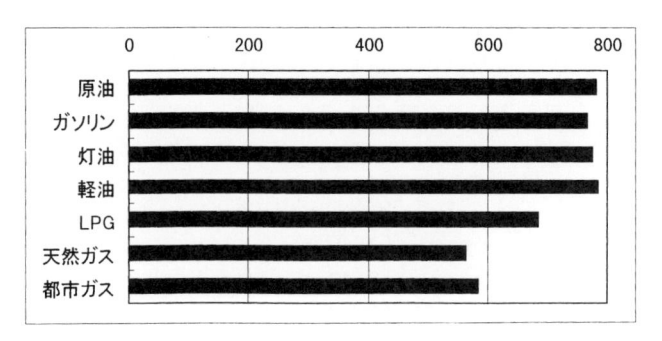

図 6-5　燃料別の発熱量あたりの CO_2 排出係数 [$gC/10^4 kal$]

●廃棄物

　事業の実施により建設中および供用時に廃棄物が発生する。これらによる環境影響もまた予測の対象となる。廃棄物は工場などから排出される産業廃棄物とそれ以外の一般廃棄物とに分けられる。産業廃棄物は廃油や金属くずなどの施設の供用時に発生するものと建設残土のように建設段階で発生するものがある。また，一般廃棄物は家庭から出される生活系のものと商店や食堂などから出される事業系のものがある。これらは主に供用時に発生すると考えられる。

　まず，計画地周辺の廃棄物の排出量について調査する。さらに，処理場の能力にどの程度の余裕があるかについても調べる必要がある。

　これらの調査を行った上で，廃棄物の発生量を予測する。ここでは，建設時の残土と供用時の廃棄物に分けて述べる。建設残土には良質残土，普通残土，忌避残土（悪臭等のために），底質土砂があり，これらの種類別に運搬，処分時の飛散，流出，不快感などを予測する。

　一方，供用時については，事業により新たに建設される施設ごとに廃棄物の発生原単位を用いて排出量を予測する。次に，計画されている処理方法，すなわち保管，収集，運搬，中間処理，焼却，処分といった一連の流れの中でごみの飛散，悪臭，流出，さらに心理的な不快感の程度を予測する。

4. その他の評価項目

●電波障害

(1) 障害の種類

　環境アセスメントでは，電波のさまざまな障害によるテレビ，ラジオの画質，音質の悪化も環境影響の一つとして取り上げられる。これまでは VHF，UHF，さらに AM・FM といった地上波が対象であったが，最

近では衛星・通信衛星からの電波も対象となりつつある。

建造物による障害には主に次の二つがある。一つは，遮へい障害である。これは，電波の伝播路を建物が遮り，その裏側における電波の強度を低下させる現象である。この結果，テレビ画像が雪降り状態になったり，他の方向からの電波が相対的に強くなることでゴースト現象が発生したりする。

もう一つは，反射障害と呼ばれるもので建築物からの壁面による反射波が他の電波に比べ伝播路が長いため遅れて届きゴースト現象を発生させる。この反射障害は，建築物の高さが高くなればなるほど障害が強くなるといわれている。

図6-6は，東京都庁舎の建設に伴って実施された電波障害の予測結果である。ビルの周りで反射障害の範囲が円形に広がっているが，それよりも特徴的なのはしゃへい障害の範囲である。図の南東方向に位置する東京タワーから電波が発信されており，その反対方向にしゃへい障害が広がっている。建物が高いことも影響して，ここでは約13kmにわたって影響が生じると予測されている。

● 文化財

文化財には地上で既に保護されているものとともに，地下に埋蔵されている未発掘のものがある。前者は国や都道府県，さらに市町村の各レベルで指定されているもののほか，無指定であるが地域で文化財として認識されているものがある。また，後者の埋蔵文化財はすでに存在が判明している場合と，調査や事業の実施段階で新たに判明する場合がある。発見の時期が遅れるほど，時間や金銭などの社会的費用が増大するため早期の対応が望まれる。

調査では，主に文献調査と現地調査を行う。特に埋蔵文化財の有無を調べる現地調査では，トレンチや電気・磁気などによる調査を行う。

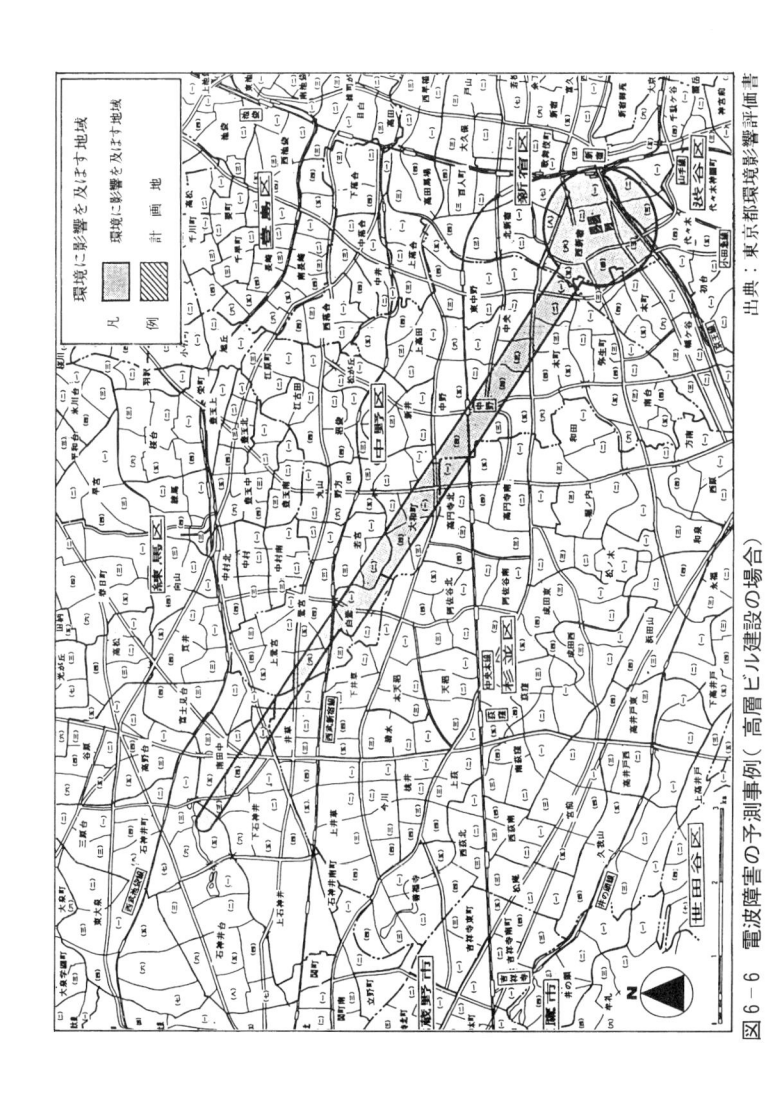

図6−6 電波障害の予測事例（高層ビル建設の場合）

出典：東京都環境影響評価書

凡例
- 環境に影響を及ぼす地域
- 環境に影響を及ぼす地域
- 計画地

6 環境影響の予測(2) —自然生態系と社会関連項目—

これらの調査結果を踏まえて，計画の実施が文化財に及ぼす影響を予測する。具体的には，各種の建設行為や供用時に発生する大気汚染，振動，日照阻害，風害，さらに地形・地質の改変が文化財に与える影響を工事施工中と施設の供用後の2時点に分けて予測する。

5. 環境影響の予測手法に関する課題

　さて，これまで各評価項目ごとに予測手法の具体的な方法について記述した。今後アセスメントの予測に求められる課題について若干触れる。このような課題には大きく分けて次の3点があげられる。すなわち，予測結果の信頼性の向上，複合影響の予測，そして関係主体とのコミュニケーションのための資料づくりである。それらを表6-4に示した。

　第1点目については，まず予測手法そのものの改善がある。環境汚染の項目では定量的なモデルが数多く開発され，予測手法が洗練されてきた。それに比べ，自然環境や社会環境の項目では十分な定量的予測が行えない場合が多い。また，環境汚染項目についてもモデルに頼るあまり，どの施設でも類似した結果を産み出すことがある。

　また，結果の表現方法も改良する必要があろう。予測のプロセスには不確定な要素がつきものである。にもかかわらず，実際のアセスメント

表6-4　予測手法の課題

課題	当面の具体策
信頼性の向上	・予測手法の改善 ・結果の表現方法の改善
複合影響の考慮	・単一項目での複数発生源の把握 ・複数項目間の複合効果の予測
コミュニケーションのための資料づくり	・予測手順，前提，仮定の明確化 ・住民が行える予測システム開発

ではある特定の値のみを提示し，あたかも確定的な結果であるかのような印象を与える場合がある。予測手法のプロセスを考えれば，データの表示にはある程度の幅を持たせることが必要である。

第2の複合影響は，単一の項目に関する複数の発生源からの影響と複数の項目による相互作用を考慮した影響の2側面がある。複数の発生源からの影響は日照や電波障害などで予測が試みられているが，大気汚染や水質汚濁の発生源でもアセスメントの対象以外にも多く存在し，さらに今後建設予定の施設も含めた総合的な影響を予測する必要がある。一方，生態系の項目でも指摘したように項目間の相互関係を考慮した予測は，自然環境や環境汚染の項目で重要になる。このため，建設計画別の環境アセスメントを充実させるとともに地域環境全体の管理計画との連携を強化する必要がある。

第3にあげる課題は，関係主体とのコミュニケーションのための資料作りである。この点は，予測の結果を左右するものではなく，その意味で前二者の課題とは性格を異にするが，アセスメント全体の手続きを考えれば大変重要な課題である。予測はある意味でアセスメントのもっとも重要な部分であるにもかかわらず，その内容が一般の住民に理解しにくい場合が多い。このため，予測に用いた方法はどのようなものか，モデルを適用する際の仮定は何か，モデルに対して与えた条件は何かなどを明確にし，評価書に記載するとともに，説明会の内容にも盛り込むべきである。

できれば，このような分析を関係主体が自ら行えるシステムの開発が望まれる。例えば，パソコンを用いて比較的簡単に予測を住民が行えるような方法が今後求められる。

7 環境影響の評価

1. 評価

　評価はアセスメントの核心部分であり，このため，評価枠組みをどう設定するかが大切である．この点は第4章，検討範囲の絞り込みで述べた．

　アセス法における環境影響の評価は，「環境影響をいかに回避・低減したか」という観点から行う．このためには，単一の事業計画案だけを評価したのではうまくいかない．事業者にはその計画案がどういう点で好ましいのかを説明する責任がある．環境配慮についての説明責任，アカウンタビリティである．

●代替案の比較検討

　このアカウンタビリティを満たすもっとも効果的な方法は，事業計画の原案と，環境を配慮した場合のさまざまな代替案を比較検討することである．アセス法の趣旨に照らせば代替案の検討は必須といえる．複数案の比較検討の根拠はアセス法の第14条で定められている．

　実際，アセス法を運用する場合の基本的な事柄を定めた「基本的事項」において，このことが要求されている．具体的には，複数案の比較検討が求められている．このため，代替案の比較検討という枠組みでの評価を行わなければならない．これらの代替案を順位づけするためには相対評価が必要である．

2. 個別評価

　アセス法の枠組みでは，環境影響の回避・低減に関する評価が基本だが，さらに一部の項目については国や自治体の設定した何らかの基準に照らして評価する。

●定量的評価と定性的評価

　予測結果は，大気質や水質などの自然環境関係の項目のように，定量的に示されるものと，景観や，貴重な動植物，生態系のように定性的に示されるものがある。これらは「評価指標」である。

　これらの評価指標は，何らかの「評価基準」に照らして評価することになるので，この評価基準をいかに設定するかが問題である。この評価基準は，すべての評価項目に設定されているものではない。しかし，一部の項目については何らかの基準が設定されている。

　例えば，大気，水質の一部と，騒音では環境基準が設定されている。また，事業によっては関係法令等で汚染物質の排出基準が設定されているものもある。さらに，これらの国としての基準は存在しなくても，都道府県や自治体などの公害防止条例や地域環境管理計画などにより，目標値が設定されている場合もある。これらも評価基準となる。

●定量的評価：　大気質の場合

　一例として，大気質の場合を見てみよう（表7-1）

　SO_2 や，NO_2，CO，浮遊粒子状物質，光化学オキシダントは国の環境基準が設定されているので，この基準を満たすか否かがまず問題となる。このほか，大気汚染防止法などに基づく排出基準も用いられる。また，自治体の公害防止条例に基づく規制基準，公害防止計画による目標値など，その地域に固有の目標も評価基準となる。

　しかし，現況の水準が環境基準より相当によい場合は，この現況の水

表7-1 環境汚染項目の評価基準例：大気質

評価項目	評価基準	概　　要
大気汚染	環境基準	SO_2, CO, NO_2光化学オキシダント，浮遊粒子状物質(SPM)
	排出基準	SO_x, ばいじん, 有害物質, 特定有害物質
	地域特性を考慮した基準	公害防止条例（規制基準）公害防止計画（目標値）

準に対してあまり大きな変化のないことを基準に評価する。もともと，よい環境であったところに，新たに加えられる環境負荷によって，急に大気汚染の水準が悪化したのでは問題である。したがって，現況値，すなわちバックグラウンド値に対する影響の相対的な大きさも評価の対象となる。

　例えばわが国では，SO_2 や CO はほとんどの地区で環境基準が達成されている。

　このような場合，現状の環境状態が極めてよいのに，環境基準までなら濃度が増大してもよいとはいえない。

　環境基準を満たしている場合には，代替案の相対比較により，どの案が望ましいかがわかる。

　一方，NO_2 や浮遊粒子状物質は，都市部では環境基準が満たされていない地区が多いが，現況が環境基準よりも悪い場合，現況よりも著しく悪化しないという，現況非悪化原則が用いられることが多い。これも代替案相互の相対評価が必要となる。

　その他の項目では，水質の場合にも，かなりの項目について環境基準が設定されている（表7-2）。また，騒音の場合も環境基準が設定されている。

表7-2 環境汚染項目の評価基準例：水質

評価項目	評価基準	概要
水質汚濁	環境基準	健康項目（カドミウム，シアン，有機リン，鉛など，全26項目） 生活環境項目（pH, BOD, COD, SS, DO, 大腸菌群数, n-ヘキサン抽出物質）
	排水基準	個別の排水口での排出濃度の上限値
	底質の暫定除去基準	水銀, PCB
	特定の用途に応じた基準	水道, 水道水源 水産用水, 水産環境水質 農業用水

● 客観的基準のない場合

しかし，アセスメントの評価項目には，以上のような形の基準が設定されていないものも多い。評価項目はスコーピングにより，事業や地域の特性に応じて，ケースバイケースで決定するから，基準がない項目の方が多くなりがちである。環境影響をできるだけ幅広くとらえれば，既存の基準が存在しない評価項目があるのは当然のこととも言える。

このような場合，どうしたら良いか。定量的な評価指標が設定できるものは，専門家に相談して評価基準を決めることもできる。しかし，定量的な基準が設定しにくい場合も多い。

● 定性的評価

第4章で説明したように，評価項目の範囲は幅広く，多くの項目が定性的な評価になる（表4-2）。

しかし，複数案を比較すれば，少なくとも相対比較して，どれがより影響が少ないかを示すことができる。あるいは，どの案とどの案は，あまり差がないとか言うこともできる。

3. 総合評価

●総合評価は可能か

　このように，評価項目によって定量的評価と定性的評価の両方があり得るが，これらをまとめて総合的に評価するにはどうしたらよいか。

　アセスメントにおける評価の目的は代替案相互の順位づけをすることである。わが国では，代替案の評価は，アセス法ができてから一般的になったため，まだ経験が少ない。代替案評価の経験が豊かな欧米の専門家に，定量的評価と定性的評価の問題について聞いてみた。

　戦略的環境アセスメント（第13章を参照）研究で著名な，Riki Therivel さんは，文書という情報が公表されることが大切だと強調している。そして，定量的評価ができなくても，代替案相互の順位付けはできる。イギリスでは定性的評価の方が一般市民にはわかりやすいというのは興味深い。

　一方，アメリカでは逆に定量化した方がわかりやすいようである。わが国の場合は，どうだろうか。

　代替案の順位づけには総合評価が不可欠だが，総合評価は定量的な評価だけとは限らない。定性的な評価でも構わない。大切なことは代替案の順位づけであり，その根拠を具体的，客観的に示すことである。これは，評価に関するアカウンタビリティの問題である。

　厳密な定量化よりも，多様な評価項目について総合的な判断をすることが重要である。

　しかし，定性的評価といっても，その背景には定量的な判断がある。これによって相対的な比較がなされる。

　通常，景観の場合には「周辺の景観と調和する」などとされる。だが，この調和するということは，どの程度調和するかが問題である。A

案，B案，C案というような複数の代替案を比較検討して，どれがもっとも調和するかを判断する。このような順位づけができるということは，その背後に定量的な判断があるからである。

なお，景観のような主観的な要素の強い項目の場合，誰が判断するかも重要な問題である。専門家の評価だけに依存してよいものか問題がある。地域にふさわしいか否かというようなことになると，専門家の判断だけでなく地域住民の判断も問われなければならない。

● 不都合な評価

また，わが国では総合評価にまだなれていないため，次のような不都合な評価がなされる場合もある。

「上記の方針に基づき環境保全対策に努めるので，環境影響は回避・低減されるものと判断する」といった形の表現がなされることがある。しかし，環境保全対策はその方針だけが示されていて，何をどの程度，あるいはどのように行うのかといった具体的な記述がない。これでは，評価とは言えない。

具体的にどのような対策を講じるか，そして，その対策を講じた結果どのような状態になるかを客観的に示した上で，判断するのが評価である。影響の回避・低減がどのようになされるか，これを具体的に示さなければならない。

準備書や評価書の中で評価と言いながら，実際は評価と言えないような場合もあるので注意が必要である。

● わが国の総合評価の例

しかし，わが国でも事業者の内部では，公表はされないが，昔から代替案の比較がなされている。アセスメントに関係したもので，20年ほど前の例を一つ紹介する。

これは，新石垣空港の建設計画の例である。1988年に公開された準

備書における評価は，○，△，×の記号を用いて結果が示された。実は，公表された準備書の前に，事業者は他のコンサルタントに依頼して，定量的評価が行われていたという。これは，準備書の公表より10年ほども前，1970年代末のことである。

新石垣空港の例で，公表される前の事業者内部での検討の段階では，このような定量的な総合評価が行われていたことは注目に値する。

定量化には常に批判が出されるが，定量化の努力をすることにより論点が明確になり，よりよい判断が導かれるということがある。特に複数の代替案を比較するためには，定量化は極めて有効な方法である。

この定量化は，数値を厳密に議論するのではなく，定性的な判断も含めて代替案の相対比較をすることに意味がある。

4. 代替案検討のための総合評価

●定量的な総合評価の方法

この意味で定量的な評価が可能であればわかりやすく，評価に関するアカウンタビリティも満たしやすい。そこで，定量的な総合評価の方法について説明する。

代替案評価の方法はシステム分析の方法である。すなわち，要素に分解したものを再び総合化する手続きが取られる。このように要素に分解し，その段階で予測し，評価する。

この個別評価はベクトルである。代替案の順位づけのためには評価ベクトルの相互比較が必要であり，そこで総合化して判断する。わかりやすい方法は，評価ベクトルを単一の総合評価値にする，すなわち，スカラー化することである。

このために，個別評価の段階から定量化が行われる。この個別評価値を合成して総合評価を求めるという方法が取られる。一般的には次のよ

うな数式で表現される。

　　$Vi = fi(Xi)$　....　評価関数

　　$Vo = g(Wi, Vi)$ ... $i = 1, 2, .., n$　　n は項目数

$Vi = fi(Xi)$ は個別の評価項目 i についての評価関数である。V が評価値で，X は評価指標値である。評価関数は，評価値を基準化するために用いる。これによって同一次元での評価が必要となる。

この評価値 Vi に重み Wi を用いて，総合評価値 Vo を求める。

評価値 V は価値量であり，10 点満点でも 100 点満点でも点数の付け方は任意であるが，最悪を 0，最良を 1 の値を取るように関数が定められる場合が多い。

●評価関数

この関数形にはさまざまなものが考えられる（図7-1）。

極端な例として，環境基準や排出基準のような，ある基準の適否を判断する場合は，図7-2のようになる。汚染を示す指標であれば，基準以下では問題がないのだから，評価値は1，基準を越えると評価値は0ということができる。この場合には，1と0の2つの値を取る不連続関数で表すことができる。

この他にもいろいろな形の評価関数がある。通常はこのような不連続な関係ではなく，より滑らかな関係を考える。環境影響の程度に応じて，評価値が変動す

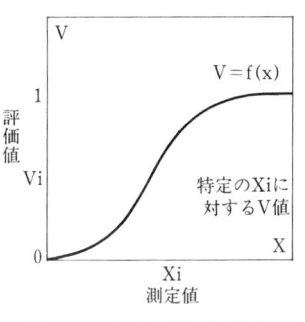

図7-1　評価関数（価値関数）

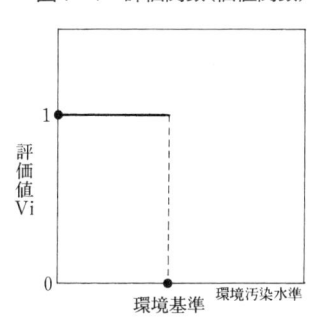

図7-2　価値関数の例：環境基準の適合度による評価

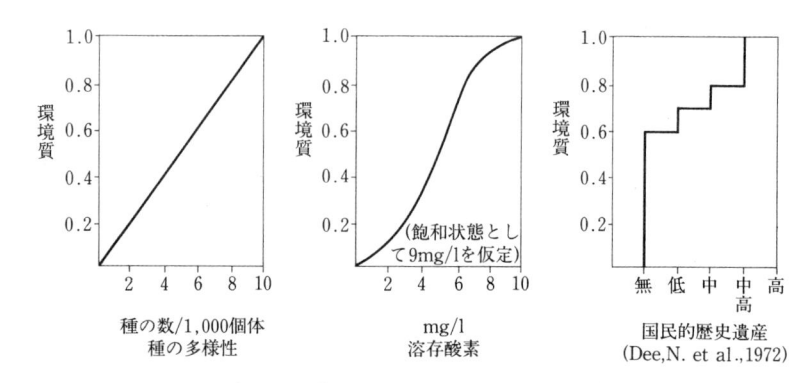

図7-3 バッテル研究所の環境評価システムにおける評価関数の例

る。例えば，アメリカのバッテル研究所が作成した環境評価システムにおける評価関数の例を示す（図7-3）。

　この評価関数をどのように設定するかは重要な問題である。評価関数を厳密に定めるためには，さらに多くの科学的知見の集積が必要である。しかし，代替案の比較検討のためには，厳密性を追求するあまり，評価関数が設定できないということで評価項目が不十分となってしまうほうが問題である。代替案の比較検討のためには，評価項目を必要なだけ考える必要があるからである。

　十分な科学的知見がない場合は，専門家集団の判断で評価関数を作ることができる。そのような，蓄積がだんだんなされている。アメリカでは，評価関数を集めた本も出版されている。例えば，巻末の参考文献に示したラリ・キャンター等の著作がある。

● 総合化

　次に，個別評価値を用いて総合化を行う。

　総合評価値 Vo は，一般的には，$Vo = g(Wi, Vi)\ldots i = 1, 2, \ldots, n$ の形になる。ここで，Wi は項目 i の重みである。

Voの関数形がどのようになるかが問題である。一般にはいろいろな形のものを考えることができるが、通常、次のような数式になる。

Vo＝Σ(Wi, Vi)＝W1V1＋W2V2 ... ＋WnVn

すなわち、加重線形和が用いられている。

しかし、果たしてこのような数式を使ってもよいか。これに対しては、今ではかなり明確な答えがある。これまでの研究成果から、評価項目を適切に選べば、線形和で総合評価値が表現できることが示されている。評価項目の選定が極めて重要である。

では、評価項目を適切に選ぶためにはどうしたらよいか。二つの条件がある。

第1に、必要十分な項目を選ぶということである。これまでの研究で必要十分な項目を選んでおくと、総合評価値が、個別評価値の線形和で表示できることが実証的に示されている。

第2に、項目間の独立性を保つことである。互いに独立な項目であれば加算ができることが理論的に証明されている。しかし、現実の評価項目はどの項目とも完全に独立なものは極めて少ない。したがって、できるだけ独立性の高いものを選ぶよう努めることになる。実用的には、これで十分対応できる。

次にもう一つ、重みづけが問題となる。重みづけの方法には、大きく分けて三つの方法がある。

一つは先験的に与える方法であり、これはアセスメントの準備書を作成するときに専門家などの判断により決定する。複数の専門家の場合には、検討会を設けて決定することになる。

他の方法は、関係主体などの意向を反映しようとするものである。これには統計的方法によるものと、直接質問によるものがある。統計的方法によるものは既存の意識調査結果などを用いて、総合評価値と個別評

価値との関係を求める。この場合，線形の関係を想定しているので，重回帰分析が用いられる。

もう一つの直接質問による方法は，関係主体に評価項目別の重みに関する質問を行い決定する方法である。このために計量心理学的なさまざまな方法が用いられる。

このようにいろいろな方法があるが，現状では，住民の意向を把握して重みを決めることよりも，専門家集団の判断を用いる場合が多い。

5. 総合評価の事例

●わが国での定量的総合評価の事例：関西国際空港

定量的な総合評価の事例を紹介する。

わが国ではアセス法が施行されるまでは，複数案の比較検討は必須ではなかったので，まだ総合評価の実績は少ない。しかし，わが国でも，アセスよりも前に事業者の内部では検討されることがある。先に示した新石垣空港の例もその一つだが，その結果は公表されなかった。しかし，立地点の選定段階で定量的評価を行い，しかもその結果が公表された例もある。関西国際空港の計画の場合がその例である。

関西国際空港計画についての航空審議会の答申が公表された。空港計画のアセスが公表された1985年の10年ほど前，1974年のことである。この答申は，国民に広く情報を提供するため，市販された。

立地点選定段階での航空審議会の答申では候補の3地点の総合評価が点数により行われた（表7-3）。代替案は，泉州沖，神戸沖，播磨灘の3地点である。それぞれについて，評価値の得点（100点満点）とともに概算工費が示された。

この表では比較項目としてあるが，これが評価項目である。環境条件のほか，利用の便利さ，管制・運航，建設，（既存権益との調整，地域計

表7-3 関西国際空港の立地候補地の評価結果(1974)

比較項目＼候補地	泉州沖	神戸沖	播磨灘	配分率（重み）
1. 利用の便利さ	82.1	89.4	56.2	0.217
2. 管制・運航	80.1	72.9	91.2	0.199
3. 環境条件	84.1	70.0	82.9	0.188
4. 建設	78.2	70.0	85.3	0.124
5. 既存権益との調整	85.2	66.8	61.8	0.089
6. 地域計画との整合	86.5	65.3	77.9	0.092
7. 開発効果	85.1	64.4	75.0	0.091
合計（総合評価）	82.7	73.6	76.0	1.000

評価点は，投票した委員(17名)の平均を100点満点に換算したもの

画との整合，開発効果）なども含め，計7項目について評価がなされた。これらの評価結果が総合化された。

　総合評価値を求める方法は，本章で説明した通りの方法が使われた。検討委員17名の評価点の平均点を示しているが，これが専門家の判断に基づく評価関数の結果である。そして，右の列にある配分率が重みである。17名の専門家による重みをかけて総合評価値を求めた。この結果，総合評価点のもっとも高かった泉州沖が立地点に選ばれた。

　この例では，事業者の内部検討の結果は公表されたが，検討の過程で住民参加が行われたわけではない。したがって，アセスメントの例とは言えない。しかし，事後であれ，運輸省が1970年代の中ごろにこのように立地点選定の根拠を公表したことは評価できる。

●アメリカのアセス事例：ジャクソンの下水処理場計画

　欧米，とりわけアメリカなどでは，代替案検討はずっと以前から当たり前のこととなっている。すなわちアメリカでは，アセスメントのプロセスを通じて代替案の評価を地域住民にオープンな形で行っている。その一例として，アメリカの内陸部，ワイオミング州のジャクソンという

図7-4　ジャクソンの位置

町での下水処理場計画のアセスメントの事例を示す。

　ワイオミング州はイエローストーン国立公園のある州として有名だが，ジャクソンはそのイエローストーンに隣接するグランドテトン国立公園の南に位置している（図7-4）。

　グランドテトンの山並みが続くテトン・カウンティの中にジャクソンの町はある(写真7-1)。なお，カウンティとは，アメリカの行政制度における広域行政体で，州と市町村の中間段階のものである。ジャクソンはイエローストーンやグランドテトンへの入り口として，夏は観光客で賑わう。1970年代に人口が急増し，この10年間で人口は倍増した。このため，この時期に下水処理場の処理能力が，急増する人口に追いつかなくなってしまい，EPAの基準も満たさなくなってしまった。そこで，

写真7-1　ジャクソンの市街地　左手後方にグランドティトンが見える。

写真7-2　大型の鹿の一種エルク　この一群が越冬のためジャクソンに来る

下水処理場の拡張か新設が必要となり、この事業計画についてアセスメントが行われた。

●評価枠組みの設定

このプロセスでは、現施設を拡張するか、他に新設するか、また新設するのであれば、どこに立地するかで大論争が起こった。原案の他、7つの代替案が出され、計8つの案が検討された。これらを整理すると次の4つにまとめることができる。

現在の施設の拡張。町の南部のサウスパークという市街化していない地区の南端に新しい施設を作る。これには二つの案があり、野生動物エルクのフィードグラウンド（餌場）内に作る案と、その北側に隣接して作る案である。

そして、もう一つ。このまま何もしないという案がある。このように何もしないというノーアクションの案も考えるというのが、アメリカのNEPAに基づくアセスメントの特徴である。

アセスメントでは、これらの代替案に対して、その環境影響を予測した。この事例では準備書はEPA（環境保護庁）が作成した。実際には8つの案が検討されたが、この表では、今述べた4つの代替案にまとめてある（表7-4）。

評価項目は、大きく4つの分野に分けられている。これらは、自然環境の価値、社会・文化的価値、土地利用計画の価値である。

自然環境の価値は、さらに8つの項目に細分されている。経済的価値も、5項目に細分されており、社会・文化的価値は6項目、そして、土地利用上の価値は3項目である。

●環境影響の評価

このように、全体で22の細項目に分解され、それぞれについてまず個別評価がなされた。

表7-4 ジャクソンの事例の環境評価マトリックス

Significant Assessment Categories	Proposed Project	Alternative A-1	Alternative A-2	Alternative A-3	Alternative A-4	Alternative A-5	Alternative A-6	Alternative A-7	Weighting Factor
NATURAL ENVIROMENTAL VALUES									
Air Quality (localized)	-1/1	-2/1	-1/1	-1/2	-1/2	-1/1	0/1	-3/2	1
Water Quality (surface)	3/-2	3/-1	3/-1	3/-1	3/-1	3/-2	3/-1	-2/-1	3
Water Quality (ground)	0/2	0/2	0/2	0/2	0/1	0/2	0/0	0/-2	2
Wildlife	-3/2	0/0	-1/-1	-1/-1	-1/-1	-1/-1	0/0	0/0	2
Fisheries	-1/0	1/1	1/1	1/1	1/1	0/0	1/1	2/1	2
Vegetation and Habitat	-1/-2	0/0	-1/-1	-1/-1	-1/-1	-1/-1	0/0	0/0	2
Rare and Endangered Species	-1/1	0/0	0/0	0/0	0/0	0/0	0/0	0/0	1
Natural Hazards	-1/-2	-1/0	-1/-1	-1/-1	-1/-1	0/-2	-1/1	0/0	1
Total	-13	10	0	3	3	-5	9	-19	
ECONOMIC									
Local capital Cost	-2/-1	-1/-2	-3/-1	-2/-1	-2/-1	-2/-1	-1/-2	0/-3	2
O & M Cost	-1/-1	-3/-1	-3/-1	-1/-1	-1/-1	-1/-1	0/0	0/0	2
Induced Development Costs	0/-3	0/-1	0/-1	0/-1	0/-1	0/-3	0/0	0/0	2
Individual Cost	-1/-1	-2/-1	-3/-1	-1/0	-1/-1	-1/-1	0/-2	0/-3	2
Loss of AE. Productivity	0/-4	0/0	0/-1	0/-1	-1/-2	-1/-3	0/0	0/0	2
Total	-22	-12	-22	-12	-16	-22	-10	-12	
SOCIAL-CULTURAL									
Historic-Archaeological	-1/-2	0/-1	0/-1	0/-1	0/-1	-1/-2	0/0	0/0	1
Public Acceptability	-2/-1	-1/-1	-2/-1	-1/-1	1/0	-1/-1	0/-1	-2/-2	1
Regulatory/Legal	-1/-2	1/1	1/1	1/1	1/1	-1/-2	1/2	2/-1	2
Cultural Pattern (life style)	0/-2	0/1	0/1	0/1	0/1	0/-2	0/0	-4/0	2
Aesthetics Values	0/-2	-1/0	0/1	0/1	0/1	0/-2	-1/-2	-2/0	2
Recreational Values	-1/-1	1/0	1/0	1/0	1/0	0/-1	1/0	0/-1	1
Total	-24	6	6	7	9	-16	-1	-17	
LAND USE PLANNING									
Adherence to the Planning Proc.	0/-3	0/3	0/-2	0/-2	0/-2	0/-3	0/-3	0/-3	2
Growth Inducement	0/-3	0/3	0/-2	0/-2	0/-2	0/-3	0/-1	0/0	2
Growth Regulation	0/-3	0/3	0/3	0/3	0/2	0/-3	0/2	0/-1	2
Total	-18	18	-2	-2	-4	-18	-3	-7	

出典：EPA(1977)：Draft Environmental Import Statement, Jackson Wastewater, Treatment System, Town of Jackson, Wyoming.

具体的に内容を見てみる。表7-5は，4つの分野のうち，Natural Environmental Value，自然環境の価値について拡大したものである。細分化された評価項目は，大気質，表流水の水質，地下水の水質，野生生物，漁場，植生と動物の生息地，貴重種や絶滅の危機にある種，自然災害，の8項目である。

この場合の評価は個別項目ごとに，一次影響と二次影響の二つが評価された。よい影響は＋，悪い影響は－として，それぞれ5段階で評価された。したがって，＋5から－5までの評価となる。

この図に示すように，例えば，エルクの餌場に立地するという代替案については第1列に評価結果が示されている。評価項目の一つを例に説

表7-5 ジャクソンの総合評価の例（抜粋）

	エルクの餌場			既存施設の拡張			サウス・パーク・ロード			何もしない			重み
自然環境の価値													
大気質（局地的）	-1	0	1	-2	-1	1	-1	-2	-1	0	-2	-2	1
水 質（表流水）	3	3	-2	3	6	-1	3	3	-2	-2	-9	-1	3
水 質（地下水）	0	4	2	0	2		0	4	2	0	-4	-2	2
野生生物	-3	-10	-2	0	0	0	1	-4	-1	0	0	0	2
漁 場	-1	0	-1	1	4	1	1	0	-1	-1	-4	-1	2
植生と生息地	-1	-6	-2	0	0	0	-1	-4	-1	0	0	0	2
希少・絶滅危機種	-1	-1	0	0	0	0	0	0	0	0	0	0	1
自然災害	-1	-3	-2	1	-1	0	0	-2	-2	0	0	0	1
合 計		-13			10			-5			-19		

明する。自然環境の価値のうち，野生動物への影響は，一次影響は -3 で相当悪く，二次影響も -2 とかなり悪い。

すべての項目についてこのような形で定量的評価がなされ，この例では，一次影響と二次影響が合計されて項目別の影響評価がなされた。

● 総合評価

この個別評価値に，項目別の重みをつけて加え合わせ，総合評価値が算定された。項目別の重みは，表の右端に示されている。ただし，この場合の総合化は，自然環境の価値や経済的価値など，4つの分野ごとに行われた。これら4分野全体の総合化は行われていない。

項目別の重みをどうするかは大変に重要な問題であるが，重みには評価主体の価値判断が現れる。この事例では，EPA の専門家が重みを決めた。重みとしては1から3の値が用いられた。例えば，先ほどの項目，野生生物の場合には，2の重みが与えられた。

この結果，明らかに，表の第2列，現存施設の拡張がもっとも好ましいことになる。表に見るように，4分野すべての項目でこの代替案の評価が最良である。この事例では4分野をさらに総合化して単一の総合評価値を求めることはしていない（表7-4）。

● 方法論上の問題

この例で，方法論上の問題はないか。次の3点を検討してみる。

第1に，線形和表示をしているが，項目は必要十分かという問題である。上の表で見たように，評価項目は幅広い4分野にわたり，22もの項目がある。必要十分な項目があると見てよいだろう。

第2に，定量的評価が用いられているが，このような定量化が許されるかという問題がある。5段階で評価したものを，そのまま数値の1から5にしてよいか。ここでは，-5 から $+5$ まで，全体で11段階もあるため，程度の差を表現するためにはそれほど問題はない。したがっ

て，大きな歪みを生じないとも言える。

　そして，第3に，重みづけの問題はどうか。これでよいのかということがある。この事例では，アセスメントを実施したEPAの専門家が重みを決めた。専門家による重みづけは，通常行われる方法である。

　このように，以上の3点について検討してみると，このアセスの手続きは妥当なものと言えそうである。では，アセス結果自体も妥当であったか。

● 価値対立の明確化

　そこで，この結果に関係者は満足したかを見てみよう。テトン・カウンティやEPAはこの結果を支持した。しかし，ジャクソン町はこの結果に大反対した。特に，町長や町議会が反発し，町議会では町の当初案の実行を決定してしまった。彼らは，この結果は自然保護にウエイトをおくEPAの評価判断を反映したものであり，将来の開発を考えるジャクソン町の価値判断とは相入れないと主張した。

　アセスの結果は，ジャクソン町と，EPA（およびテトン・カウンティ）の間の価値対立を明確化させた。アセス結果は，EPAの価値判断を示している。EPAは代替案をこのような形で評価したということである。いろいろな見方による判断があり得るが，アセスでは，このように見える形で，ある立場からの判断が示される。これが大切である。

　アセスメントの結果は，ある立場からの判断を明示的に示すことにより，次のプロセスに進みうるということである。この事例では，紛争自体はアセスメントを行う前から起こっていた。アセスメントにより，紛争がさらに大きくなったが，最終的には当事者間の合意が成立し，紛争が解決した。

　このアセスメント後のプロセスについては，第12章「アセスメントと紛争」で詳しく述べる。

8

日本の制度の歴史

1. わが国のアセス制度成立の経緯

　わが国において環境アセスメント制度が導入されるようになった要因は4点ほどあげることができる。その第一は1960年代に顕著となった公害問題の発生，第二はその過程で生じた住民運動のうねりである。この流れの中で，四日市公害訴訟の判決で企業の責任が問われたことが第三の要因である。最後に，アメリカでNEPAに基づくアセス制度が始まったことが，アセス制度導入を決定づけた。

●公害問題への対処

　わが国の環境問題は，戦後の高度経済成長期に顕著となったが，この問題は戦前から存在していた。特に明治維新以後，欧米の列強と伍していくため，富国強兵策が取られ急速に工業化を進める中で，環境問題は深刻になっていった。なかでも足尾銅山の鉱毒事件はもっとも有名なものである。とはいえ，地域的にはまだ局部的な問題であった。

　戦後は経済復興のため高度経済成長策が取られ，この急速な工業化の進展のなか，水俣病，新潟水俣病，イタイイタイ病，四日市喘息の4大公害事件に代表される，深刻な環境汚染があった。これらの危機的な環境汚染への対応のため1960年代後半から公害行政がスタートし，1967年にはその基本として公害対策基本法が制定された。

　このようななか，わが国でも事業者の内部で公害対策を事前に行う試みがなかったわけではない。1960年代の初めにも石油化学コンビナート

の計画をめぐり，若干の試みがあったと言われる。しかし，激甚な大気汚染による喘息患者を多数生んだ四日市の石油化学コンビナートの事例は，健康被害の問題を全国に知らしめた。この結果，各地で公害反対運動が起こり，大規模工場の建設や工業団地開発においては，公害の事前調査が求められるようになった。

　1960年代後半の拠点方式による産業開発の推進により，産業公害総合事前調査が実施されるようになった。このころから発電所についても，公害の事前調査が行われるようになった。これらの公害事前調査を環境アセスメントの始まりとみる見方もあるが，これらは情報公開と住民参加というアセスの基本要件は満たされておらず，これを環境アセスメン

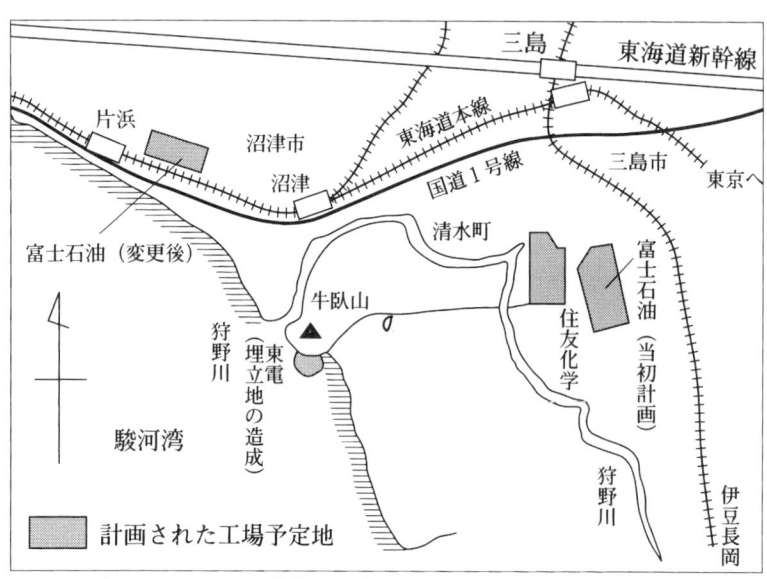

図8-1　三島・沼津石油化学コンビナート計画

出典：川名英之，ドキュメント・日本の公害，第2巻 p.362

トの始まりとみるのには無理がある。公害事前調査の目的は行政内部の判断や行政指導の資料を作ることにあった。調査・予測の結果は，そのために使われたが，プロセスの不透明性は否めない。

● 公害未然防止のための住民運動
―三島・沼津の石油化学コンビナート計画―

公害・環境の施策はそのほとんどが，住民運動が発端となって講ぜられるようになった。環境アセスメントにおいても住民運動のうねりが影響を与えている。

1960年代の有名な住民運動に，三島・沼津の石油化学コンビナート計画反対運動がある。三島・沼津の事例は，それ自体はアセスメントとは言えないが，環境調査の重要性を社会が認識するための契機となった。ジャーナリスト，川名英之氏の報告に基づきこの事例を紹介する。

このコンビナート計画は1963年の末に静岡県により発表された（図8-1）。県は，コンビナートを誘致するために三島・沼津両市と清水町の合併も提案していた（表8-1）。しかし，地元の農民達は四日市公害の実態を見て，この計画に反対した。他の地域住民も反対運動を繰り広げ，

表8-1　三島・沼津の公害反対運動

1963. 5.　三島市、沼津市、清水町の合併計画を発表（県）
　　　12.　石油化学コンビナート計画を県が発表
　　　　　コンビナート進出反対運動が起こる
1964. 3.　2市1町の反対協議会を結成
　　　　　県が通産省に公害事前調査を依頼（黒川調査団）
　　　4.　住民側も調査団を結成（松村調査団）
　　　5.　黒川調査団、松村調査団がそれぞれ調査を実施
　　　7.　黒川調査団が報告書をまとめる
　　　8.　東京で両調査団の討論会
　　　9.　コンビナート反対総決起集会
　　　　　　（海上デモ、車輌デモ、耕運機デモなど）
　　　10.　計画を断念

1964年にはその活動は一層活発になった。

そこで，県は通産省に対し産業公害の調査を行うよう求めた。四日市市公害特別調査会の会長を務めた黒川真武氏を団長とする黒川調査団と呼ばれる専門家チームが組織され，1964年に事前調査が行われた。調査団は5月に現地調査を行い7月末に報告書をまとめた。立地に伴う公害被害は防止できるものと報告した。この報告書は住民の公害問題に対する認識の不足と，自治体不信が開発を遅らせているという見方から書かれていた。

これに対し地域住民は国立遺伝学研究所の松村清二博士を中心に，地元沼津工業高校の理科の教師や医師らが協力して松村調査団と呼ばれた調査団を組織し，独自の調査を行った。その結果から，黒川調査団の結果があまりにも楽観的であるとして，これを批判した。8月に東京で，両調査団の間で討論会が持たれたが，黒川調査団の行った各種実験・調査にあいまいさが見られ，データの計算・処理でも不適当，不正確な面が見出され，住民側の質問にも答えられないことが多かった。

このように調査団と地域住民との意見交換の場も持たれたが，地域住民は調査団の結論に納得しなかった。この過程で地域住民は各地で学習会を開き，問題への理解を深めて行き，住民の反対運動は大掛かりなデモ行動を伴うものまでになった。このような反対運動の高まりの中で結局コンビナート計画は中止となった。1964年10月のことである。

地域住民が立ち上がり，科学的な情報を得て，コンビナート計画を白紙撤回させた。国と県とが強力に推進する地域開発計画を住民の力で拒んだというわけだが，このようなことはそれまでにはなかった。通常のアセスの概念にはなじまないが，住民によるアセスが行われたとは言える。この事例は，第9章で紹介する住民アセスの先駆けである。その意味でわが国の環境アセスの原点とも言えよう。

なお、三島・沼津石油化学コンビナート立地の失敗が政府に公害対策基本法の必要性を認識させた。政府は合理的な工業立地を実現するため1967年に公害対策基本法を制定した。

●公害裁判の判決

第三に、公害訴訟である。4大公害事件は1960年代後半に裁判が開始された。1971年以降順次、判決が出され、いずれも原告・被害者側が勝訴した。企業の責任が明らかにされた。とりわけ、四日市公害訴訟の判決が大きな影響を与えた。

この裁判の判決は1972年7月24日に津地方裁判所四日市支部で出された。米本清裁判長は、あくまでも被害者救済の立場からの判決を下した。「立地上の過失」については以下のように述べている。

「硫黄酸化物などの大気汚染物質を副生することの避け難い被告ら企業が、新たに工場を建設し稼動を開始しようとするとき、右汚染の結果が付近の住民の生命・身体に対する侵害という重大な結果をもたらすおそれがあるのであるから、そのようなことのないように事前に排出物質の性質と量、排出施設と居住地域の位置・距離関係、風向、風速等の気象条件等を総合的に調査研究し、付近住民の生命・身体に危害を及ぼすことのないように立地すべき注意義務がある」

このように、判決理由において、事前に環境に与える影響を総合的に調査研究し、その結果を判断して立地する注意義務がある旨が述べられ、その欠如をもって被告企業の「立地上の過失」があるとした。

これは、環境影響評価の必要性を判例上明確にしたものと位置づけられた。こうしてアセス制度整備の機運が高まったが、逆に産業界ではアセスに対する警戒心も高まった。

●NEPAの成立

そして、具体的な制度としては海外のアセス制度化の始まりがある。

アメリカの NEPA による制度が直接に影響した。1969 年 12 月，アメリカでは国家環境政策法（NEPA）が成立した。

NEPA の成立は，アメリカ国内だけでなく世界的な環境保全運動の盛り上がりを背景としている。NEPA は，翌 1970 年 1 月 1 日から施行された。アメリカではこれに基づき政府の機構が整備され，世界で最初のアセス制度が作られた。1970 年は，アメリカ各都市で最初のアースデイが持たれた年でもある。

世界的な環境保全運動の盛り上がりはわが国にも波及し，1970 年の年末にはいわゆる公害国会が持たれた。わが国でも環境行政の本格的な取り組みが始まったわけである。環境庁は 1971 年に設立されたが，当初から，アセス制度の確立を重要な課題としていた。NEPA によるアセス制度がそのモデルとなった。

そして，1972 年 6 月のストックホルムにおける国連人間環境会議に合わせ，「各種公共事業に係る環境保全対策について」の閣議了解を行い，アセス制度導入の取り組みが始まった。水俣病のような悲劇的な環境汚染を未然防止するためにアセス制度を導入することを，ストックホルムで世界に発表した。

ストックホルムで大石武一環境庁長官は次のような演説をしている。「また，私は公共事業の計画策定にあたり環境アセスメントの手法を取り入れる所存であります。その事業の環境に及ぼす影響について事前に十分な調査検討を行わせ，必要と認めるときは，環境庁が環境保全の措置を勧告するものであります。近い将来にはこの環境アセスメントをさらに国土開発，観光開発等の事業にも広く応用いたしたいと考えております。」

このようにストックホルム会議で大石長官は，日本が環境アセスメント制度を確立し，これをさらに発展させていくのだという意志を世界に

表明した。

2. 制度化への動き

1972年の閣議了解に基づき、早速、政府内での準備が始まった。新生の環境庁にとって重要な施策であったが、国としての統一的なアセス手続きを作ることは順調には進まなかった（表8-2）。

●個別法等の枠内での動き

むしろ、大規模事業を所管する省庁間での競争となった。このため、統一的制度をつくるより省庁別に制度化をはかることが先行した。個別法などによるアセスである。省庁別の制度でも、情報公開と住民参加が十分に行われ透明性の高い仕組みであればよいのだが、実際にはそうはならなかった。

それぞれの事業官庁が、事業を推進するための免罪符としてアセスを使っていると批判されるようなものになってしまった。これは、縦割り行政の弊害が現れたと言える。

1973年には運輸省が港湾法を改正し、港湾計画の策定に環境配慮することとしたが、これは住民参加の規定がなかったためアセスとは言えない。また、公有水面埋立法（運輸省・建設省）の改正で、公有水面埋立

表8-2　個別法等によるアセス制度化の例

年	内容
1972	アセス制度導入の閣議了解
1973	港湾法の改正（運輸省）
	公有水面埋立法の改正（運輸省・建設省）
	瀬戸内海環境保全臨時措置法（環境庁）
	工場立地法の一部改正（通産省）
1977	発電所の省議アセス（通産省）
1978	建設省所管公共事業のアセス：事務次官通達
1979	整備五新幹線のアセス：大臣通達（運輸省）

の免許の際にアセスを実施することとした。通産省も工場立地法の一部改正を行い，工場立地時のアセスを定めた。

　公共事業に関するアセスを行政指導により行うよう順次，仕組みが作られた。建設省は1978年に，その所管する公共事業を対象としたアセスについて事務次官通達を出し，運輸省も1979年に整備五新幹線に関するアセスの大臣通達を出した。

　また，民間の大規模事業に対しても制度化が進んだ。通産省は1977年に省議決定で，発電所の立地に関するアセスの強化を行うとし，1979年にはアセス要綱を定めて具体的な行政指導を行うこととした。これが発電所の省議アセスである。

　このように個別法などによるアセス制度化が進んだが，統一的な手続きではないため手続き間の整合性を取り難いとか，環境庁の関与が弱く十分な環境配慮ができないなどの，欠点があった。

●環境庁の取り組み

　一方，環境庁もアセスの統一的な手続きを定めるための準備を始めてはいた。

　各省庁がそれぞれ独自にアセスの制度化を始めた1973年に，環境庁も瀬戸内海環境保全臨時措置法にもアセスの規定を設けた。

　そして，1974年には，中央公害対策審議会の環境影響評価小委員会がアセス運用の指針をまとめた。その基本的ルールの要点は三つある。

①アセスは計画の早期段階から代替案検討を行うが，開発の構想，基本計画，実施計画の段階ごとに繰り返し行う必要がある。

②科学的に予測が確かなことと不確かなことを区分し，環境予測・評価の仮定条件を明示する。環境情報の把握には住民の意見も活用する。

③新しい環境情報のもとにアセスを絶えず見直し，環境保全上，問題があるときは開発計画そのものを再検討する。

この指針では，事業アセスだけでなく，NEPAと同じく計画アセスも視野に入れていた。例えば当時計画されていた，苫小牧東部工業開発やむつ小川原開発などにもアセスを適用することを想定していた。1976年には，むつ小川原総合開発計画を対象にアセス指針を示した。環境庁はこの前後にも経済計画や国土利用計画，電源開発基本計画などの各種計画にもアセスについて記述を行っている。

このように計画アセスまで視野に入れていたのだが，現実は，そのようにはいかなかった。事業アセスを対象とする法制度でさえ，その成立は1997年まで待たねばならなかった。

● 自治体の制度化

国としての統一的制度ができず，大規模事業ごとのアセス制度が国の手で作られていく中で，地方自治体でもアセスの制度化が図られた。環境問題が深刻な地域を中心に，先進的な自治体での制度化が行われた。

1976年には，全国で最初のアセス条例が川崎市で作られた。次いで，1978年に北海道，1980年に神奈川県，東京都で条例化が行われた。しかし，条例化はこの後あまり進まず，各地で要綱が作られていった。1997年にアセス法が成立するまでは，全国的には要綱が主体であった。

これらの制度はいずれも事業アセスである。その中で，条例化を行った川崎市や神奈川県，東京都などの制度や，要綱を定めた名古屋市の制度などは，公聴会の規定があるなど先進的な部分が見られた。いずれも国の個別法などで作られた制度よりは住民参加が積極的に行われており，情報公開をより進めたものになっていた。

例えば，川崎市の制度は初期の制度であるため，使われている言葉はその後の他団体の制度と違う。準備書，評価書という形ではなく，報告書と修正報告書と言っている。しかも修正報告書は見解書に相当し，これと報告書を合わせて評価書相当の文書となる。この形式は，NEPAよ

りもヨーロッパの方法に似ている。公聴会，見解書，そして審査会があり，国の制度より積極的な住民参加が行われている（図8-2）。

神奈川県の制度では2度の意見書提出機会が与えられ，住民意見のフィードバックが丁寧に行えるようになっていた（図8-3）。この実績がその後の条例改正で，アセス法の方法書に相当する調査実施計画書のプロセスの導入を可能とした。すなわち，実施計画書段階（方法書段階）と，評価書案段階（準備書段階）の2回の住民意見フィードバックに変更したが，もともと2回のフィードバックを行っていたので事業者側には大きな抵抗はなかった。

また，東京都の制度では，事後調査制度がすでに定められている。アセス法では準備書に事後のフォローアップについて記載することができるようになった。準備書から評価書に至る過程には，公聴会，見解書，審査会もある（図8-4）。

自治体の制度は，後述する閣議アセスが作られた1984年以前には，47都道府県および12政令市の計59団体のうち，3分の1ほどの20団体にあった。そのうち，条例は上記の4，要綱は16であった。

当時の日本では，まだアセスは定着していなかったとも言える。だからアセスの法制化は時期尚早なのか，それとも，だからこそ法制化が必要なのか，意見が分かれた。

3. 法制化の失敗と閣議アセス

●環境庁の試みと挫折

環境庁は，1972年のアセス制度導入の閣議了解，そして，四日市公害裁判の判決にも後押しされて法制化の準備を行った（表1-2）。

中央公害対策審議会での検討も行った。1976年に，中央公害対策審議会は環境庁企画調整局との連名で「環境影響評価制度のあり方につい

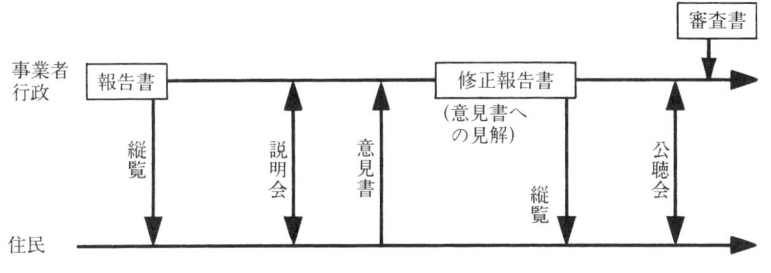

図8-2 川崎市の旧条例によるプロセス（住民から見た流れ）　公布：1976.10.4
施行：1977.7.1

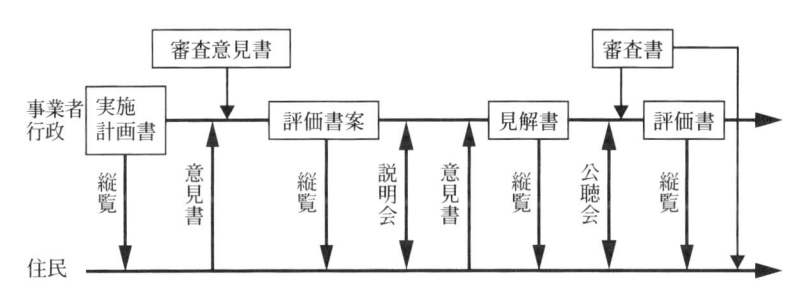

図8-3 神奈川県の旧条例によるプロセス（住民から見た流れ）公布：1980.10.20
施行：1981.7.1
改正：1997.7.15

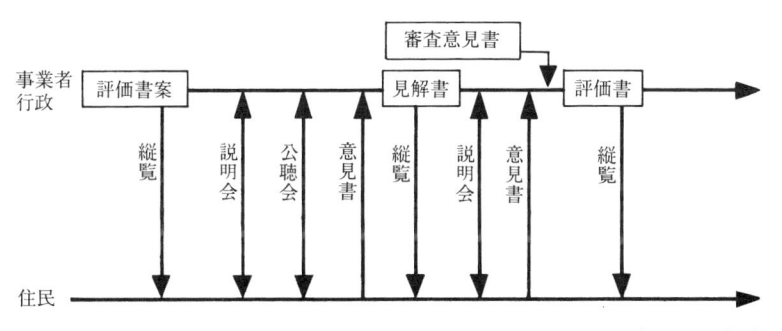

図8-4 東京都の旧条例によるプロセス（住民から見た流れ）　公布：1980.10.20
施行：1981.10.1

て」の意見をまとめた上で，環境影響評価法案の作成作業を進めた。

だが，これに対し，経団連をはじめ，鉄鋼業や電気事業，不動産業など，産業界から時期尚早だとして大きな反対があった。この背後には，1973年のオイルショックによる経済優先の流れがあった。当時，環境行

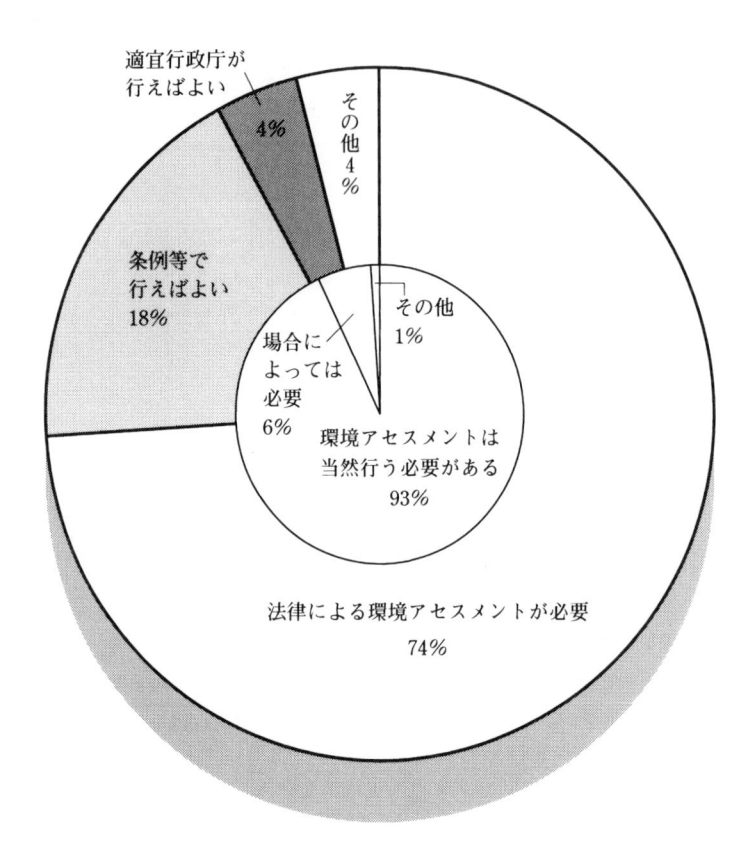

内閣総理大臣官房広報室「環境影響評価について」（56年2月）による

図8-5　アクセス制度化の国政モニター調査（1981）

政は後退気味になった。このような中,どうにかまとめた法案に対し,通産,建設,運輸,国土といった開発事業を実施する省庁がこぞって法案に反対した。こうして,1976年の第1回の法案提出は失敗した。

1977年にも法案提出を試みたが失敗した。この時は,通産省は電気事業を法の対象からはずすことを求め,建設省は都市計画を対象からはずすことを求めた。これに対し当時の環境庁は,このように譲歩して骨抜きの法案にすることはできないとして法案提出を断念した。

1978年には内容を事業官庁の要求に答えるよう変更して,法案を提出しようとしたが,この3回目も失敗した。1979年,1980年と失敗が続き,6回目の1981年にようやく法案の提出ができた。しかし,この間に,環境庁は譲歩を重ね,法案の内容は当初案から大幅に後退してしまった。

当時,世論はアセス制度の導入を強く求めていた。1981年に行った国政モニター調査によれば,「環境アセスメントは当然行う必要がある」とした人は,93%にもなる(図8-5)。また,そのための制度化でも,法制化を支持する人が74%もあった。何と,4分の3もの人が法制化を支持していたのである。だが,法制化は失敗した。1981年にようやく提出できた法案は1983に審議未了で廃案になってしまった。

これは,なぜか。環境庁は,6度目の正直で1981年にようやく法案提出にこぎつけたが,この間に譲歩を重ね法案は骨抜きになってしまった。もっとも大きな点は,環境影響が大きい事業の代表である発電所を法の対象からはずしたことである。このため,環境保護団体や野党からも大きな反対があった。与党の自民党は,もともとアセス制度の法制化には積極的ではなかった。

● 閣議アセス

しかし,アセス制度に対する国民の要請は依然として強いことから,

行政指導でならということで，制度化を行うことになった。

1984年に，国が関与する大規模事業を対象にアセスを行うことを閣議決定した。これに基づき，旧法案の骨子にそって要綱を作成した。閣議決定に基づく要綱によるアセスなので，「閣議アセス」と言った。

だが，行政指導のため規制力がないという限界があった。アセス結果が許認可に反映されるという担保はない。だから，各省庁はこれを認めたとも言える。これでは形だけのものになってしまう。

例えば閣議アセスでは，環境庁長官の意見は，事業を所管する主務大臣から要請が無い限り出せなかった。その結果，閣議アセスの実績は448件があるが，環境庁長官意見は，そのうちわずか23件，全体の5%ほどしか求められていない。

そして，手続き上も消極的な内容となっている（図8-6）。準備書から，評価書に至るまでがアセス手続きであるが，意見書提出の機会は準備書に対して出す1回だけである。準備書の説明会は開催されるが，公聴会の規定はない。また，意見書に対する事業者の見解書は出されない。そして，審査会もない。上で見たような自治体の各制度に比べると住民参加はあまり積極的に行われていない。

ただし，知事意見を求め，さらに知事意見を形成するために市町村長

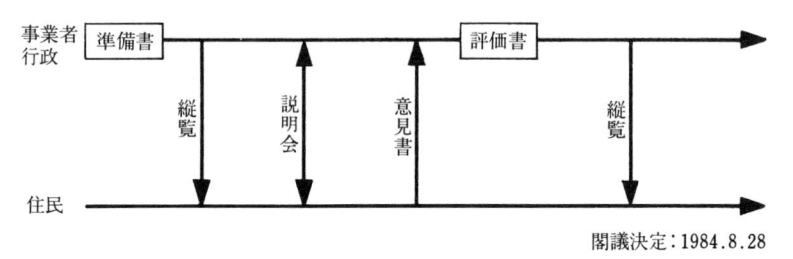

図8-6　閣議決定の要綱によるプロセス（住民から見た流れ）

閣議決定：1984.8.28

意見も求める構造となっているため，自治体のアセス制度の仕組みが援用できるようになっている。この結果，例えば第9章で紹介する藤前干潟の例のように，閣議アセスであっても自治体の制度に公聴会などの手続きがあれば，これが使われる。

一応の統一的手続きとして閣議アセスができたが，国レベルでは個別法などによるアセスもあり，統一的手続きとは言えない状況だった。しかし，不十分ながらもアセスは次第に定着して行った。

例えば，閣議アセスを導入した1984年以降，アセス法成立の前年1996年までの間に，自治体のアセス制度は新たな制度化が進んだ。1984年の20団体から，1996年には50団体へと30団体が増加した。しかし，増加した30団体の内訳を見ると，条例は2団体だけで，他の28団体はいずれも要綱であった。閣議アセスのような消極的な取り組みが全国に広がったとも言える。

● アセス法の以前のアセスの実績

アセス法までの制度に基づくアセスの実績を環境庁の集計により見てみよう。1986年から1999年までの統計である。

閣議アセスは結局，アセス法が全面施行された1999年6月まで適用されたが，この間に448件が行われた（表8-3）。その内訳は，道路が307件と全体の7割近くを占め，土地区画整理の65件が1割強，埋立が31件で1割弱となっている。この三つで全体の9割ほどを占める。

また，個別法などに基づくアセスも454件ある（表8-4）。港湾計画が312件（7割弱）もあるが，当時は住民参加の手続きがなかったためアセスとは言えない。次に発電所が78件（2割弱），公有水面埋立が49件（1割ほど）となっている。

国レベルでは，閣議アセスと個別法などを合わせて，上の14年間で約900件になる。このうち，港湾計画を除くと約600件で，年間に40〜50

表8-3 閣議決定要綱に基づく環境影響評価の数（昭和61―平成11年度）

事業	61	62	63	元	2	3	4	5	6	7	8	9	10	11	計
道路	1	10	20	16	44	51	*16	8	22	9	59	19	17	15	*307
高速自動車国道		3	16	3	16	40	2	1	9	3	39		2	3	137
都市内自動車専用道路	1	1		2	4	2	6	2	4	1	1	2	1		27
一般国道		6	4	11	24	9	8	5	9	5	19	17	14	12	143
ダ　ム	1			3	2		1	4		2				1	14
放　水　路								1							1
飛　行　場		1		2	1	1		1	5	2	1	1	2	*1	*18
埋　立	1	3	2		4	1	3	2	7	4	3			*1	*31
下段は廃棄物で内数(注2)	1		1				2		2						6
廃棄物最終処分場(注3)	1	1	1			1	1	1	1	1					8
土地区画整理(注4)		1	3	1	5	2	*10	6	8	7	5	8	4	5	*65
新住宅市街地開発		1							1		1			1	4
工業団地造成						*1						1			*2
流通業務団地						*1									*1
住宅・都市整備公団(注5)		(1)		(1)			(4)		(3)	(2)	(3)	(3)	(2)	(3)	22
地域振興整備公団(注6)		(1)	(1)		(2)	(1)		(3)	(1)			(1)			10
小　計	4	17	26	22	56	*57	*30	23	44	25	68	29	24	*23	448
環境庁審査件数		1			2	7	2		4	5	2				23

1：＊は2つの事業が併合実施されたものであり，計では1件としている。
2：埋立用材に廃棄物を含むものについては下段に内数で記載した。
3：陸域の廃棄物処分場事業。
4：土地区画整理には，住宅・都市整備公団及び地域振興整備公団施行を含む。
5，6：住宅・都市整備公団及び地域振興整備公団は土地区画整理の再揚（内数）。

表8-4 個別法等に基づく環境影響評価の数（昭和61―平成10年度）

事業	61	62	63	元	2	3	4	5	6	7	8	9	10	11	計
発電所	6	2	2	2	3	4	7	6	6	11	6	11	9	3	78
火力発電所	2		2	2			4	3	5	5	3	6	2	2	38
地熱発電所	1				1	1	3	1		1		1			9
原子力発電所	3	1						1			3			1	9
水力発電所		1				3		1		6		4	7		22
卸供給発電所													1	1	2
港湾計画	26	24	26	23	21	26	30	24	19	20	24	27	18	4	312
公有水面埋立(注1)	7	4	4	1	2	6	2		8	3	5	2	3	2	49
整備五新幹線	5					3			1		3		1		13
小計	44	30	32	26	26	36	42	30	33	35	35	43	31	11	454

1：環境庁長官意見が求められたものを記載した。

件ということになる。

　この他，自治体でのアセス制度もこの間に次第に整備されてきた。1984年の20団体から1996年の50団体へと増加しており，これらの制度による実績もあり，かなりの数のアセスが行われてきた。

4. 環境影響評価法

　1980年代末から地球環境問題への関心が世界各国で高まった。1992年のリオデジャネイロでの「環境と開発に関する国連会議」で，持続可能な発展が世界の合言葉となり，環境アセスメントはそのための重要な手段と位置づけられた。アジェンダ21の第8章で「政府の意思決定のあらゆる段階で環境配慮をすること，そのための情報公開と公衆参加が必要である」と明記された。

●環境基本法と法制化の準備

　わが国は，リオの会議に合わせて新たに環境基本法の制定を急いだ。当初提出した法案は，政変のため審議未了で廃案となったが，環境政策の大幅な転換が必要という世論に答えて，再びこの法案が提出され，1993年11月に成立した。この法律は公布後1週間で施行となった。

　この法律の第20条で，「環境影響評価制度の推進」が規定された。当初は法制化まで行うか否かははっきりしていなかったが，世論の強い支持もあり，法制化の準備が進められた。1994年に国の環境基本計画が作られ，この中でも環境影響評価制度の推進が明記された。

　こうして，環境庁は1994年からアセス制度整備の準備を始めた。環境庁は「環境影響評価制度総合研究会」を設置し検討を進めた。今回，環境庁はこれと並行して，通産省，建設省，運輸省，農水省などの9省庁とともにこの研究会の幹事会を設け作業を進めた。

　総合研究会は1996年に報告書をまとめた。「環境影響評価の技術手法

の現状及び課題について」と題するものである。この間，地方公共団体における現状の調査や，諸外国における現状の調査も行い報告書をまとめた。

　これらの成果を踏まえ1996年6月に総理大臣の諮問を受け，中央環境審議会（中環審）では制度化の検討が進められた。審議は同審議会の企画政策部会で行われ，国民各界各層の意見を幅広く審議に反映させるため計9回のヒアリングが行われた。これにより517人・団体から，計4596件の意見が出され，これらを踏まえた検討がされた。この結果，1997年2月に法制化に向けた答申が出された。

　また，この間，1996年9月には国際影響評価学会（IAIA）の協力を得て環境影響評価制度に関する国際シンポジウムも開催し，法制化の機運を盛り上げた。

●環境影響評価法の成立

　こうして周到な準備のもと，環境影響評価法案が国会に提出された。今回は，時期尚早という声もなく，事業者はアセスがわが国でも定着してきたことを認めた。

　しかし，事業者の中には電力事業者のように，定着しているのだから，いまさら法制化は必要がないという意見もあった。だが，世界の経済先進国はすべてアセスの法制度を有していることから，行政指導による制度化を強く主張することはできなかった。中環審答申が出された2月の直前にも，発電所はアセス法の対象からはずしたいという意見が出たが否定された。世論はこれを許さなかった。

　だが，発電所の扱いは他の事業とは異なっている。環境影響評価法案の規定する手続きに加えて，手続きの各段階における国の関与を電気事業法に規定することとなった。このため，電気事業法の一部の改正が，環境影響評価法と同時に進められた。

環境影響評価法案は3月28日に閣議決定され，第140国会に提出された。法案は中環審答申の趣旨に沿って作成されたが，不十分な点もあり国会審議の過程で法案の修正が議論された。法案の修正はならなかったが，その趣旨を衆議院，参議院両院で，それぞれの附帯決議として付した。法は1997年6月9日に成立し，6月13日に公布された。

　環境影響評価法（アセス法）は準備期間が必要ということで，2年後の1999年6月12日から全面施行された。この間，方法書段階などは全面施行の前に，部分的に施行された。

●アセス法による制度の特徴

　環境影響評価法（アセス法）に基づく新しいアセス制度の特徴は，詳しくは第9章で述べる。大切なことは何といっても，行政指導ではなく法制度として制度化が行われたことである。

　法制化により規制力ができたことの意味は大きい。産業界や開発事業所管省庁は，この規制力を嫌ったわけだが，国民世論の強い要請で法制化がなされた。法制化は経済先進国では常識となっている。

　わが国は1972年のストックホルムの国連人間環境会議以来，法制化まで長い道のりだった。1997年まで，実に四半世紀もかかっている。経済先進国のクラブであるOECD（経済協力開発機構）の加盟国29か国中の最後になってしまった。

　アセス法の施行に対し，産業界はどのように反応したか。発電所は対象からはずすことを主張してきた電力事業者の専門家は，アセス法で新たに規定されたことの多くはすでに実施しているという。だから，電力事業の場合は，新しい制度に十分対応できるという。

　アセス法が成立するまでの間に，行政指導や，個別法，自治体の条例などにより，事業アセスは定着してきた。だが，それまでのわが国の事業アセスは，諸外国の事業アセスとは違うものだった。アセス法の制定

により，ようやく国際的標準のアセスを行えるようになった。このようにアセス法以前のアセスと，アセス法によるアセスは大きく異なることを認識しておかなければならない。

　この点は環境庁の担当者も強調している。これまでと違い，地域の状況に応じた言わばオーダーメードのアセスが求められており，事業者の，環境保全のための創意工夫が必要となった。このため，代替案の検討は不可欠であり，できれば方法書段階から，検討する代替案についても列挙しておくことが望ましい。事業者が環境影響の回避・低減にどれだけ努めたか，それを社会に説明するための仕組みが環境アセスメントである。

●地方自治体のアセス制度

　このように，アセス法の考え方は従来のアセスとは大きく異なるため，地方自治体の制度もアセス法制定の前後数年間で大きく変わった。従来から制度を持つ自治体はその改正を行い，制度を持たない自治体は新たに制度化を進めた。

　その結果，2000年初めの時点では，47都道府県と12政令市の計59自治体のすべてが制度を持つようになった。しかも大半が条例である。都道府県では39自治体が条例を持ち，8自治体が要綱等である。そして，政令市では12自治体のすべてが条例化を終えている。

　わが国のアセスは，国レベルと自治体レベルの両者で制度の基本的整備が終わり，21世紀を迎えることとなった。

9 日本の現行制度と事例

　本章では，わが国の現行制度についてアセス法の特徴を説明する。さらに具体的なアセス事例を検討し，理解を深める。

1. 環境影響評価法の特徴

●閣議アセスからの改善点

　アセス法では，以前の閣議アセスによる制度に比べ大きな改善があった。これらを整理すると表9-1のようになる。

(1) 対象事業の例外を認めない。

　環境への影響の大きな事業の代表である発電所も対象になり，この結果，大規模事業は例外なく対象となった。具体的には，表9-2に示すような，道路，河川，埋め立て事業など13種類の事業と，上位計画段階のものとして港湾計画が対象である。これらは閣議アセスにおける対象事業をもとにさらに対象が拡大された。

表9-1　アセス法による主な改善点

- 対象事業の例外を認めない
- 法制化により許認可への反映（横断条項）
- 環境庁長官（現在は環境大臣）の意見を全てに出せる
- 参加機会の増大
　　早期からの開始，誰でも意見を出せる
- スクリーニングの導入
- スコーピング（方法書段階）の導入
- 準備書の記載事項
　　代替案の比較検討，調査委託先の明記
- 事後のフォローアップ（不確実性への対処）

(2) 法制化により許認可へ規制力ができた。

閣議アセスのもとでは，事業の許認可の条件が満たされていれば，許認可された。アセス法のもとでは，許認可の条件と，環境アセスメントの結果の両者を勘案して許認可を下さなければならない。いわゆる横断条項である。

したがって，環境保全のために事業計画の変更が要請されることは従来よりも増える。また，アセスの結果が事業の実施に否定的な場合は事業の中止ということもありうる。

(3) 環境庁長官（現在は環境大臣）の意見が必ず出せる。

従来の閣議アセスでは，事業の許認可を与える主務大臣が必要と考えたときだけ，環境庁長官に意見を求めた。その結果，閣議アセスでは，ほんの一部の案件にしか環境庁長官意見は出しておらず，わずか5％しか意見を出していない。これでは十分な環境配慮は期待できない。

アセス法では，環境庁長官（現在は環境大臣）が必要と考えたときはいつでも意見を出せる。主務大臣はその意見を尊重しなければならないから，これは大きな改善点である。

そして，事業者は，必要に応じて評価書の補正をしなければならない。図9-1は，第2章に示したものより詳しくなっている。図のように，評価書段階で必要に応じて評価書の補正という手続きができた。これにより環境大臣意見に事業者が対応することが手続き上，担保された。

(4) 参加の機会が増えた。

手続きの改善も大きい。

これまでの準備書段階からのアセスの前に，スクリーニングと，スコーピングの二つの段階が加わった。第2章で説明したが，手続き上の大きな変化である。

この図には，アセス後の手続きとして，事後のフォローアップも示し

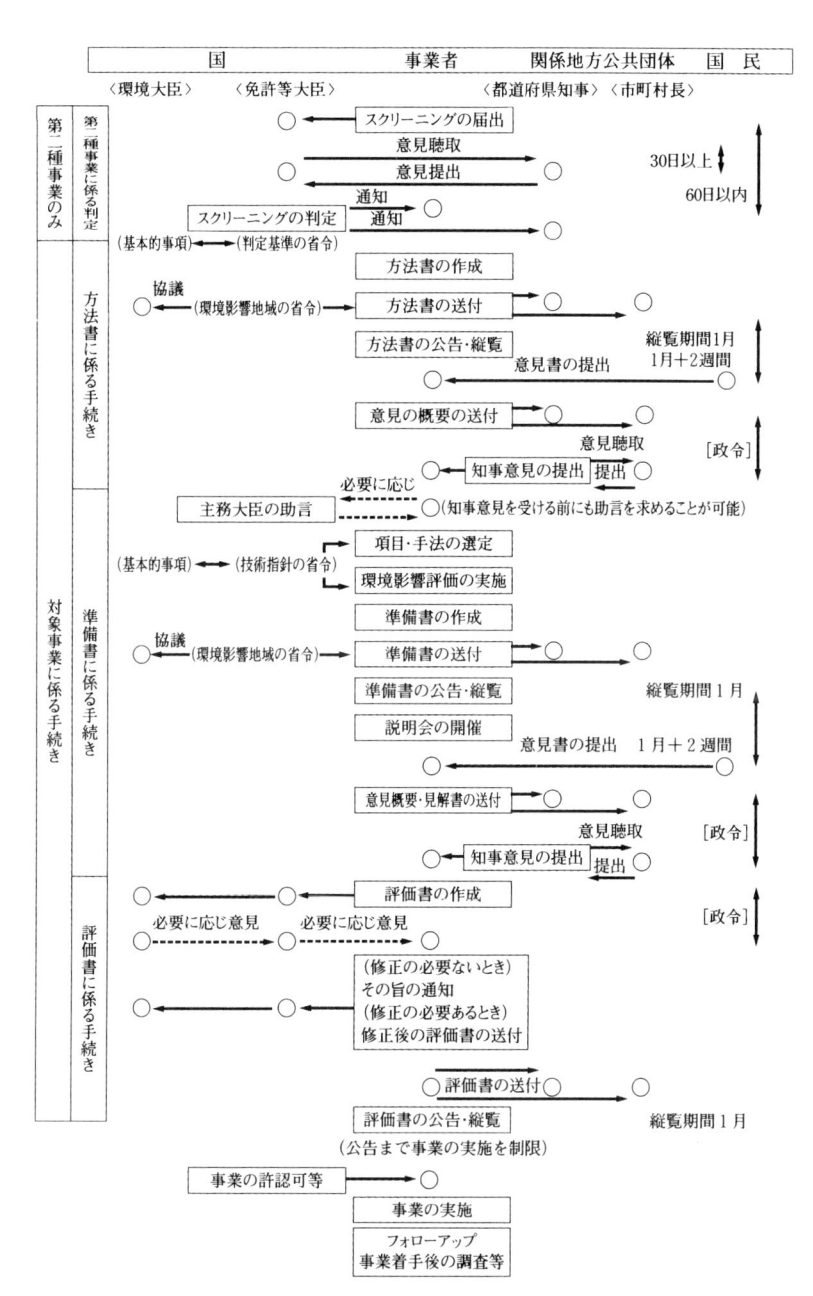

図 9-1　環境影響評価法の手続きの流れ

てあるが，準備書に事後のフォローアップについて記載することにより，その担保もできるようになった。

このように，手続きが早期からできるようになったことの意味は大きいが，これは同時に参加の機会が増大したことを意味する。

そして，意見提出者の範囲を限定しないことになった。これは，環境情報を広く求めるという見地から，誰もが意見を出せるようにした。閣議アセスでは意見提出者は関係地域住民に限定されていた。また，環境保全の見地からであれば，事業に対する賛否の意見を出すこともでき，その意見は配慮される。

(5) スクリーニング

スクリーニングはアセス逃れを減らすための工夫である。このため，対象となる13種類の事業のそれぞれについて規模に応じて2種類のリストが作られている（表9-2）。

第一種事業と第二種事業である。第一種事業は，基本的には従来の閣議アセスで対象としていた特に規模の大きな事業が対象となる。第二種事業はその下限から下で，第一種事業の下限値の4分の3程度までの範囲の規模の事業が対象となる。

例えば道路の場合は，一般国道では4車線以上のものが対象となるが，第一種事業は道路の延長が10km以上のものである。また，第二種事業はそれ以下で7.5km以上のものが対象となる。これはちょうど，第一種事業の下限値の4分の3の規模までとなっている。

(6) スコーピング

スコーピングはアセスの方法を決めるための手続きである。方法書を公表することにより，早い段階から情報を公開し，住民参加できる仕組みができた。

このためには十分なコミュニケーションが必要だが，これは不十分で

表9-2　環境影響評価法の対象事業

	第一種事業	第二種事業
1．道路（＊大規模林道を新規追加）		
高速自動車国道	すべて	－
首都高速道路等	すべて（4車線）	－
一般国道	4車線10km	7.5km以上10km未満
大規模林道	2車線20km	15km以上20km未満
2．河川（＊二級河川に係るダム，建設省所管以外の堰（工業用水堰，上水道用水堰，かんがい用水堰）を新規追加。ダムの規模要件を閣議アセスの200haから100haに引き下げ）		
ダム	湛水面積100ha	75ha以上100ha未満
堰	湛水面積100ha	75ha以上100ha未満
湖沼水位調節施設	改変面積100ha	75ha以上100ha未満
放水路	改変面積100ha	75ha以上100ha未満
3．鉄道（＊普通鉄道，軌道（普通鉄道相当）を新規追加）		
新幹線鉄道（規格新線含む）	すべて	－
普通鉄道	10km以上	7.5km以上10km未満
軌道（普通鉄道相当）	10km以上	7.5km以上10km未満
4．飛行場	滑走路長2500m以上	1875m以上2500m未満
5．発電所（＊新規追加）		
水力発電所	出力3万kw以上	2.25万以上3万kw未満
火力発電所（地熱以外）	出力15万kw以上	11.25万以上15万kw未満
火力発電所（地熱）	出力1万kw以上	7500以上1万kw未満
原子力発電所	すべて	－
6．廃棄物最終処分場	30ha以上	25ha以上30ha未満
7．公有水面の埋立て及び干拓	50ha超	40ha以上50ha未満
8．土地区画整理事業	100ha以上	75ha以上100ha未満
9．新住宅市街地開発事業	100ha以上	75ha以上100ha未満
10．工業団地造成事業	100ha以上	75ha以上100ha未満
11．新都市基盤整備事業	100ha以上	75ha以上100ha未満
12．流通業務団地造成事業	100ha以上	75ha以上100ha未満
13．宅地の造成事業（「宅地」には，住宅地，工場用地が含まれる）		
環境事業団	100ha以上	75ha以上100ha未満
住宅・都市整備公団	100ha以上	75ha以上100ha未満
地域振興整備公団	100ha以上	75ha以上100ha未満
○港湾計画	埋立・堀込み面積300ha以上	

ある。説明会や公聴会がない。意見書に対しどう答えたか，事業者の見解も準備書が公表されるまでは示さなくてもよい。改善が必要である。

評価項目が拡大したことは，第3章の検討範囲の絞り込みで述べた。
(7) 準備書段階

準備書から評価書に至るプロセス自体は，評価書の補正が加わった以外は，閣議アセスと同じになっている。しかし，準備書への記載事項が変わった。

まず，代替案の比較検討を行う。事業者は環境影響の回避・低減にどれだけ努力したかを示す義務がある。そのためには複数の代替案の相対評価が必要となる。

また，信頼性向上のための工夫もされている。アセス調査を委託した場合は，委託先を明示しなければならない。これにより，調査の責任が明かにされる。

(8)不確実性への対応：フォローアップを準備書に記載

そして，不確実性がある場合はそのことを明記し，アセス実施後の工事中および施設供用時の，事後のフォローアップについて準備書に記載することができるようになった。

2. 国の制度と自治体の制度

アセス法が成立したことにより，地方自治体の制度化も急速に進展した。特に条例化が進み，2000年時点で，都道府県では39の自治体で条例，8自治体で要綱等が制定された。また，12政令市ではすべてが条例を制定している。これら，自治体制度の中にはアセス法よりも進んだ点がいくつかある。

一つは審査会の設置である。自治体の制度ではすべてに審査会あるいは審議会等の規定がある。環境保全部局での審査だけでなく，専門家に

よる審査会や審議会などで審査することになっている。これによりアセス審査の適切性が確保できるが，そのためには審査会などの運営が重要である。透明性をいかに高めるかが鍵と言える。

第2は多くの自治体で公聴会が設けられていることである。8割以上の自治体の制度に規定がある。住民などの意見が意見書の提出だけでは事業者に十分には伝わらないため，会議形式のコミュニケーションの場として公聴会を設ける。これも運営次第である。双方向の議論ができるように運営しなければならない。

さらに，意見書に事業者がどう対応したかを文書で示すために，見解書の規定を設けている自治体も多い。

● アセス法との調整

アセス法で対象とする事業は，自治体アセスの対象とはならない。自治体アセスでは，アセス法の対象とする事業で第二種事業よりも規模の小さいものや，アセス法の対象としないゴルフ場や大規模建築物などが対象となる。アセス法では，電力や鉄道などの民間事業も対象となるが対象の大部分は公共事業である。自治体では，民間事業もかなり対象になるものが増える。いずれにせよ，自治体それぞれの地域特性に合わせて対象事業が定められている。

アセス法の仕組みでは，アセス法の対象事業についても知事意見や市長意見を求めることになっている（図9-1）。これによって自治体の意見を反映する仕組みになっている。このために，市長意見の形成と，知事意見の形成のプロセスがある。

これらの意見形成に当たっては，自治体に既存のアセスの仕組みがあるときは，その手続きを援用する。この考え方は，閣議アセスにおける仕組みにおいてもあった。

国の制度と自治体の制度が言わば入れ子の関係になっている。国のア

セス制度だが，このように地方自治体の意見を尊重する仕組みができている。これによって，自治体段階での公聴会や審査会の制度が活用される。したがって，自治体の制度がどのようになっているかで，実際のアセス法の運用は異なってくる。自治体の制度を充実させることは，アセス法の運用を充実させることにもつながる。

3. 事例：藤前干潟のごみによる埋め立ての回避

アセス法は1999年6月に全面施行されたところなので，まだ適切な適用例はない。しかし，最近の事例でアセス法と部分的に類似のプロセスが行われたものを紹介する。まず，第1章で，環境政策の転換例として紹介した藤前干潟保全の例を考える。

この問題は，ごみと野鳥の問題と言われた。ごみ問題は都市活動の結果であり，これは都市活動と自然保護の対立の例である。人間活動を，いかに環境と調和させるかが問題となった。この問題は，持続可能な発展のための普遍的な問題と言える（写真9-1，9-2）。

●事例の経緯

藤前干潟は伊勢湾に残された貴重な干潟である。面積は90haほどだが，そのうち，46.5haが紆余曲折の末，埋立対象となった（図9-2）。名古屋市の最終処分場が一杯になってしまうため，この干潟を10年間のごみの最終処分場として使う計画が立てられた。名古屋市の逼迫するごみ問題に答えるというのが，行政の説明であった。ところが，ここはシギ，チドリ類の国内有数の飛来地で，ラムサール条約の登録湿地とするよう国際的に勧告されてきたほどの自然環境である。このため地元の環境保護団体をはじめ多くの住民から反対運動が起こった。とりわけ，1997年に諫早湾の干潟が干拓のために失われてからは，シギ，チドリ類の国内最大の飛来地となった。

写真9-1　藤前干潟と渡り鳥（写真提供：辻淳夫・藤前干潟を守る会）

写真9-2　藤前干潟で遊ぶ子ら（写真提供：辻淳夫・藤前干潟を守る会）

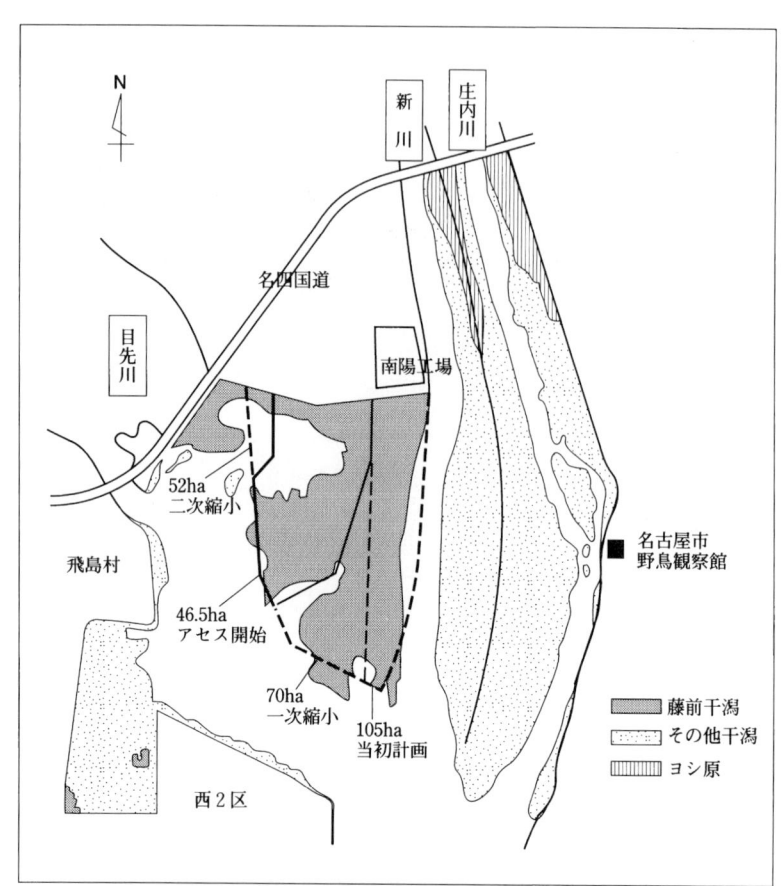

出典：辻淳夫・藤前干潟から見た環境アセスメント
（松行康夫・北原貞輔　共編著『環境経営論』税務経理協会、1999）

図 9-2　藤前干潟の埋立計画の変遷

　埋立予定地の土地の大半が取得できたあと具体的な埋め立て計画が作成され，アセスが行われた（表 9-3）。1994 年 1 月よりアセスが開始された。基本的には当時の閣議アセスが適用されたが，この事例では，名

表9-3 藤前干潟のアセスの経緯
1994年1月　現況調査計画書の公表
1996年7月　準備書公表，意見書提出
　　　8月　名古屋市の審査会で審査を開始
　　　　　（二つの分科会に分かれて審査）
1997年2月　事業者が見解書を公表
　　　5月　公聴会を開催（7，8月にも）
　　　8月　審査委員の要請で市は追加調査を実施
1998年3月　市の審査会答申
　　　4月　市長意見を県に提出
　　　　　愛知県の審査会議で審査を開始
　　　　　計画見直しの世論盛り上がる
　　　7月　県審査会議の報告
　　　8月　知事意見を送付
　　　　　評価書の公表，人工干潟を提案
　　　10月　名古屋市議会，埋立同意を決議
　　　　　地元住民が自主住民投票，大半が反対
　　　　　衆議院環境委員会の視察
　　　12月　環境庁が人工干潟を否定，運輸省も同調
1999年1月　名古屋市が埋立を断念
　　　2月　名古屋市，ごみ非常事態宣言し減量化へ

古屋市も愛知県も，当時アセスの要綱をもっていたため（現在はいずれも条例になっている），これらの手続きが活用された。とりわけ，名古屋市の制度は当時としては先進的で，アセス法における方法書段階に似たものがすでにあった。ただし，当時の市の制度では，公表後の意見聴取はなかった（今の条例にはある）。

　そこで，まず，市の制度が援用され，方法書に対応する現況調査計画書の公表からスタートした。1996年1月に現況調査計画書が公表された。ただし，住民意見の提出はないため，この段階では十分なコミュニケーションはできなかった。そして，1996年7月に準備書が公表され，意見書が提出された。60通の意見書が提出された。意見書提出者の範囲

もアセス法と同様, 特に制限を設けていない。閣議アセスでは関係地域住民に限定されていたが, 名古屋市の要綱ではアセス法と同様の規定であったため, 入れ子になっている市の仕組みが活用された。そして, 1997年2月に事業者である市が見解書を公表した。

これに対し, 地元住民等の要請があり公聴会が開かれることになった。公聴会は1997年5月に開かれたが, 十分な意見交換がなされないため紛糾し, 7月と8月にも開かれ, 結局3回の公聴会が開催された。運用の欠陥が出たが, 市も住民の要求に答えて3回開いたことは適切な対応であったと言える。

そして, 1996年8月から1998年3月まで1年半ほどの間に市の審査会が開かれ, 市長意見が形成された。審査会は二つの分科会に分かれて審査が行われ, 分科会も合わせると計25回の会議が行われた。この過程で, これまでの我が国のアセスではあまり見られないことが起こった。準備書の内容が大きく変更されたのである。

このプロセスで地元のNGOの活動は大きな意味を持った。とりわけ藤前干潟を守る会が中心的な役割を果たした。この会の代表, 辻淳夫氏は「自分達は鳥のことはよくわかっているが, アセス結果は事実と大きく違うと思った。これで科学的といえるかという疑問が生じた。」という。そして, 干潟の浄化能力については専門家の協力を得, これが大きな力になった。そして, 地元の住民は次第に, NGOの主張のほうが市の主張よりも説得力があると考えるようになった。

このことが, 審査会での議論にも変化をもたらした。NGOの提供する情報が審査会での議論を動かした。また, 審査会メンバーの専門家としての判断, とりわけ野鳥の専門家の議論が大きな意味を持った。審査会は非公開であったが, 世論の関心も高まり途中から審議結果を毎回記者発表するようになった。公開性が高まったわけである。

この結果，1998年3月に終了した市の審査会での結果は，準備書での「自然環境への影響は少ない」から「影響は明らか」へと変化するものであった。これは，画期的なことである。市の審査会の結果が市長意見を形成し，これを受けた県の審査会でも同様の判断が下された。埋立事業による自然環境への影響を認めたのである。県知事意見でも影響が認められたため，8月に発表された評価書は，準備書を修正して，「影響がある」とした。

　準備書の結果が大きく変更になったのは，従来の閣議アセスでは異例のことである。通常は結果が最初からあり，それに合わせるだけの「アワセメント」と批判される場合が多かった。しかし，藤前では違った。名古屋市の審査会が適切に機能したと言える。

　しかし，この段階では，アセス結果は十分には尊重されなかった。市は貴重な干潟という自然環境への影響は認めたが，ごみによる埋立はやむを得ないとし計画は変えなかった。その代わり，市は代償措置として人工干潟の造成を提案した。そして，10月初めには，名古屋市議会で埋立申請を決議してしまった。これに対し代替地の検討を求める声が強くなり，国政レベルでもこの問題が取り上げられるようになった。国会議員もこの問題に注目し，超党派の議員が現地を訪問し，行政と住民，両者の言い分を公平に聞いた。

　この問題は国際的にも反響を呼んだ。名古屋市の審査会で「影響が明らか」と判断された時点（1998年3月）に計画の変更を求める声が大になったが，それでも市は計画変更を言わなかった。そこで，国際的にも批判が出された。例えば，環境アセスメントの国際学会，IAIA（国際影響評価学会）の有志は4月にニュージーランドで開かれた世界大会で勧告を出して，計画の変更を求めた。環境庁はこれを重く受け止めると回答した。そして，環境庁は12月に人工干潟を否定し，代替地を求めた。

このアセスは閣議アセスに基づく手続きである。アセス手続きの段階では主務大臣からの要請がなかったため，環境庁長官は意見を出していない。閣議アセスの手続き後，次の公有水面埋立法に基づく手続きに入るところで，環境庁長官は非公式ながら意見が出せた。公有水面埋立申請の段階では環境庁長官の意見が求められるからである。

　環境庁長官の意見は人工干潟の可能性を明確に否定するものであった。これを受けた埋立事業の許認可権者である運輸大臣は，環境庁長官が否定するものは許可できないとした。その代わり，県や国がこの問題の解決に協力することを表明した。結局，1999年1月に市は埋立回避へと向かった。市長はこの後，環境庁は時代の変化を読んでいたのかと述べている。確かに，藤前干潟保全は環境政策の転換を示す象徴的な出来事であった。

　ごみ問題に直面する名古屋市は苦渋の決断を下したことになる。埋立の断念後，市はごみ非常事態宣言を出し，ごみの減量化に努めてきた。環境と調和した都市へと大きく政策転換し，その成果が次第に現れている。名古屋市はごみ対策先進都市へと向かっている。

●この事例から学ぶこと

(1) アセス結果の尊重

　これは，アセス法の適用例ではないが，「公有水面埋立法」という既存の法制度の中で，環境庁長官意見を聞く形になっていた。閣議アセスでは，これは義務づけられていなかった。

　この事例で環境庁長官の意見が尊重されたのは，運輸省の政策も環境保全型になってきたからである。その根拠は環境基本法にある。運輸省は港湾計画のなかで自然環境を保全すると言う方針を新たに打ちたてていた。これは，政府の政策の方向が環境保全型になってきたということを示している。

その結果，この事例ではアセス法における横断条項のような効果が生まれ，環境庁長官の意見が尊重された。埋立許可の基本的要件が満たされていても，環境影響が大きいと判断されれば許可はされない。

(2) 審査会の機能

　環境庁長官が出した意見の根拠はアセスの評価書である。そして，評価書の内容が「自然環境への影響がある」となったのは，審査会での審査の結果である。すなわち審査会が適切に機能すれば，アセスは環境保全に大きな力を発揮することがわかる。

　このための条件は二つある。審査会メンバーの人選を適切に行うことと，透明性の高い審査プロセスにすることである。名古屋市の審査会では審査案件によっては特別委員を追加できる。この事例では渡り鳥の問題が論点の一つとなったため，審査会メンバーに野鳥の専門家等を特別に増やした。審査の過程ではこれらの専門家の役割が大きかったようである。

(3) 透明性の高いプロセスが必要

　環境アセスの要件は情報公開と住民参加である。アセスの審査会は密室で行われがちだが，議論の正当性を確保するためには透明性を高めることが必要である。すなわち，社会の監視のもとで適切な議論が展開されることが不可欠である。

　議論の中には公表しにくいものと，公表できるものとがある。しかし，これを理由にすべての議論を秘密にしてはいけない。実際，傍聴をさせないと言う意味で非公開であっても議事録の公開を行う審査会は多い。公開の程度が問題である。

　名古屋市の審査会は非公開だったが，途中から，毎回，議論の要旨を記者発表した。議論を公開することによりおかしな議論はできなくなる。そして，住民の声も無視できなくなる。

(4) NGO の力

　地元の NGO, 藤前干潟を守る会の活動が特に大きかった。その地域の環境の状態は，地元の住民が一番よく知っている。アセス法でも環境情報の収集の見地から住民意見の積極的な聴取を位置づけている。

　環境保全の見地からであれば，事業への賛否を論じることができる。藤前では，NGO 相互間での連携が見られた。地元の守る会と，日本野鳥の会や自然保護協会など全国規模の NGO との連携があり，国際的な自然保護団体とも連携した。上述のように意見書が 60 通出たが，そのうち，海外からの意見が 20 通あった。

　そして，NGO だけでなく，専門家，メディア，行政官，政治家などの協力もあった。とりわけインターネットを用いた情報交換が有効だった。環境行政改革フォーラム（E-フォーラム）のメイリングリストを通じたこれら主体間の情報交換と，これに基づく各主体の具体的な行動が行われた。インターネットを通じた NGO, NPO（非営利組織）の活動の重要性が示された例でもある。

4. 事例：恵比寿ガーデンプレースの開発

　次は都市再開発における事例である。これは東京都の条例に基づく環境アセスが行われたものであるが，住民の手によるアセスが行われた事例でもある。恵比寿ガーデンプレース（YGP）のアセスにみる住民アセスの役割を考える。

　恵比寿ガーデンプレースは JR 山手線の恵比寿駅近くのビール工場跡地，約 10 ha を利用した都市再開発である。事務所，デパートやホテル，レストランなどの商業施設，そして，住宅開発が一体化した再開発となっている。ここには素晴らしい建物が立ち並び，新しい都市環境が出現している。1994 年に開業した。今では，東京でも屈指のスポットとなっ

ている場所である。

●事例の経緯

この施設の計画過程でも，環境アセスメントを通じて計画内容が環境保全を行うよう変更された。事業の計画段階で，事業者だけでなく地域住民も積極的に計画プロセスに参加し，環境影響に関して議論してきた。環境アセスメントはこのプロセスで一役を買ったが，事業者の作成したアセス文書だけでなく，住民の手によりアセス文書を作成したことも効果があった。住民が事業者に対抗して情報を生産したわけである。（表9-4）

事業者は1987年に町会説明会という形で計画を説明した。この後，都の条例に基づくアセスは1989年5月に評価書案が公表されて始まり，翌年の1990年7月で終了した。この過程で，地域住民は事業者の行ったアセスに大きな疑問を感じた。住民の一人，恵比寿3丁目環境対策協議

表9-4 恵比寿ガーデンプレースの市民アセスの経緯

1987年8月	町会説明会で事業者が計画を説明
1989年5月	評価書案を公表（都条例アセス）
	事業者による説明会
6月	恵比寿3丁目環境対策協議会を結成
7月	公聴会
1990年2月	事業者と協議会で懇談会を開催
4月	事業者が見解書を公表
6月	事業者は周辺8町会との工事協定書を締結
	協議会は事業者に公開質問状を送付
7月	事業者，東京都に評価書を提出
	（都のアセス手続きは終了）
8月	協議会が環境総合研究所に代替アセスを依頼
10月	住民アセス報告書を都，公団等に提出
1991年1月	協議会は都公害審査会に対し，申し立て
	（以後，合計17回におよぶ会議）
1993年5月	協議会と事業者の間で環境調査協定を締結

会代表の上田明さんは，事業者の行ったアセスには納得できない点が多かったとしている。特にNOxの予測に疑問があったという。上田さんは仕事としてこのような環境調査を行ってきた経験があり，専門知識もあるため具体的な疑問点が浮かんだと言う。

そこで，協議会は都のアセス手続きの終了した直後の1990年8月に，NGOとしても活動している環境コンサルタントの環境総合研究所に住民独自のアセス調査を依頼した。費用は住民が自ら負担したため，このコンサルタントは費用を低廉にして短期間で調査を行い，住民が負担できる範囲内で対応した。

この住民独自の調査結果を踏まえて，住民は，容積率の削減や，計画道路のトンネル化，地域冷暖房・発電施設の排気ガス対策，騒音影響対策などを求めた。

この住民アセスでは時間も費用も十分には用意できなかったので，住民が特に疑問に思う点に絞ったアセスが行われた。これは結果的には，アセス法で新たに導入されたスコーピングが行われたことになる。また，住民とコンサルタントとの間に有機的な連携ができ，自由な立場からの代替案の検討もできた。

住民アセスの結果，さまざまな環境影響が明らかになった。主なものは以下の3点である。

①オフィス棟の煙突が低いので，敷地内での大気汚染が心配される。特に，住宅棟への影響が予想された。
②敷地外の周辺住宅地への大気汚染と騒音の発生
③高層棟による電波障害，など

住民アセスは都の条例アセスの後に行われたが，この結果を踏まえて協議会は1991年1月に都の公害審査会に対し申し立てを行った。住民アセスの結果は，公害審査会での17回に及ぶ話し合いにおいて重要な

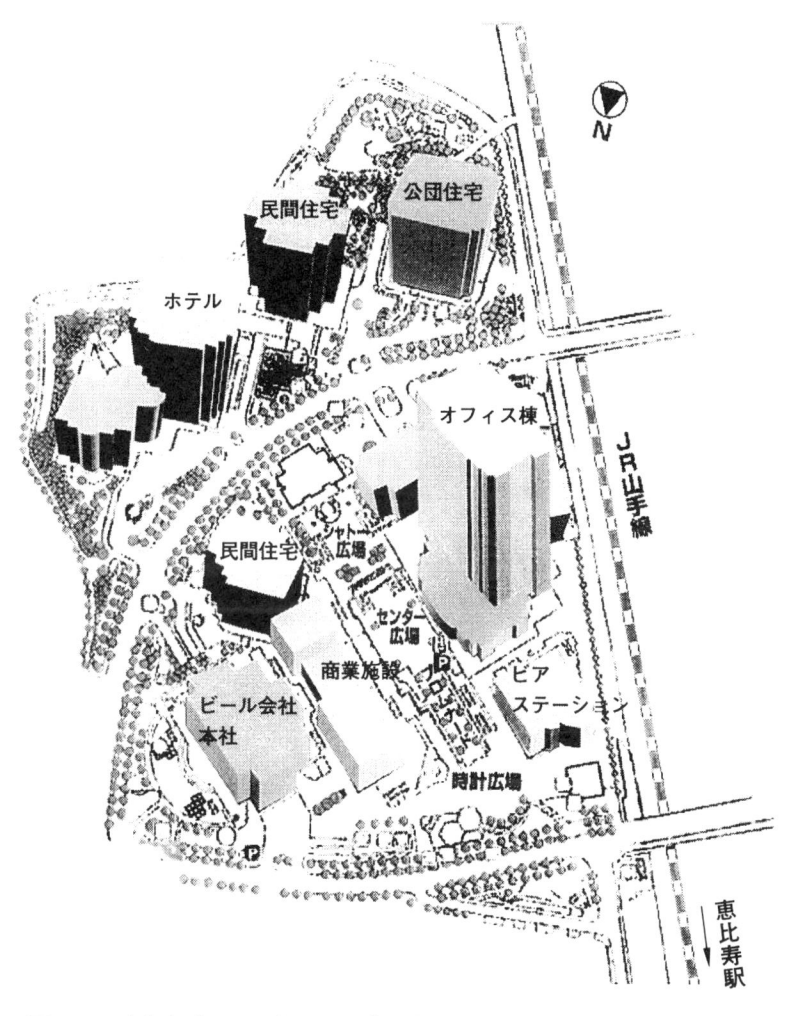

図9-3　恵比寿ガーデンプレイスの施設配置図

情報として使われた。この話し合いの結果，1993年5月に協議会と事業者の間で環境調査協定が締結された。

事業者は，この話し合いの結果だけでなく，協議会以外の住民からのさまざまな声も踏まえた上で対応をした。計画変更による環境保全対策のうち，主なものは以下のとおりである。

まず，オフィス棟の高さを当初計画の188mから167mに21m削減した。これは電波障害への対応が主目的だったが，結果的には容積が削減され，商業・業務系の発生集中交通量が10%弱減ることになった。これにより地域環境への負荷が減った。

地域冷暖房施設用の煙突の高さを増加した。当初案では22mの高さしかなかったが，最終的にはオフィス棟のエレベータースペース1機分を煙突（煙道）に転用することにより167mの高さから排ガスを拡散させることができた。これにより敷地内に計画された公団住宅への大気汚染を回避でき，事業者にもメリットがあった（図9-3）。

その他，防音施設の設置などもある。

これらの環境保全対策が有効であったか否かをチェックすることが必要である。そこで，予測・評価結果の検証のため，上記の環境調査協定が締結された。事後のフォローアップ調査も，住民アセスを行ったコンサルタントに依頼された。アセス結果の検証を行うため，事後モニタリングが実施されたわけである。

● この事例から学ぶこと

(1) 住民アセスの効果

この事例から，住民，あるいは市民の側も情報生産能力を持つことが極めて重要なことがわかる。事業者の行うアセスは，事業者の立場から行うため，住民の疑問に十分答えるものにはならない場合が多い。住民が行うアセスはこの問題に答えることができる。

しかし，住民団体はアセス費用の負担に耐えるだけの力がない場合も多く，このための経済的，技術的支援が求められる。NGOやNPOの支援体勢作りも重要な課題である。

(2)スコーピングによるアセス費用の削減

また，実質的にスコーピングが実施されたことにより，アセスに要する時間も費用も節約できた。これは，住民側の費用負担に限界があるためであったが，住民の関心事項に絞ったアセスを行えば，莫大な費用をかけなくても住民の納得するアセスが行えることを示している。なお，この場合は，コンサルタントがNGO的な立場で低廉な費用で作業を行ったことも住民の助けとなっている。

5. アセス法の活用と問題点

すでに定着したと言われるこれまでの事業アセスは，事業の計画段階から行うものではなかった。しかし，アセス法に基づく事業アセスでは，事業の計画段階からアセスが行える。事業者が環境影響の回避・低減に努め，このことを社会に説明するというアセス法の趣旨を考えれば，事業の計画段階から行うことが不可欠である。このためには代替案検討が必須となるが，このことがまだ十分には理解されていない。

アセス法では，従来の閣議アセスに比べ飛躍的な改善が見られた。しかし，2000年の時点ではアセス法の適用事例として紹介できる適切な事例はまだない。本章で紹介した，藤前干潟の事例や，恵比寿ガーデンプレースの事例はアセス法の直接の適用事例ではないが，アセス法での改善点のいくつかを実践した例である。これらの事例の検討から，アセス法の新たな可能性を読み取ることができる。

アセス制度の整備のためにはアセス法だけではまだ十分ではないが，これらの事例から，かなりの改善が期待できると言えよう。要は法の運

用である。自治体のアセス制度の整備とあいまって，わが国の制度はさらに整備されていくであろう。

　今後は情報公開の徹底と住民参加の促進が，必要である。1999年に，情報公開法が成立したことや，政府の規制などに関するパブリックコメント制度ができたことは，わが国でもこのための仕組みが揃ってきたことを示している。

10 欧米の制度と事例

　本章では環境先進国として欧米のアセス制度と事例を紹介する。欧米のアセスと日本のアセスを比較することにより，今後の，わが国のアセスの改善方向について考える。

1. アメリカの NEPA

　まず，世界のアセスの先駆けとなったアメリカの NEPA 制度である。1969 年，アメリカでは，NEPA（National Environmental Policy Act, 国家環境政策法）が連邦議会を通過した。NEPA は環境保全のための国の責務を明確にしており，これに基づき連邦政府の関わる行為に関してアセスメントが行われるようになった。この法律自体は短い条文からなっているが，法の目的についての記述の冒頭で次にように述べている。

　"To declare a national policy which will encourage productive and enjoyable harmony between man and his environment"

　すなわち，「人間と環境の生産的で快適な調和」という表現にアセスメントの目的が示されている。人間行為の意思決定を環境を配慮して行うということである。そこには環境と調和した人間活動のあり方という思想が読み取れる。

　NEPA に基づくアセスメントは，アメリカ国内では州レベルでの制度の制定を引き起こしたが，国外にも影響を与え，ヨーロッパやわが国でのアセスメント制度の導入へと波及していった。

● NEPAの成立

　アメリカで世界に先駆けてアセスメントが行われるようになった直接の理由は，アメリカ人の中に「環境の質」という概念が新しく生み出されたからである。これは，第二次世界大戦後の社会の変化が大きく影響している。

　アメリカでも，1950年代は，国民の関心はより豊かな物質生活をめざして，環境保全よりも土地や資源の利用に向けられていた。このために化学物質の使用など科学技術の成果が享受されていた。例えば，農業生産を高めるため，農薬や殺虫剤が多用された時代である。これはわが国が高度経済成長期に入ったころであるが，アメリカでも経済発展を優先する考え方が支配的であった。そして，黄金の60年代を迎える。

　ところが，静かに広がってきた環境汚染問題が一人の女性によって国民の前に明らかにされた。1962年，レイチェル・カーソン女史が「沈黙の春」を著し，殺虫剤と農薬汚染に警告を発し，生態系の概念の重要さを指摘した。1960年代の半ばには，エリー湖の富栄養化の問題が生じ，1965年にはグランド・キャニオンのダム建設問題，1969年にはサンタ・バーバラ沖の石油流出事故など，人々の関心を引く問題が多数生じた。このほか，都市部での開発や，空港や高速道路建設などによる環境汚染問題の発生，また化学物質の使用による発ガン性の問題など，工業文明の発達とともに生活環境自体の大きな変化が生じ，これを国民が明確に認識し始めた。

　こうして，人々はこれら全体の変化の結果，環境の質という概念で，問題をとらえなければならないと考え始めたのである。そして，その原因はあくまでも，科学技術の成果を用いて自然と資源を利用する人間活動にあることを誰もが認めるようになった。その結果，人間活動と環境の調和ということがNEPAで宣言され，そのために環境への影響を事

前に判定して意思決定することが求められるようになったのである。

NEPA で規定されたアセスメントは，法律的にはすでに制定されていた情報公開法と，行政手続き法によって支えられている。1967年の情報公開法は知る権利を公衆に与えたものであり，1946年の行政手続き法は，私権の保護を目的として住民参加手続きを認める一般法である。いずれもアメリカにおける民主主義の伝統の中で生まれた。これらに支えられて NEPA が制定され，1970年1月1日から施行された。

アメリカでは NEPA の成立と並行して，先進的な州では州のアセス制度も整備されてきた。その最初はカリフォルニア州における制度で，これは NEPA のモデルになったと言われている。カリフォルニアでは CEQA（California Environmental Quality Act）を1971年に制定し，州レベルでのアセスも合わせて行っている。この後，各州で州レベルのアセス制度化が進み，現在では全米の約半数の州で，州レベルのアセスも行われている。それらの仕組みは，NEPA に基づく制度と同様のものとなっている。

2. NEPA に基づく制度

●CEQ と EPA

NEPA（1969）は包括法であり，連邦政府の行為はすべてこの法律に基づきアセスメントの対象として取り扱われる。多段階のスクリーニングが行われるので実際にアセスメントの対象となる行為は限られてくるが，NEPA にはアセスメントの実施とそのための大統領府直属の機関として CEQ（Council on Environmental Quality，環境諮問委員会）を設けることが規定されている（図10-1）。

大切な点はアセスメントの結果を文書で示すということである。この文書が，Environmental Impact Statement，略して EIS であり，日本

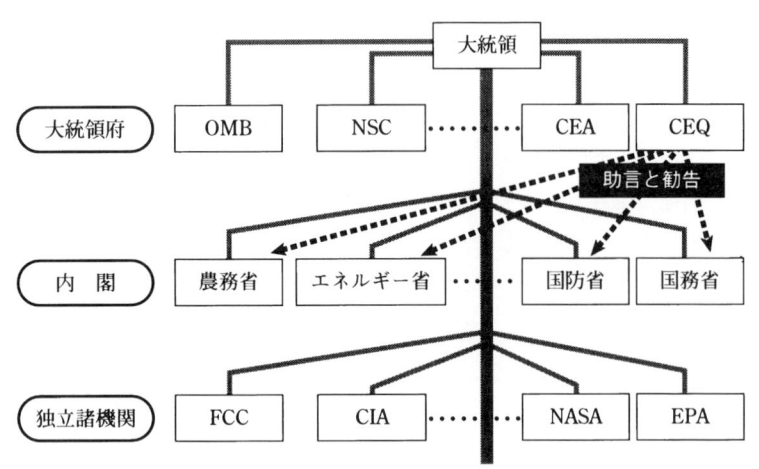

図10-1　アメリカのCEQとEPA

語では評価書である。CEQは大統領に勧告を与えるが，行政機関に対しては助言と勧告を与える以外に特別の権限はない。しかし，大統領直属ということで各省庁よりも一つ上のレベルに位置づけられ，総合的，横断的な判断という立場からにらみをきかせている。わが国にはない機関である。

　CEQはアセスメント実施のために，評価書作成の指針を1973年，手続き施行規則を1978年，さらに手続きの内容明確化の指導要綱を1983年に定めてきた。1978年の規則制定に際しては，官民双方の意見を広く求めて修正が加えられた。現在の制度はこれらに基づき運用されている。また，CEQは大統領を補佐して，議会に対して環境質に関する年次報告書を出している。

　アセスメントの実務は，独立行政機関としてEPA（Environmental Protection Agency，環境保護庁）が1970年に設けられ，ここが担当している。EPAは環境保護のためさまざまな規制を行うが，アセスメン

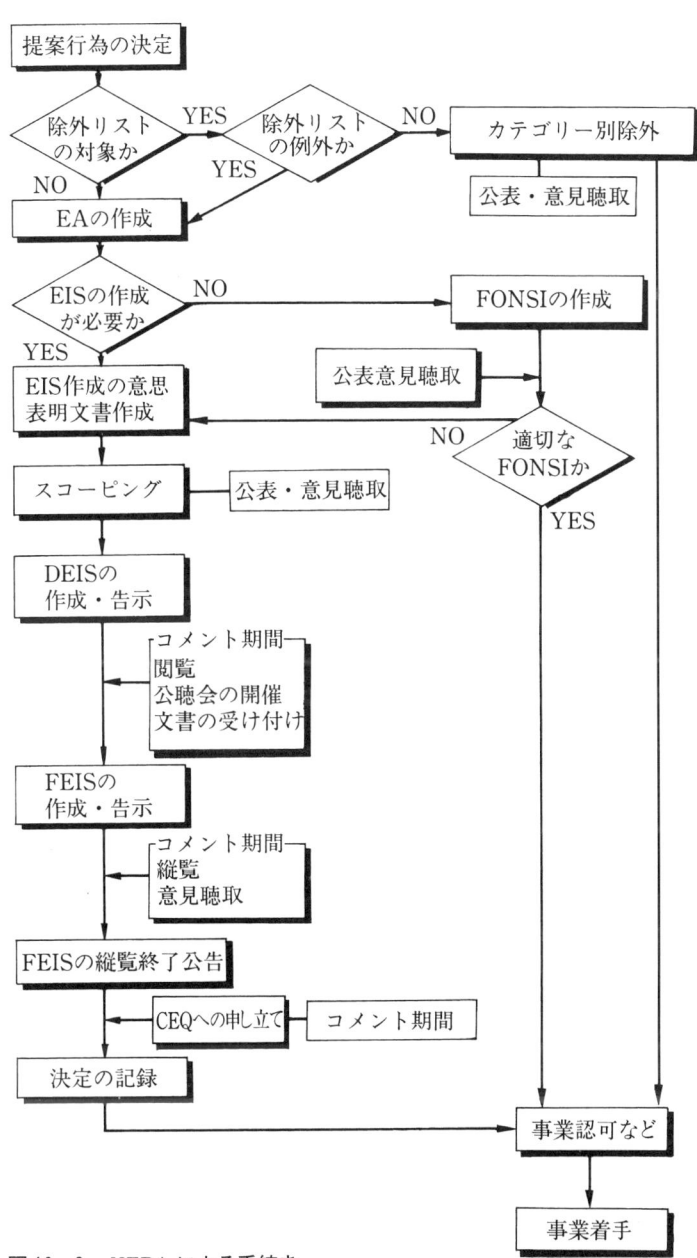

図10-2　NEPAによる手続き

ト制度の運用上の支援はその重要な役割となっている。もちろん同一ではないが、わが国の環境庁に対比される行政機関である。

EPA は、アセスメントに関しては、他省庁の EIS を審査する役割が重要である。また、特に重要な問題のある場合は CEQ に申し立てることができるが、これは各省庁が行える。さらに、EIS の各種文書をファイルする。これらの活動は、全国を 10 地域に分け、それぞれに地域事務所を設け、ワシントンには連邦機関部を設置して行っている。地域内の事業は地域事務所が審査し、広域的な事業や政策は連邦機関部が担当している。

● NEPA 手続き

NEPA に基づく手続きの流れは大略、図 10-2 のようになる。アセスメントの対象は連邦政府が関与する何らかの行為で、かなりの環境影響が予想されるものである。この行為とは連邦政府の関与するあらゆる事業、計画、政策、さらに法案である。関与とは、連邦政府が直接行うだけでなく、補助金などにより資金的援助を行うものも含まれる。

まず、対象行為となるか否かが判断される。環境影響がほとんどないと考えられる行為は除外リストが定められており、このプロセスをカテゴリー別除外という。

除外リストに当てはまらない行為は、予備的な簡易アセスメント、EA (Environmental Assessment) が行われる。この文書は 10〜15 ページほどの短いもので EIS 作成の必要性を判断する。文書は公表され意見が求められるが、環境影響が少ないと判断されると FONSI (Finding of No Significant Impact) という文書が作成され、手続きは終了する。

環境影響が少なくないと判断されると、EIS を作成するむね官報に告示され、評価枠組みを決めるためのスコーピングのプロセスに入る。次に、EIS 案 (DEIS: Draft EIS) を作成する。これは日本語では評価書案

あるいは準備書に相当する。DEIS は 45 日間縦覧され，この間に意見書が提出される。この段階や，スコーピングでは，公聴会や，その他の集会が行われることが多い。

担当政府機関は出された意見を検討した上で DEIS を修正し，最終の EIS である FEIS（Final EIS）を作成する。これを 30 日間縦覧して再び意見を求める。この縦覧後，さらに 30 日以上経過した段階で最終的な意思決定がなされる。

これで手続きは終了するが，政府機関のどこかがこの意思決定を不服とした場合には，CEQ に申し立て（Referral）を行うことができる。CEQ はこれを受けて，担当政府機関に勧告するが，この勧告はおおむね受け入れられている。

以上のプロセスで，スクリーニング（カテゴリー別除外，FONSI），スコーピング，DEIS，FEIS の段階で，これらが一般に公表され公衆の意見が聴取される。最後の FEIS 段階で出された住民意見に対しては，担当政府機関はこれを参考にするが回答する義務はない。

以上の手続きは，基本的な枠組みはわが国の制度と類似しているが，大きく異なる点は次の二つである。NEPA では，スクリーニング段階の EA と，最終段階での CEQ への申し立てがある。これらの手続きはわが国の制度にはない。

● これまでの実績

EPA によれば，1997 年までにファイルされた EIS は約 2 万 4 千件にもなる。年平均 800 件ほどになるが，図 10-3 のように，この 30 年間，長期的には減少する傾向にあるが，最近は横ばいの状況である。当初は年間 2,000 件ほどであったが，最近は 500 件前後になっている。これには少なくとも DEIS と FEIS の両者が含まれているから，実際のアセスメントの件数はこの半分ほどで，通算で約 1 万 2 千件，最近では年間

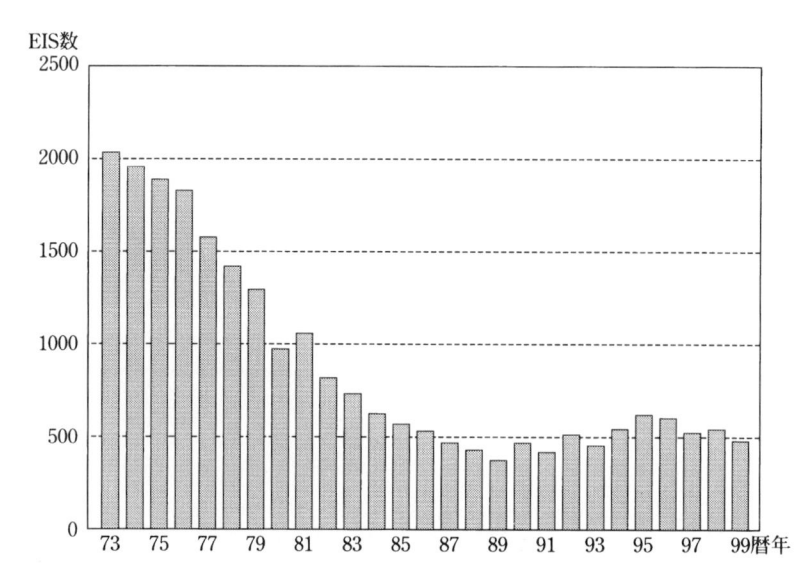

図 10-3　NEPA によりファイルされた EIS の経年変化（1973〜1999）

250 件程度である。

　このようなアセスメント実施後の経年的な変化について，EPA のワシントンの連邦機関部の担当官は，これはアセスメント制度の一つの成果だと評価している。すなわち，事業主体が予め環境を配慮した計画を作るようになったため，EIS 作成に入る前の EA の段階で済むようになったと考えられる。

　省庁ごとの EIS 作成件数の特徴を見ると，農務省森林局がもっとも多い。例えば，EPA が 1991 年にファイルした EIS（DEIS，FEIS などを含む）456 件のうち 145 件が農務省で，そのうち森林局が 85 件である（表 10-1）。森林局は国有林の区域ごとに管理計画や伐採計画を作るため，数が多くなっている。これに，運輸省道路局の 68 件，内務省の 64

表10-1 連邦の諸機関によってフィルされた EIS の数の推移

機関	1979	1980	1981	1982	1983	1984	1985	1986	1987	1988	1989	1990	1991
農務省	172	104	102	89	59	65	117	118	75	68	89	136	145
商務省	54	53	36	25	14	24	10	8	9	3	5	8	13
国防省	1	1	1	1	1	0	0	0	2	0	0	0	0
空軍	8	3	7	4	6	5	7	8	9	6	11	19	20
陸軍	40	9	14	3	6	5	5	2	10	8	9	9	21
工兵隊	182	150	186	127	119	116	106	91	76	69	40	46	45
海軍	11	9	10	6	4	9	8	13	9	6	4	19	9
エネルギー省	28	45	21	24	19	14	4	13	11	9	6	11	2
環境省	84	71	96	63	67	42	16	18	19	23	25	31	16
調達局	13	11	13	8	1	0	4	0	1	3	0	4	2
HUD*	170	140	140	93	42	13	15	18	6	2	7	5	7
内務省	126	131	107	127	146	115	105	98	110	117	61	68	64
運輸省	277	189	221	183	169	147	126	110	101	96	90	100	87
TVA**	9	6	4	0	2	1	0	1	0	0	0	3	0
その他	98	44	76	55	22	21	26	15	17	20	23	18	24
合計	1273	966	1034	808	677	577	549	513	455	430	370	477	456

＊住宅都市開発局　＊＊テネシー渓谷公社

出典：米国 Environmental Protection Agency（1991）

注　EIS の数はその年にファイルされた DEIS, FEIS, DEIS 補足文書を含む。そのため実際のアセスメント実施件数と EIS の数は異なる。

件，陸軍工兵隊の 45 件などが続く。従来は道路局が多かったが，近年では減少している。

EPA の担当官によれば，各省庁は事業の後の段階で事業ストップになってしまうよりも，最初から環境を配慮した計画を作るほうがよいと判断するようになったようである。このため，早い段階から住民の意見を聞き，関係省庁との間の調整を行うようになった。この結果，NEPA 関係の訴訟は長期的には減少傾向にある。当初は年間 200 件近くのこともあったが，最近では 100 件以内になっている。

また，最近の EA の数は年間 3～5 万件ほどで，このうち EIS が作成されるのが 200～250 件ほどである。したがって，EA の作成されたもののうち 200 分の 1 程度が本格的なアセスメントの対象となっていること

になる。EA という予備的な環境調査を行うということは，事業者の環境配慮の努力を認める機会を与えているものともいえる。しかし年間数万件もの EA があるため，実際に EPA が審査するのは EIS 作成に至った案件が中心であり，EA の審査が不十分であるという批判もある。

　また，CEQ 勧告の申し立てまで行ったケースは極めて少なく，1993年までで，わずかに 25 件に過ぎない。それまでの 20 年間で 1 万件ほどのアセスメントが実施されていたのだから，これは極めて少ない。そのうち EPA が申請したものは 15 件である。CEQ への申し立てが行われるということはアセスメントの結果，極めて重大な環境影響が予想されることを意味する。したがって，この件数が少ないということは，アセスメントのプロセスで環境保全対策が適切に行われていることを示しているといえよう。

3. ヨーロッパの制度

　1970 年の NEPA の施行は，世界各国に大きな影響を与えたが，NEPA に基づく制度は事業だけでなく，政策や計画段階をも対象とするものとして作られた。しかし，他の諸国においては，政策や計画段階を対象とする制度ではなく，開発事業段階のみを対象とする制度が主に普及することとなった。従来は，ヨーロッパ各国で事業アセスが主として行われてきた。

　この傾向を決定づけたのが欧州委員会（EC）における環境影響評価に関する指令である。EC では 1975 年にアセス制度の検討を開始し，1978年には指令案の準備稿が作成されている。この準備稿は，開発事業段階のみならず計画段階にも適用されるものであったと言われている。

　しかし，1985 年に採択された「一定の公的及び民間事業の環境影響評価に関する委員会指令」（EC 事業アセス指令）では，その対象は開発事

業に限定されることとなった。EC事業アセス指令は，加盟国に1988年までに各国において環境影響評価制度の法制化を義務づけるものであった。この指令が契機となり，加盟国のみならずヨーロッパの広範な国々において，開発事業を対象とするアセス制度が法制化されることとなった。ECではこのように加盟国の間で最小限合意できるものとして，まず事業アセスに絞った指令が採択された。

ヨーロッパ各国は，アメリカでのアセス制度が始まった後，それぞれアセス制度の導入を図ってきた。欧州共同体（EU）諸国は，アセス制度の統一的なルールとして上述のEC事業アセス指令を1985年に決め，1987年から発効，これに基づき各国で制度化が図られてきた。

● ヨーロッパの制度の特徴

EC指令によるアセス制度の構造は，NEPAを基本としており，したがって，ヨーロッパ諸国の制度は基本的な構造は類似している。しかし，伝統的社会であるヨーロッパでは，アメリカほどの徹底した参加プロセスにはなっていない。

参加の違いはスクリーニング手続きに現れている。アセス対象事業の選定は，NEPAでは連邦政府が関与するすべての事業が対象になり得るとして，情報を公開し，広範な参加を求めて行われるが，EC指令では異なる。

わが国のアセス法と同じく2種類の事業リストが用意され，規模の特に大きい第一種事業はすべて対象となり，それよりやや規模の小さな第二種事業は，対象とするか否かが個別に検討される。実はスクリーニングについては，わが国の制度がヨーロッパの仕組みを参考にした。

EC指令はEU諸国に共通する原則を定めたものなので，各国の計画制度の違いによる差違も見られる。そこで，ここでは，欧州制度の代表として，オランダの制度とイギリスの制度を見てみる。

●オランダの制度

　オランダの制度はアセスの法律に基づくものである。EC 指令が出された 2 年後，1987 にアセス法を制定した。オランダは法制化に至るまでに 10 年ほどの準備期間を経ている。わが国のアセス法の仕組みは，NEPA の枠組みを基本にしているが，スクリーニングはオランダなど EU の制度に近い。

　スクリーニングの後，アセスを行うことになるとスコーピングが行われる。スコーピングの次の段階で公開されるアセス文書は評価書という形になり準備書ではない。しかし，この評価書段階でも公聴会での議論が重視され，その結果に基づき必要に応じて評価書が修正される。これを評価書の補遺としてつけ加える（図 10-4）。

　したがって，準備書から評価書に変えるという形ではないが，実質的には公表されたアセス文書の内容を，住民などの意見に応じて環境保全対策などを講じることにより修正するのであるから，NEPA の基本的な枠組みとは類似した考え方にもとづく手続きであると言える。

　オランダでは，わが国と異なり代替案の比較検討が義務づけられており，丁寧なスコーピングを行うところに特徴がある。

　この点をオランダ政府の環境アセスメント委員会の専門家に聞いたところ，もっとも大きな特徴はスコーピング段階から議論の場を設けることだということである。方法書に当たる文書は Starting Note という非常に簡単なメモのような文書である。そして，住民参加による議論によって代替案を絞り込み，調査・予測・評価の方法を絞り込んでいく。さまざまな方法を用いて意見を交換する。

　アセスは最善の環境保全策を探索するために行うものであり，そのため，スコーピングが重視される。このアセスの目的は，わが国のアセス法における，環境影響の回避・低減に努めることと同じものである。し

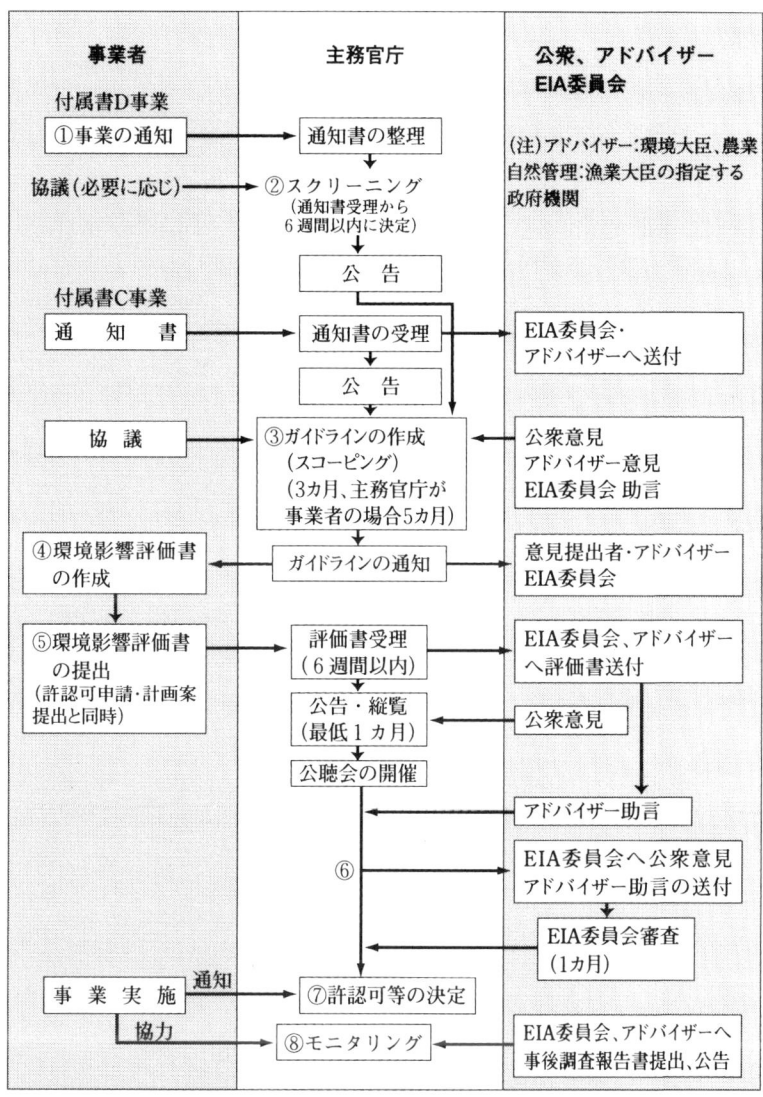

事業者	主務官庁	公衆、アドバイザー EIA委員会
付属書D事業 ①事業の通知 →	通知書の整理	(注)アドバイザー：環境大臣、農業自然管理・漁業大臣の指定する政府機関
協議（必要に応じ）→	②スクリーニング （通知書受理から6週間以内に決定）	
	公告	
付属書C事業 通知書 →	通知書の受理	EIA委員会・アドバイザーへ送付
	公告	
協議 →	③ガイドラインの作成 （スコーピング） （3カ月、主務官庁が事業者の場合5カ月）	公衆意見 アドバイザー意見 EIA委員会 助言
④環境影響評価書の作成 ←	ガイドラインの通知	意見提出者・アドバイザー EIA委員会
⑤環境影響評価書の提出 （許認可申請・計画案提出と同時）→	評価書受理 （6週間以内）	EIA委員会、アドバイザーへ評価書送付
	公告・縦覧 （最低1カ月）	公衆意見
	公聴会の開催	アドバイザー助言
	⑥	EIA委員会へ公衆意見 アドバイザー助言の送付
		EIA委員会審査 （1カ月）
事業実施 通知→ 協力↓	⑦許認可等の決定	
	⑧モニタリング ←	EIA委員会、アドバイザーへ事後調査報告書提出、公告

(注) 付属書C事業，D事業はそれぞれアセス法の第一種事業，第二種事業に対応する。

出典：「世界の環境アセスメント」ぎょうせい，1996

図 10-4 オランダのアセス手続き

たがって，わが国のアセスにおいてもスコーピングは，オランダのように意見交換が十分行える形にしていくことが必要ではないだろうか。

●**イギリスの制度**

オランダはアセス法を新たに制定したが，イギリスは既存法の枠内で制度化を行った。アセス独自の法律を作らなかったので，イギリスはアセスに積極的ではないという誤解も与えたようだが，そうではない。逆にイギリスは都市農村計画法の中で開発許可制度があり，従来から計画や事業の実施に際し環境配慮をしてきた。地方計画庁は住民の側に立ち開発事業を管理してきたという伝統がある。

イギリスでもオランダと同様に準備書段階はなく，アセス結果は評価書に相当するものが公表され，これに公衆の意見が求められる（図10－5）。上述のように開発許可制度の中でアセスを位置づけているので，評価書は事業者が開発申請とともに地方計画庁に提出する。評価書に対する公衆意見を参考に地方計画庁が評価書の審査を行い，必要に応じて事業者に対し追加情報を求める。

評価書作成のためのスコーピングは地方計画庁と事業者の間で行われる。この段階では公衆の参加はない。地方計画庁が事業者と調整して，検討範囲の絞り込みを行う。ここがオランダの制度との大きな違いである。しかし，イギリスでは計画制度がしっかりできており，住民の側に立って判断してきた地方計画庁の力が大きい。このため，このスコーピング段階で住民参加がなくても，地方計画庁の力によって住民の意見がかなり反映されるようである。

このように原則としてスコーピング段階での住民参加はないが，重要な案件では住民参加をするよう指導される場合もある。最近では，次第にそのような例も現れてきたようである。

オランダの制度もイギリスの制度も準備書段階はないが，評価書を公

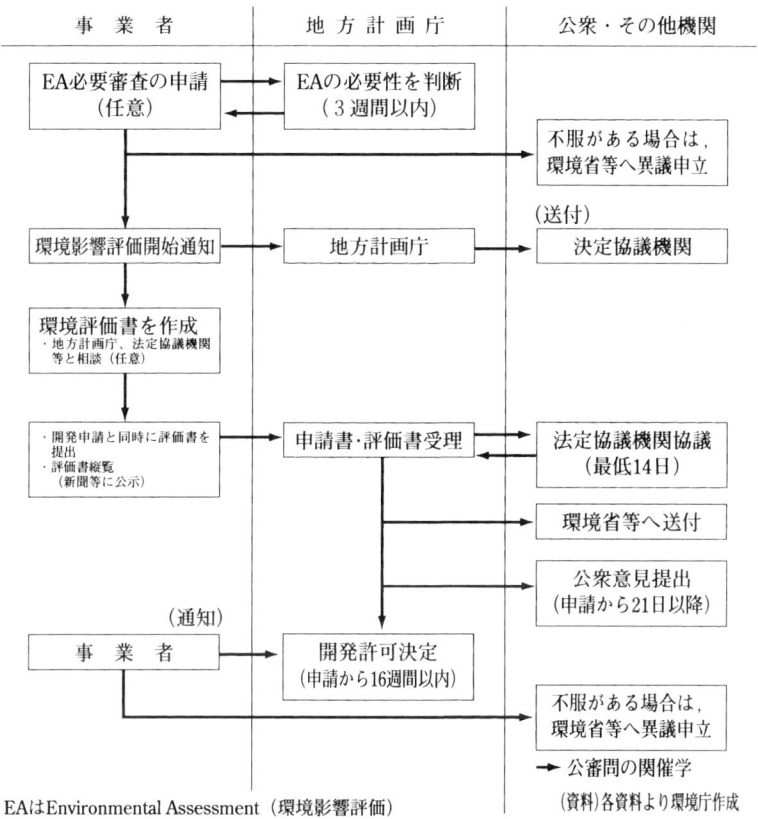

```
   事 業 者      │   地方計画庁    │   公衆・その他機関

┌──────────────┐    ┌──────────────┐
│ EA必要審査の申請 │──▶│ EAの必要性を判断 │
│   (任意)      │◀──│  (3週間以内)   │
└──────┬───────┘    └──────────────┘       ┌──────────────┐
       │                                    │ 不服がある場合は，│
       │                                    │ 環境省等へ異議申立│
       ▼                                    └──────────────┘
┌──────────────┐    ┌──────────────┐   (送付)  ┌──────────────┐
│ 環境影響評価開始通知 │──▶│  地方計画庁    │────────▶│ 決定協議機関   │
└──────┬───────┘    └──────────────┘          └──────────────┘
       ▼
┌──────────────┐
│ 環境評価書を作成 │
│ ・地方計画庁、法定協議機関│
│  等と相談(任意) │
└──────┬───────┘
       │
┌──────────────┐    ┌──────────────┐          ┌──────────────┐
│・開発申請と同時に評価書を│──▶│ 申請書・評価書受理│◀────────│ 法定協議機関協議│
│  提出          │    └──────┬───────┘          │  (最低14日)    │
│・評価書縦覧     │           │                  └──────────────┘
│ (新聞等に公示) │           ├─────────────────▶┌──────────────┐
└──────────────┘           │                  │ 環境省等へ送付 │
                             │                  └──────────────┘
                             │                  ┌──────────────┐
                             │                  │  公衆意見提出  │
       (通知)                 │                  │ (申請から21日以降)│
┌──────────────┐            ▼                  └──────────────┘
│   事 業 者     │◀───┤ 開発許可決定    │
└──────────────┘    │(申請から16週間以内)│
                    └──────────────┘          ┌──────────────┐
                                               │ 不服がある場合は，│
                                               │ 環境省等へ異議申立│
                                               └──────────────┘
                                                → 公審問の開催学

EAはEnvironmental Assessment (環境影響評価)           (資料)各資料より環境庁作成
                               出典:「世界の環境アセスメント」ぎょうせい,1996
```

図10-5 **イギリスのアセス手続き：都市・農村計画規則による流れ**

表し公衆意見を求め，これに基づきさらに環境保全を行うよう事業計画を修正する仕組みになっている。この点でいずれも基本構造はNEPAと同じとなっている。

　ただし，各国の意思決定制度の違いにより上述のように異なる面もあ

るということである。

　大切な点はいずれもアセス結果を文書で示すことである。アセスメントは計画や事業の意思決定において，環境配慮を担保するための情報生産と，情報交流のシステムである。

　次に欧米のアセス事例を見てみる。アメリカの事例は次章で紹介するが，この章ではヨーロッパの事例を紹介する。オランダとイギリスの事例である。

4．オランダの事例

●アムステルダムの住宅地開発の例

　これは，都市開発と自然環境保全が対立した例である。第9章で紹介したわが国の藤前干潟の例と類似した問題である。オランダではこの問題をどのように解決したか。

　人口70万人，オランダ最大の都市であるアムステルダムは住宅需要の増大に応えるため市域内に住宅地開発を計画した。市内は開発が進んでおり，残されたところは湖面しかない（写真10-1）。

　しかし，その湖面はラムサール条約の登録湿地であり，自然環境保全

写真10-1　アムステルダムの市街地

写真10-2　アムステルダム近郊の海辺の町とアイ湖

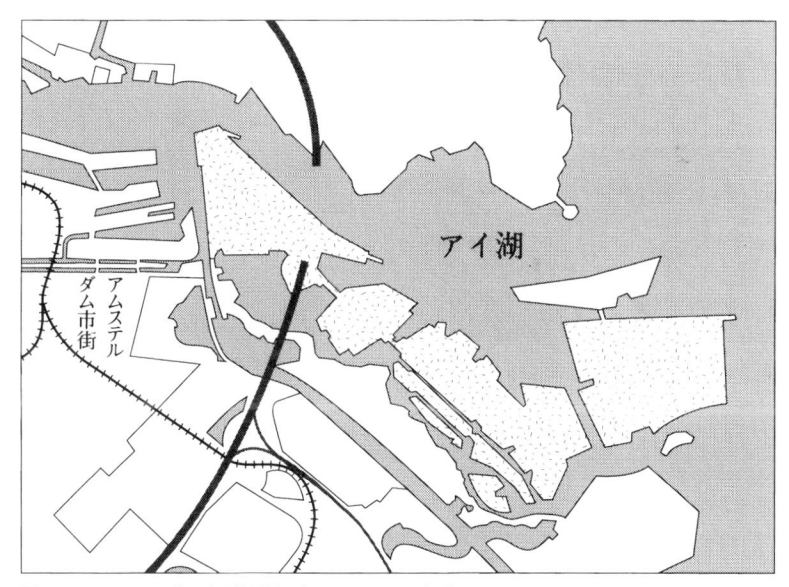

図10-6　アイブルク計画地（アムステルダム）

表 10−2　アイブルク開発計画の経緯

1983	アイブルク計画
87	オランダ・アセス法　制定
90	アセス調査　開始
96	第1期事業分　アセス終了
97	住民投票の結果、事業を決定
	着工

問題と深刻な対立が生じた。アムステルダム市が面するアイ湖の湖面にアイブルクという 660ha もの広大な埋立地を作り，住宅地を開発する計画が提案された。(図 10−6)

　この計画自体は 1983 年に決定したが，1987 年にアセス法が制定されたため環境アセスメントが行われた。(表 10−2) 事業は 330ha ずつ 2 期に分けて実施されることとなった。アセスは埋立事業と住宅地開発事業の両者に必要である。埋立事業は国が行い，住宅地開発事業はアムステルダム市が行う。このため，4 つのアセスが 1990 年代に相次いで行われた。第 1 期事業分のアセスは，1996 年に終了したが，この場合には 1997 年に住民投票を行い計画の実施を判断した。その結果，事業の実施が決定した。

　この事例では計 4 つのアセスが行われたため，膨大なアセス資料が作成された。

　この計画では，以下の 5 つの問題があった。
- 干拓か，埋立か。
- この地域で失われる自然の確認と，その代償措置。
- 水質悪化への対処。
- 既存埋立地における有害廃棄物の処理。
- 歴史的な価値のある海岸線の保全。

これらの問題を解決するため，さまざまな代替案が検討され，計画案は5年ほどの間に大幅に変更されていった。この結果，例えば計画は次のように変わった。
- 当初は既存の埋め立て地と陸続きにする予定だったが，二つの島に分けた部分もある。これは送電線を配慮したためだが，当初計画した島の形が大きく変化した。
- 過去の有害物質の埋立により汚染された土地はコンクリートの箱で囲み，その上を公園にした。

　事業者は環境保全のための努力を強調するが，これに対する批判もある。地域住民の反対運動も根強い。例えば，アイブルクの北側に位置する海辺町の住民は次のように批判している。この湖の生態系は微妙なバランスの上に成り立っている。ここは水深が極めて浅く，何をしても生態系に影響を与えるところであり，18,000戸もの家を建てれば汚染はもっと進むだろう。そして，ここはアムステルダム市民にとっても重要なレクレーションエリアとなっている。埋立により水深を浅くして鳥が来られるだろうかと心配している（写真10-2）。

　もう一人は湖の南，市街地側の高層マンションに住む人の心配である。彼は有害廃棄物を懸念している。アイブルクと市街地の間に位置するこの島は，大量の有害廃棄物で埋め立てられている。この島をアイブルクのための公園にしようとしているが大丈夫か。事業者は大量の砂とコンクリートを被せて安全を確保するというが，実は有害物質が両側に漏れだしているらしい。これが心配だと言う。

　これに対し，環境アセス委員会は大丈夫だと言っている。担当者は，このアセスを次のように評価している。いくつもの代替案が作成され比較検討された。最終的に決まった案ならば水質は保全され，水鳥も集まるはずだ。そして，以前の海岸線は守られる。土壌汚染問題も解決され

写真10-3　アイブルク開発計画の埋立て工事

る。水辺に近いので居住者にとっても大変に魅力的な空間になる。路面電車を走らせるので都心まで20分ほどと，アクセスも極めてよい。

　環境アセスメント委員会の担当者は，何年にも渡って繰り返しアセスをやったことがよかったと言っており，よい前例を作ったとしている。

　この例は，都市部に残された貴重なスペースを，自然環境をいかに保全しながら開発しようという試みである。第1期の計画案については，上記のように賛否両論があり，事業が完成していない1999年の段階では判断が難しい（写真10-3）。しかし，そのねらいは持続可能な発展をめざした開発である。今後を見守っていきたい。

5. イギリスの事例

　次は，イギリスにおける国際的な開発計画の例，英仏海峡トンネル連

写真10-4　パリ北駅のユーロスター

写真10-5　CTRL計画の膨大なアセス文書

写真 10-6　アシュフォード地区での CTRL 工事現場

表 10-3　英仏海峡トンネル連絡鉄道（CTRL）計画の経緯

1987	英国鉄道（BR）がルート選定作業を開始
91	大まかな4つのルート案から1つの案を選択
	5つの区間毎に複数のルートを検討
93	評価書を公表
96	計画案を国会で承認
	連絡鉄道事業承認法が成立
	着工（ユニオン鉄道、UR）

絡鉄道（CTRL）の計画である。ヨーロッパの新幹線ユーロスターがパリ―ロンドン間と，ブリュッセル―ロンドン間を結んでいる。この，大陸側は高速鉄道だが英国側は在来線であったので，英国側に高速鉄道が

必要となった。これは，海峡トンネルからロンドンまで110kmほどの区間に高速鉄道を走らせ，所要時間を現在の1時間から30分に減らす計画である（写真10-4）。

　このアセスプロセスはイギリスにおける通常のアセスとは異なっている。国際的にも注目された事業なので，計画の早期段階から丁寧なアセスが行われた。個別事業の前の上位計画段階からアセスが行われた例である。このため，2段階のアセスが行われた。通常，路線選定は困難だが，これは代替案選択に特徴がある。

　第一段階では，大きなルート選択を行った。これは，個別区間毎の事業計画の前，上位段階でのアセスである。第13章で述べる戦略的環境アセスメント（SEA）の一例と言える。戦略アセスの中でも計画アセスに相当する。

　この第一段階は1987年から1991年にかけて行われた（表10-3）。まず，1987年に英国政府は英国鉄道（BR）に路線選定のための調査を命じた。BRは1988年に大まかな4つのルート案を公表し，これらを比較検討して一案に絞り込んだ。第一段階の大まかな4ルートは第13章の図13-4のようなもので，1991年に中央部分を通る案が選ばれた。この段階では最大4km程の幅があった。この段階がSEAである。

　第二段階は個別区間毎のアセスで通常の事業アセス段階のものであり，1991年から1996年にかけて行われた。第3案のもとで詳細なルートの検討がなされた。このため，全長109kmにわたる区間を5つに分け，区間毎に複数のルートが検討された。評価書は1993年に公表された。

　代替案検討は詳細に行われた。例えば，もっとも多くのルートが検討されたメッドウェイ地区では当初18もの代替案が考案された。この事業アセスの具体的なプロセスでは，鉄道会社による設計チームと環境コ

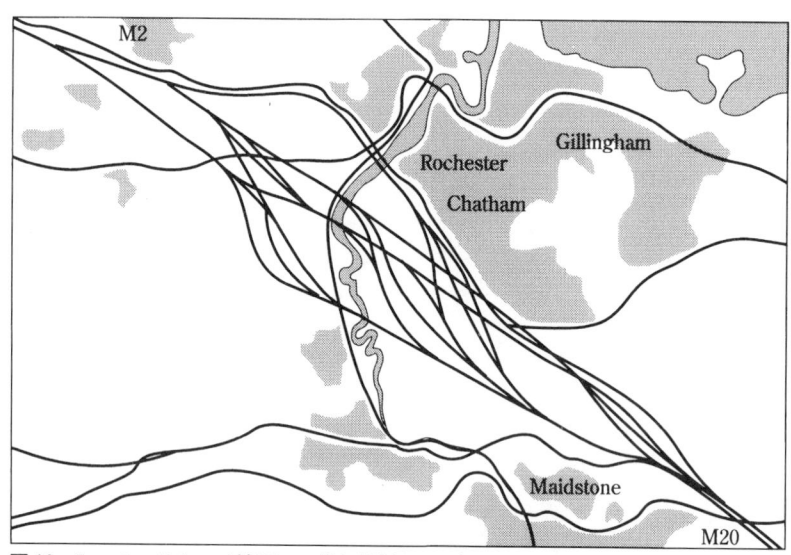

図10-7　メッドウェイ地区での当初検討の18案

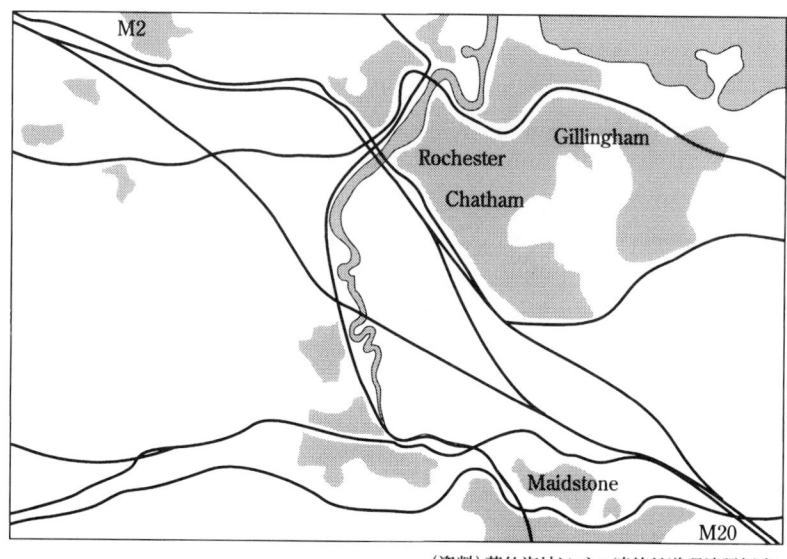

(資料) 英仏海峡トンネル連絡鉄道環境評価書

図10-8　メッドウェイ地区での絞り込だ3案

ンサルタントによる環境チームを作り，相互に密接な情報交換を行い協力した。

メッドウェイ地区の例を図10-7に示す。図のように，当初は18もの選択肢があった。このため，環境チームは，まず，ルート候補周辺地域の環境特性を把握した。メッドウェイ地区の具体的な環境マップを作成し，各ルートに高速鉄道を通した場合の環境影響を予測・評価した。例えば，環境保護区であるか否かとか，水辺地区の評価，景観の美しい地区はどこかを確認した。このような評価を積み重ね，メッドウェイ地区では最終的に3ルートに絞り込み政府に提示した（図10-8）。

5区間毎に以上のような方法で簡単な環境調査を実施し数個の案に絞り込み，それらについて詳細な環境アセス調査を実施して優先順位をつけた。運輸大臣は，この結果をもとに1993年に最終的な路線を選定した。環境省の担当官によれば，これは，彼の知る限りもっとも綿密なアセスが行われた事例だということである。このアセスの文書は全部で約40冊にもなり，積み上げると約1メートル半もの高さになる（写真10-5）。

この過程で何回も会合が持たれた。1993年に評価書を公表し，公衆意見が聴取されたが，このプロセスでは1993年から1994年にかけて，650回もの会合が開かれ，延べ23,000人が参加し意見を表明した。公衆からの主な意見は，景観，騒音，不動産価値への影響などであった。

この計画は国家レベルのもので国際的な影響も大きいため，最終決定は議会に委ねられた。最終案についての評価書は，1994年11月に議会に提出され，連絡鉄道事業承認法案も同時に提出された。1996年に国会の承認が得られ，連絡鉄道事業承認法が成立した。写真10-6は，1999年時点での工事の模様である。

6. 欧米のアセスから学ぶもの

　欧米のアセスには多くの学ぶべき点があるが，もっとも大きな点は計画との連動ということである。アセスの結果が計画にフィードバックするようになっている。本章で紹介した二つの事例とも，アセスの過程を経て，計画案が環境保全型のものへと次第に変更されていった。そのためには，代替案の比較検討が必須条件である。

　このため，NEPAでは代替案検討がアセスの核心であるとしているし，ヨーロッパでもEU指令により代替案検討が義務づけられている。

　この結果，計画によい効果を与えている。例えば，アイブルクの例でも計画のイメージを共有し，よりよい計画をめざすことができたと，事業者の技術チーフは述べていた。アセスのおかげで一般の人々が自然について興味をもったという。全体的な地域コンセプトを共有し，エコロジカルネットワーク作りへと進むことができた。

11 より積極的な住民参加

　前章までの三つの章で，日本と欧米の制度について具体事例をまじえて見てきた。欧米のアセスメント先進国と言われる諸国の制度は，情報公開と住民参加が徹底している。残念ながら我が国の制度は，まだ十分な住民参加が行われているとは言えない。

　しかし，1997年に環境影響評価法（アセス法）が制定されてから，わが国でも次第に改善されてきた。情報公開については地方自治体の制度が先行して整備されてきたが，国でも1999年に情報公開法が制定され，状況はよくなってきた。住民参加も，国と自治体では自治体の方が積極的に行っている制度が多い。

　本章では，今後のあるべき方向について，まずアメリカの事例を参考に考えていく。さらに，わが国における先進事例を紹介し，新たな可能性について考察する。

1. 積極的な住民参加

●住民参加の機会

　アメリカでは日本よりも積極的な住民参加が行なわれている。まず，アメリカにおける住民参加の状況を見てみよう。

　住民参加のためのシステムは，以下のように整備されている。住民参加を保証する行政手続き法だけでなく，1967年の情報公開法がこれを支えている。また，都市計画制度の中でも住民参加が積極的に行われてきた。アメリカにおいて上位計画段階や総合計画に対するアセスメント

（計画アセスメント）が行われているのも，このような社会的背景があるからである。計画アセスメントにより住民は計画の早い段階から参加できる。

　NEPA の制度では，住民が意見を述べる主要な機会はスクリーニング段階のほか，スコーピング，DEIS，FEIS が公表されたときの4段階で，わが国に比べると格段に参加の機会が多い（図 11 - 1）。わが国ではスコーピングと DEIS に相当する準備書の公表された段階の二つである。

　自治体の手続きによっては，東京都のように評価書案（準備書）に対する住民意見への事業者からの見解書にもう一度住民が意見を出せるものもあるが，段階としては同じ評価書案の公表後である。

　このように，アメリカでは手続き全体で住民との意見のフィードバックを積極的に行うようになっている。特に EA やスコーピングは，このような段階を踏むこと自体が，住民参加を促進するものとなっている。EA はスクリーニングのプロセスを一般公衆にオープンなものにするものである。

　また，スコーピングは何をどう評価するかという評価枠組みの設定を住民参加によって行うものである。スコーピングでは，評価項目の範囲，予測・評価の方法だけでなく検討する代替案の範囲を住民参加により決める。このスコーピングは DEIS 作成の前だけでなく EA 作成の前にも行われる。そして，FEIS の公表後に，さらに住民の意見を求めるのは，適切な修正が行われたことを住民が確認する機会を与えるものである。

●決定参加と情報参加

　ところで，住民参加と言っても，どの程度の参加が行われるかによって，さまざまな段階が考えられる。

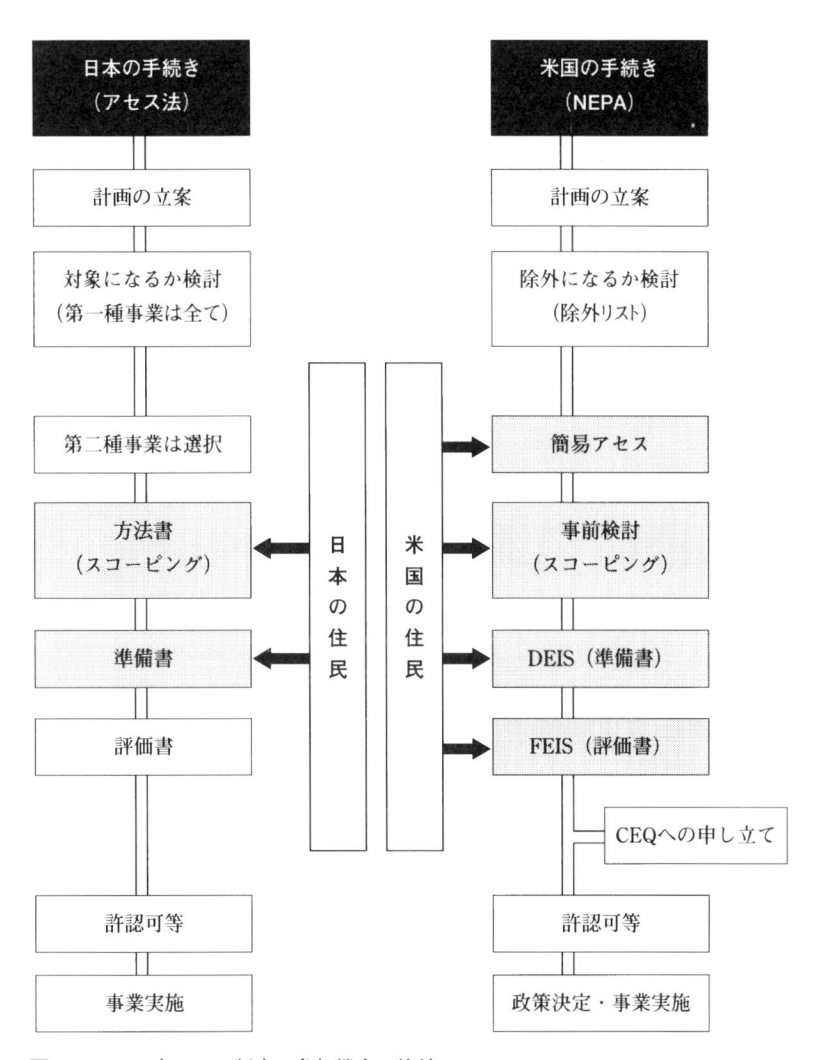

図11-1　日米アセス制度の参加機会の比較

例えば，環境計画への参加を例に考えてみる。環境計画には三つのレベルでのものがある。表11-1は，地区，都市，広域の，三つのレベルの環境計画における，行政，住民，専門家の，三者の関与の仕方をまとめたものである。ここで，住民参加には決定参加と情報参加の二つがある（図11-2）。これは，アーンスタインが1969年に発表した有名な8段梯子の上から3段目までにほぼ対応する。
　情報参加は，その4段目と3段目の間に位置すべきものと筆者は考える。これはアーンスタインのいう形式だけの参加ではなく，住民が情報を得，これに対し意見を表明することによる参加である。行政は住民の意見を十分配慮して判断を行うことが期待されるので，これは実質的な参加となる。本書で説明してきたように，実はアセスメントのプロセス自体がこの情報参加の具体例と考えられる。考えてみれば，アーンスタインがこの梯子を提案した1969年は，アセスメント制度が始まる前であった。
　決定参加と情報参加のどちらになるかは，環境計画の空間的なレベルによって異なる。決定参加においては住民の責務は特に大きく，責任が取れないような問題への決定参加は難しい。したがって，地区レベルなど身近な問題では決定参加が可能でも，都市レベル以上の広域的な問題での住民参加は情報参加が中心になる。広域的な問題では，行政は住民の意向を充分把握した上で，専門家の助力を得て判断することが極めて重要になる。
　上述の，三つのレベルの環境計画のうち，まず，地区レベルの計画においては住民が参加して計画する例が次第に現れてきた。これは1981年よりスタートした地区計画制度によるところが大きい。当初は指定地区数はあまり多くはなかったが，最近ではだんだん増え，1999年時点で約3000にもなった。このような中で，地区レベルという住民にとって身

表 11-1　3レベルの環境計画と関連主体

	計画の対象	主体		
		行政	住民	専門家
地区レベル	居住環境 地区構造	△	◎	△
都市レベル	土地利用 都市構造	◎	○	△
広域レベル	広域土地利用 都市圏構造	◎	△	○

◎決定参加　○情報参加（合意必要）　△情報参加

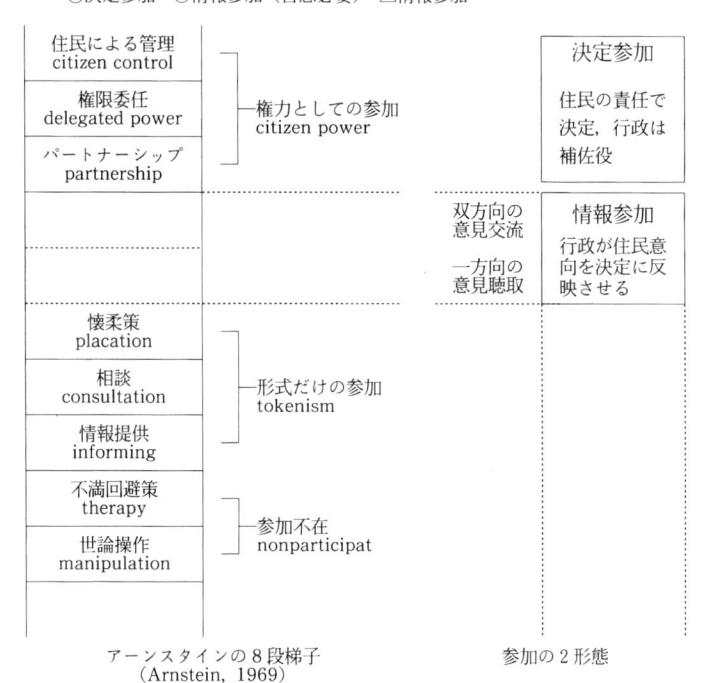

アーンスタインの8段梯子 (Arnstein, 1969)	参加の2形態
住民による管理 citizen control ┐ 権限委任 delegated power ├ 権力としての参加 citizen power パートナーシップ partnership ┘	決定参加 住民の責任で決定，行政は補佐役
	双方向の意見交流 ────── 一方向の意見聴取 　情報参加 行政が住民意向を決定に反映させる
懐柔策 placation ┐ 相談 consultation ├ 形式だけの参加 tokenism 情報提供 informing ┘	
不満回避策 therapy ┐ 世論操作 manipulation ┘├ 参加不在 nonparticipat	

図 11-2　決定参加と情報参加

近な環境の計画には住民が参加する経験を次第に積んでいる。
●コミュニケーションの方法
　住民参加のためには，さまざまなコミュニケーションの場がある。アメリカでは，これらのコミュニケーションの場への参加や，文書の公表の通知もできるだけ周知徹底するよう努力が払われている。各省庁は官報に EA や EIS が公表されたことを掲載するだけでなく，新聞などのマスコミを利用して一般への周知を徹底させている。さらに主要な環境保護団体や住民運動団体などについてはメイリングリストが作成されており，説明会の通知や DEIS, FEIS の送付を行い，彼らの意見を積極的に求めている。
　また，意見を出せる人は基本的には誰でもよい。事業が計画されている地域の住民だけでなく全米各地のさまざまな環境団体からも意見を出すことができる。わが国でもアセス法では，従来の関係地域住民という縛りはなくなった。
　情報提供の徹底もはかられている。住民は要請すれば適正な費用で文書を手に入れることができる。例えば，サンフランシスコでは実費ではなく，それよりずっと安い費用で手に入るようになっている。NEPA の制度では DEIS だけでなく FEIS も公表される。そして，縦覧できない人へは請求に応じて郵送するなど，情報提供にも工夫がされている。
　さらに，文書によるコミュニケーションだけでなく，会議形式のコミュニケーションでも，アメリカは住民参加の実効性を高めるようになっている。公聴会やさまざまな集会を必要に応じて開催するが，これを積極的に行っている。場合によっては数回の公聴会を開くこともある。また，あまり厳しい時間制限を設けず何日にもわたって公聴会を開くこともある。さらに，わが国の多くに見られるような一方向での公聴会ではなく，双方向のコミュニケーションが行われる。相互の議論のやり取り

で意見が交換されるわけである。円卓形式の会議や，ブレーンストーミング，ワークショップ形式の場が設けられたり，いろいろな工夫がされている。

2. アメリカの住民参加の具体例

積極的な住民参加が行われているアメリカの事例を，新旧，二つ紹介する。

●ボストンの地下鉄延長計画の事例

まず，アセス制度ができて間もない，初期の事例を紹介する。アメリカでも，NEPA 制度が始まった 1970 年代は，今ほど住民参加が行われていたわけではない。当時は今よりも，わが国の現状に近いと言える。ここでは，都市開発の事例でやや規模が小さい例を示す。当時としては先進事例であった。

これはボストンの北に隣接するケンブリッジ市での地下鉄延長計画の事例で，1970 年代の初めから紛争が生じた。当初はボストン都市圏の交通計画の問題として論議され，州の交通局が交通計画を立て住民の意見を求めた。増大する交通需要に答えるために高速道路を作るのでなく，ケンブリッジとボストン都心を結ぶ既存の地下鉄線レッドラインをさらに郊外へ，西隣りのアーリントンまで延ばす計画が作られた。総論段階で延長計画が認められ，具体的な路線の決定と駅の設計段階でアセスメントが行われた。アーリントンとの境界地点に作るエールワイフ駅の計画である（図 11-3，11-4）。この各論段階では，地元住民などから多くの反対意見が出された。アメリカでも総論賛成，各論反対が生ずるのである。これを，英語では NIMBY（Not In My Back-Yard，賛成だが私の裏庭にはだめ）と言う。

この段階で，地主や地元住民，州交通局，市，などの多様な関係主体

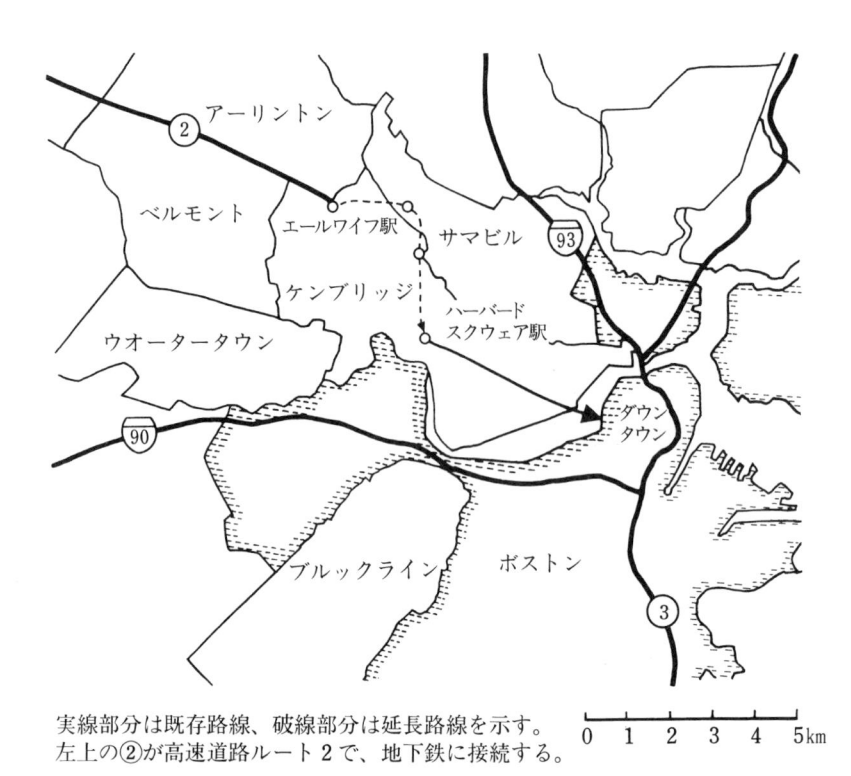

実線部分は既存路線,破線部分は延長路線を示す。
左上の②が高速道路ルート2で,地下鉄に接続する。

図 11-3　ボストンの地下鉄レッドラインの延長計画

が参加する検討グループとしてエールワイフ・タスクフォースが作られた。1975年のころは,アメリカでも住民参加はそれほど進んではいなかったので,この試みは注目された。それまでの住民参加はわが国でもよくあるような事業者側が住民を説得するためのもので,反対派住民は不信の念を持ってこれを見ていた。しかし,このタスクフォースはそれまでのものと違い,共同で計画を考えるものであった。1975年から14か

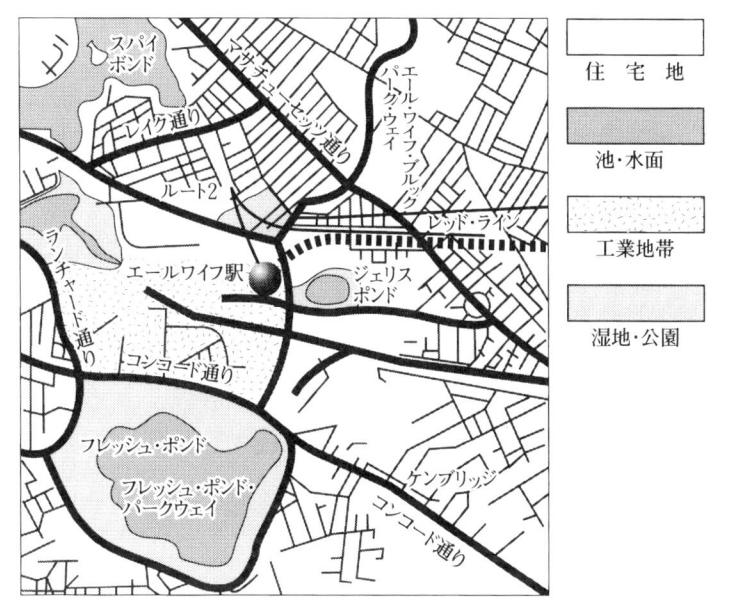

図11-4　エールワイフ駅とその周辺の土地の利用

月にわたり隔週の会合が持たれ，60人ほどのメンバーが参加した。

　この場合には新しい地下鉄駅のエールワイフ駅とその関連施設の計画が対象であるため，第2章で紹介したミッションベイ開発に比べ計画の規模は小さく，より身近な問題である。アセスメントではないが，この種の地区レベルでの施設計画への参加であれば，わが国でも先進的な地区では住民参加の事例が現れてきた。したがって，アセスメントのプロセスにおけるこの事例はわが国でもよい参考になると考えられる。

　タスクフォースはマサチューセッツ工科大学のサスカインド準教授（当時）が座長を務め，合意形成を促進するために表11-2に示す5つの方法を用いた。これらのうちロールプレイング以外は，今日ではわが国

表11-2　エールワイフ・タスクフォースで使われた参加のための方法

シャレット (Charetes)	集中的なワークショップ。大きな白地図の上にイメージを表わしていく。それを全体の中で批判・検討しあう中で技術的制約と互いの考え方の理解を深めることに役だった。逐次，投票により評価を行ない案を修正した。
郵　送 アンケート	地域住民の評価判断を把握するため会合と会合の間に行われた多肢選択式のアンケート調査。争点に関する質問をし，その結果を公表することによって問題点を全員が認識し，論点を絞りこんだ。
ブレーン ストーミング	メンバーの多くが混乱した状態にある場合に，新しい考えを生みだすブレーンストーミングが行なわれた。
ロール プレイング	相手の立場と考え方を理解するために相手の立場になったつもりで模疑的に議論するロールプレイングが行われた。
集団でのイメージ構築	計画の景観面などに関する評価を行い，イメージを共有するためにスライドを用いて集団で検討を行なった。

写真11-1　エールワイフ駅の駐車場（ボストンの事例）　屋上の模様，Ⓣは地下鉄のしるし

写真11-2　エールワイフ駅周辺の保存された湿地帯

でもおなじみの方法である。大切なのはこれらを積極的に用いて，アセスメントのプロセスの中でこのような検討の場を持ったことである。結局，ここでは，新しく作られる地下鉄駅に接続する駐車場の規模を当初案の1万台から3千台に縮小し，駐車場に入ってくる道路は地上レベルだけに制限した（写真11-1）。そして，周辺の土地利用を，環境保全を考えたものとして湿地帯を保護し改良した（写真11-2）。

　この事例で重要なことは，住民は当初，どうせ州政府は自分たちの言うことは聞いてくれないと思っていたのが，最後には州政府は計画を変更したので驚いていたということである。住民参加の進んでいるアメリカといえども1970年代ではまだこんな状態だった。このようなアメリ

カの過去の経験を見ると，我が国でも今後，積極的な住民参加が行われるようになる可能性は大いにあると言えよう。

　アセスメントのプロセスで，計画案は地域住民などの関係主体が納得する形で，環境配慮したものに変わった。このような計画変更はアメリカでも1970年代では珍しい例であったが，住民参加を積極的に行うことによりこの結果が得られたのである。

3. より積極的な住民参加

　次に，より積極的な住民参加の事例を紹介する。第2章で紹介したアメリカでも先進的なミッションベイ開発の例である。この住民参加プロセスはアメリカでも特に積極的に行われたもので，この計画プロセスはアメリカ都市計画協会（American Planning Association）の賞を得たほどである。

●ミッションベイ開発の事例

　この事例は最初からうまくいったというわけではない。当初，住民は計画について何も知らされておらず，事業者に対して大きな不信感を持っていた。市民を巻き込む大きな論争があった後，1984年から住民参加のプロセスへ入ったが，それまでの住民参加は形式だけのもので，すでに決まった案を住民に説明するというものであった。

　しかし，1984年からの本格的な住民参加プロセスで関係者の間に次第に信頼が形成されていった。このプロセスは住民，事業者，行政による共同の計画づくりプロセスであり，アセスメントの準備書もこのプロセスの中で作られていった。アセスメントはカリフォルニア州のCEQAにもとづく制度のもと行われたが，基本的な枠組みはNEPA制度と類似している。

　住民はアセスメントのプロセスがあったため，計画案を十分に検討す

写真 11-3 ワークショップ形式

ることができた。通常は1回しか行なわれない公聴会が、この場合は4回も行われた。そして、このプロセスで、自然環境や湿地、住宅など項目ごとに住民、事業者、行政の参加するグループを作り、ワークショップ形式で毎週のように検討を重ねた（写真11-3）。グループの数は20ほどにもなった。主な代替案は三つであったが、そのほかにバリエーションは二つ増え12となった。結局、アセスメント後のプロセスで決った最終案はこの12番目のバリエーションであった。

　この住民参加のプロセスには住民も大いに満足し、最後には市当局に感謝の意を表したほどである。そして、市の当局も計画案の文書に作成者として住民の名前を記載するというアメリカでも異例の措置を取り、住民の協力を公式に評価した。こうして、互いによい関係が保たれ、10年ほどにわたる論争が続いた計画の間、裁判の国アメリカとしては珍しくこの件では一度も訴訟が行われなかった。これは、関係者のいずれもが驚いていることである。

ミッションベイは130haという広大な地区の計画である。現在のアメリカでは，このような大きな計画でも積極的な住民参加が行われるようにもなった。

4. わが国における計画への参加の事例

ミッションベイの例ほどではないが，わが国でも小規模の都市では，都市レベルの問題を住民参加で解決した例が現れてきた。

この一例として，筆者も直接関係したものを紹介する。狛江市における，ごみ中間処理施設建設計画の例である。正式な環境アセスメントの事例ではないが，そのプロセスでは実質的にアセスメントが行われ，立地代替案の比較検討も行われた。

●狛江市のごみ中間処理施設建設計画

これは計画段階から市民が参加して結論を出したものである。この例ではビン・カンの中間処理施設の立地点をめぐって紛争が生じ，その結果，市民参加で最初から検討をし直した。なお，ここでは建設用地の周辺住民を住民，市の全域から選ばれた住民を市民と称する。したがって，市民参加という言葉を使う。

狛江市は東京都区部の西に隣接する人口7.4万人，面積$6.4km^2$の小都市である。市域が狭く高密度であるため，廃棄物の焼却と最終処分を外部に依存してきた。また，市内で行っていたビン，カンの中間処理は，住民の苦情により，一時，他の自治体で操業する業者に処理を委託したが，この業者の操業場が立地する自治体が，1991年5月に狛江市のごみの受け入れを拒否した。このため狛江市内で処理せざるを得なくなり，市は中間処理施設を建設することを決め，早速用地を購入した。しかし，この用地は市の保育園に隣接するため保育園の父母など住民が反対を表明し，紛争状態になったのである。市民は市民参加によるゴミ問題の検

表 11-3　狛江ごみ中間処理施設建設計画の経緯

1991. 5. 狛江市のビン、カンの受け入れ拒否を通告される
      6. 市議会で施設建設用地購入の予算案可決
      7. 保育園父母の会が建設反対を表明
     12. こまえごみ市民委員会が発足
1992. 1. 第2回全体会　市が公有地リストを公開（32ヶ所）
      4. ごみの組成調査を実施
      6. 第3回専門家部会　候補地を8つに絞り込む
      7. 第7回全体会　2候補地に絞り各委員が賛否意見表明
      8. 中間答申の提出
      9. ごみ100人スピーチの開催（実際は延130人が参加）
         第1回拡大全体会　周辺住民を含め用地選定作業開始
     10. 第3回拡大全体会　会議が紛糾し、決裂の危機
     11. 第6回専門家部会　当初予定地案がベストと判断
         緊急市民部会を開催し、専門家部会に最終決定を委任
     12. 答申の中間報告を市長に提出
1993. 1. 建設市民委員会が発足（第1回委員会）
      3. ごみ処理基本計画の最終答申を市長に提出
     10. 第11回建設市民委員会　設計案に合意
     11. 着工
1994.10. 竣工
     11. 施設稼働を開始

注：全体会が市民委員会で、市民12名と専門家6名の委員が参加
　　拡大全体会は、全体に更に2候補地周辺の住民5名が参加
　　市民部会は市民のみ、専門家部会は専門家のみの会
　　建設市民委員会は施設設計への市民参加の場

討を求め、用地選定は振り出しに戻った（表11-3）。

　そこで、1991年12月から市民12名、専門家6名からなる委員会（市民委員会）を構成し計画検討のプロセスに入った。これは市長の諮問委員会で事務局はコンサルタントと市が担当し、筆者は専門家の一人としてこの委員会に参加した。市はまず公有地32か所のリストを公開し、6月にはその中から8か所の候補地を選んだ（図11-5）。市民はさまざま

な形の自主的な活動を繰り広げ，ごみの中間処理施設の必要性やその設計条件などを整理して議論を進め，委員会は7月に候補地を2か所に絞り込んだ。二つの代替案である。この2案は，紛争の原因となった市の

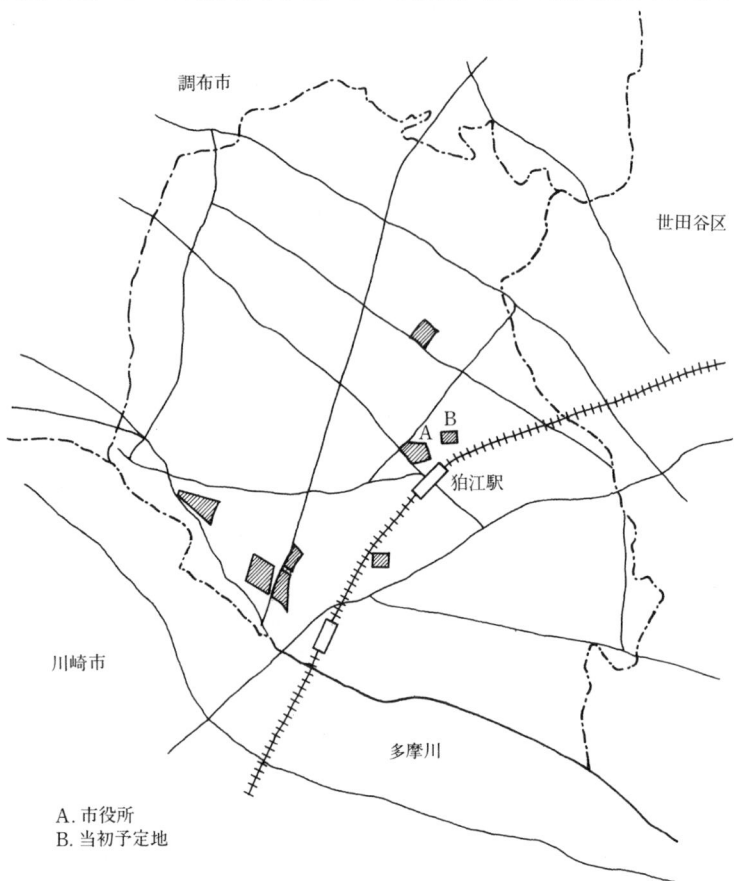

図 11-5　狛江ごみ中間処理施設の建設候補地（8箇所）

用意した用地（当初案）と，市役所庁舎内の駐車場を使う案である。庁舎内駐車場案は市民参加の議論の中で生まれた。

この2案についてさらに検討を重ねるため，9月からは，2か所の候補地周辺の住民も加えた拡大委員会が持たれた。初めは，委員会に当初から参加していた市民と，新たに参加した周辺住民との間の情報量や認識のギャップがあったり，また，市の行動に対する不信が高まる事態も生じ，結論が出せなくなりそうなこともあった。しかし，最終的には2案に対する総合評価も行った上で，市の当初の立地点が全員の合意をもって選定された。1992年12月に，この結論が委員会からの中間答申として市長に提出された。最終答申は，一般廃棄物の処理計画全体をまとめて1993年3月に出されている。

ごみ中間処理施設はとりあえず，リサイクルセンターという仮の名称がつけられたが，この後，施設の設計段階でも市民が参加するシステムが作られた。これにも筆者は参加したが，その結果，市民の意向を十分取り入れて周辺地域の環境にも貢献するような施設が建設されることとなり，1993年11月には着工になった。施設は1994年から本格稼動している（図11-6）。

なお，この事例は積極的な住民参加が評価され，日本計画行政学会の第1回計画賞（1995年）を受賞している。今でも，住民参加による計画の成功事例としてよく紹介される事例である。

● 住民参加の効果

このように，当初は紛争状態になり市民の行政不信も高まったが，積極的な市民参加のプロセスを踏むことにより，結局は市民も市の当初の立地点が基本的には妥当であることを確認した。ある意味では，市民は行政の判断の妥当性を認めたことになる。しかし，施設の内容は市民の意向に答えられるよう変更された。判断形成のプロセスを住民も踏んだ

図 11-6　狛江リサイクルセンター完成予想図（1993 年作成）

ことの意味は大きい。

　用地選定に至るまでのちょうど 1 年間の間に，我々専門家が出席した会議やワークショップだけでも 20 回以上開かれ，そのほか市民だけによる会議や勉強会，見学会など，それ以上の回数を開いている（写真 11-4, 11-5）。また，特別イベントとして市民 100 人スピーチを行ったり，ニュースレターを発行するなど市民は積極的に運動を繰り広げた。

　そして，この過程で計画案は地域環境にも貢献するようなよりよいものとなった。また，市民は今後，市のごみ処理政策にさらに積極的に協力することが示された。この間の行政の対応に対し，少なくとも一部の市民は行政に対して信頼感を持つようになったことは，単なるこの施設

写真11-4　市民委員会の模様　技術専門家による説明を聞く

写真11-5　ワークショップ，市民参加による会議の模様　施設の模型を見て検討している

計画の合意形成以上の大きな収穫である。

　狛江の例は我が国の先進事例の一つである。この事例では専門家の代表として早稲田大学の寄本勝美教授が委員長を務めたが，同教授は，この事例の10年ほど前にも武蔵野市で，このような計画への住民参加の成功事例を経験している。このことがきっかけともなって狛江の住民参加のプロセスが生まれた。このように，事例の積み重ねの意味は大きい。

5. 住民参加の促進

●参加の効果

　アメリカではNEPAで，総合的な環境質を保全するための方策を講ずることと，そのための公衆の参加をうたった。環境保全のためには情報を公開して，社会一般がこれを管理しなければならないということである。少なくとも民主主義国家では，住民参加はアセスメントの必須条件である。NEPAのような法律ができた背景には，アメリカの社会・文化的な特質がある。アメリカは建国以前からコミュニティの問題は住民の参加により解決してきたという伝統がある。

　とはいえ，最初からすべての住民が参加できたわけではない。ボストンの例のようにアセスメント制度ができた1970年代でも，公共の計画を住民の意見により変更することはそれほど一般的ではなかった。いろいろな参加の事例の積み重ねのなかで現在のシステムが確立されてきたのである。

　これからは，このような住民参加による効果に積極的に目を向けるべきである。住民参加を進めるには，ある程度の時間と費用はかかるが，紛争がこじれた場合の時間や費用に比べれば，これはずっと少ない。計画に関する情報公開と住民関与により得られるものは，その費用の何倍にもなる。狛江の事例はその一例である。

わが国では，土地利用計画が環境計画だという考え方のアメリカとは違い，環境汚染の防止がまず考えられたのは，深刻な環境汚染があったという状況から考えれば妥当なところであろう。しかし，持続可能な発展が目標となった今日，新たな展開が必要である。

　予測精度は低くても，計画段階という早期に環境影響を配慮することにより，一層多様な環境保全措置を講じることができる。例えば，そのためにその事業の中止を考えてもよいはずである。しかし，事業段階ではこれは難しい。そこで，アメリカでは代替案検討の可能な計画段階でのアセスメントを行っているのである。

　わが国でも，公共的な意思決定への住民の関与は，従来に比べ著しく多くなってきており，狛江のような事例も現れてきた。従来はアメリカと比べ，わが国の社会風土は住民参加になじまないという見方も多かったが，現在では状況が大きく変わっている。より積極的な住民参加を行うことができる時期に来たと考えるべきであろう。

● 計画段階からの参加

　ボストンの例もミッションベイの例も，そして，狛江市の例も，よい結果が得られたのは計画段階で住民が参加できたからである。計画段階でのアセスの利点はここにある。しかも，これに要した時間は1年半から2年ぐらいのものである。この期間にアセスのプロセス自体は終わっている。アセスは環境を配慮した判断のための，住民との合意形成のプロセスであり，ここに示したように計画段階からのアセスの利点は大きい。

　事業段階のように計画の内容がほぼ固まった段階で参加を求めたのでは選べる選択肢が限られ，環境を守る市民の権利を阻害することにもなりかねない。わが国でも今日では，そのような考え方を持つべき段階にきたと言える。

実はわが国でも行政や事業者の内部では，計画段階での環境配慮がなされるシステムを持つ制度もある。例えば，川崎市は1992年に施行された環境基本法に基づき，庁内横断的な環境調査制度を運用している。しかし，アセスメントは住民の関与が必要条件だと筆者は考えるので，これは計画アセスへの第一歩ではあるが，情報を公開して住民参加を促進するよう，さらに一歩踏み出さなければならない。

　これまでわが国では，計画段階への住民の関与は滅多になされなかった。環境を配慮した意思決定が，重要だということであれば，環境影響が大きい人間行為に関しては計画段階や，さらに上位の政策段階から一般の住民も関与した意思決定がなされなければならない。アセス法はあくまでも事業アセスであり，計画や政策を対象とするアセスではないから，新たな仕組みが必要である。この点については，第13章の「戦略的環境アセスメント」でさらに詳しく議論する。

12

アセスメントと紛争

1. アセスメントにおける紛争の発生

アメリカでは1976年に、連邦政府の環境諮問委員会（CEQ）がNEPA施行後6年間の経験について調査を行った。その結果、訴訟に持ち込まれるケースは減ったが、紛争はかえって増えていることが判明した。また、アセスメントは公衆に環境配慮のために公共事業を遅らせる力を与えたとも言われる。しかし、紛争が起こっても解決の方法があればよいとも言える。

本章では、アセスメントと紛争について、アメリカの2事例を示す。一つはアセスメントにより紛争解決がかえって進んだ例として、シアトルの高速道路、I-90号線の例。もう一つはアセスメントにより紛争が激化したが、結局比較的早く解決した例として、ワイオミング州、ジャクソンの下水処理場計画の例である。いずれも紛争解決には調停が有効であった。

2. アセスメントにより紛争解決が進んだ事例
　　　－シアトルのI-90号線建設紛争－

I-90号線はボストンまで続く州際高速道路（Interstate 90）である（写真12-1）。当初の計画は1963年に連邦政府の承認を得たが、開通したのは1993年で、完成までに30年もかかっている。計画発表後、地元住民の反対運動が起こり紛争になった。1969年のNEPA成立により住

写真 12-1　シアトルの州際道路 I-90 号線　マーサー島上空からシアトル市街をのぞむ

民からアセスを求める訴訟も行われた。作成されたアセス文書についても、その適切さをめぐって訴訟が発生した。NEPA によるアセスのもっとも初期の代表例である。

　紛争の対象地域は、I-90 号線のシアトルへ入る直前の部分、ワシントン湖をはさんでシアトルの東にあるベルビュー市からマーサー島を通り、シアトル市に入る 11km ほどの部分（図 12-1）である。この直接の関係主体は、道路建設主体の州交通局と、これら 3 都市の行政および住民組織の他、キング・カウンティ、そして広域行政サービス組織の METRO であった。これらのうち、特にシアトルとマーサー島で紛争が

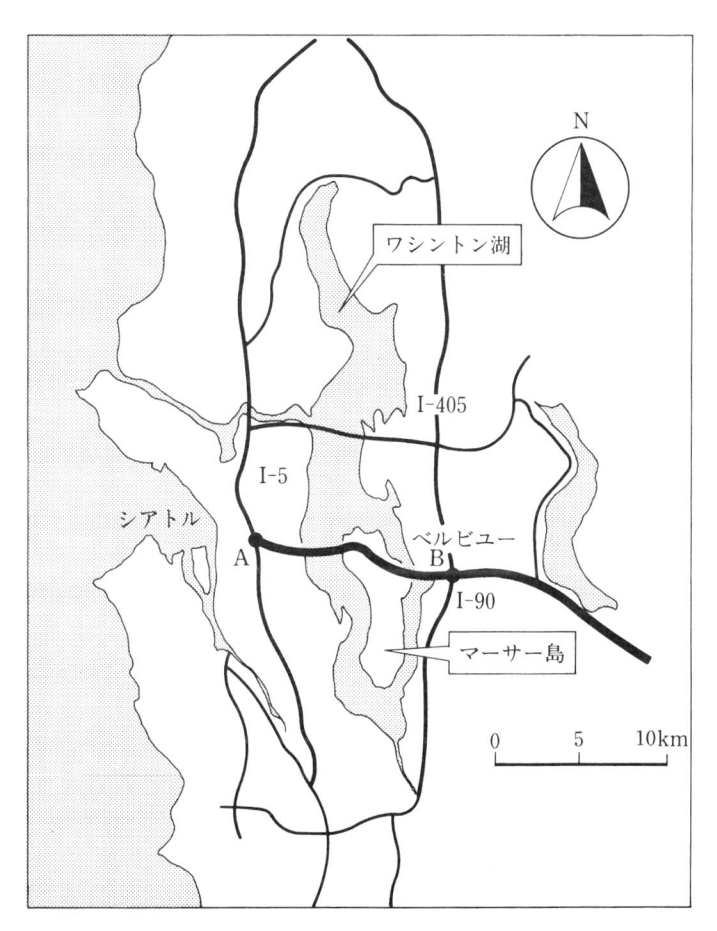

図12−1　シアトル都市圏とI-90号線　I-90号線のA−B間の計画で紛争が発生した

激しかった。

●紛争の経過

州道路局（当時，現在は交通局）は1957年に工事調査に着手し，1963年に連邦政府から10車線計画の承認を得た。その後計画は12車線に上方修正され，さらに，14車線の計画も推奨された。この過程で地域住民から多くの議論が出され，1969年にはシアトル部分について環境影響を配慮するために住民など関係主体の参加する設計チームが作られた（表12-1）。

1969年にNEPAが成立したことにより，住民は適切なアセスメントの実施を求めて1970年に訴訟を起こした。住民は連邦地方裁判所では敗訴したが1971年に連邦控訴裁判所で勝訴し，NEPAに基づくアセスメントの実施や工事中止の仮処分などが下された。修正されたEIS案についても1972年に訴訟がされ，新たな4-2T-4案に対するEIS案（DEIS）が1975年に出された。4-2T-4案とは，両側に4車線ずつの自動車用車線があり，中央に2車線のバスなどの公共交通用の車線を作るという案である。これに基づき1976年1月から2月にかけて公聴会や交渉が行われたが，主体間の意見の不一致が明確になり行き詰まってしまった。

事態打開のため，州知事は調停者としてワシントン大学のCormick

表12-1　シアトルI-90号線紛争の経緯

1957	州，工事調査に着手
1963	連邦政府，10車線案を承認
1966	12車線に修正，公聴会で活発な論議
1970	住民のNEPA訴訟，連邦控訴裁判所へ控訴
1971	連邦控訴裁判所で住民側勝訴（工事中止の仮処分承諾，NEPAの違法を命令）
1972	FEIS発表，裁判所はFEIS不適当と判断，公聴会の正当性は支持，双方が控訴
1975	4-2T-4案のDEISを発表
1976	公聴会や一連の交渉で意見不一致が明確に。調停に入り，3-2T-3案で合意
1977	3-2T-3案のFEISを提出
1978	連邦政府，FEISを承認，住民が訴訟
1979	裁判所，FEISが適当であると判決。仮処分解除，住民側控訴は不成功
1993	全線開通

とPattonを任命し4月から調停に入った。調停の結果，12月に両側の自動車用車線を3車線ずつとする3-2T-3案で合意し，協定が結ばれた。1977年にこの案に対する最終EISが出され，1978年に連邦政府はこれを承認した。住民はさらに訴訟を起こしたが，これは1979年に敗訴した。そして，1971年に出された工事中止の仮処分を解除し工事が再開された。

その後，難工事が多いという技術的な問題や1980年代に入ってからの予算状況の変動などにより事業遂行に時間がかかり，ようやく1993年9月に全線が開通した。

●アセスメントの訴訟

この事例ではアセスメントに関して何度も訴訟が行われた。主なものは，1970，1972，1978年の3回で，いずれも連邦地方裁判所と連邦控訴裁判所へ持ち込まれた。この間に大量の書類が作成され，これらは州の法務局に保存されている。

反対派住民の代表だったLeed弁護士によれば，まず問題になったのはI-90号線に対してEISがなかったことである。そこで，裁判に訴えてEISが作成されることとなった。その結果作成されたEISは代替案が示されていなかったため裁判所により破棄され，EISを作り直すこととなった。こうして，EISは3度目まで出された。アメリカでもアセス制度導入の初期ではこのような混乱があった。この過程で公共交通レーンの設置や車線数の削減が出てきた。また，州の交通局もより十分な環境保全ができるよう設計を変更していった。

●調停による解決

しかし，裁判だけでは解決せず，話し合いによる解決へと進んだ。調停者となったCormickの話によれば，彼は，知事から調停着手を求められる前に多くの団体と会い，調停が可能か否かを調べた上で，次にど

の団体が参加すべきかを見極めた。NEPAによりアセスが義務づけられたことにより，多くの団体や個人を調停の場に巻き込むことができた。すべての関係者が参加したわけではないが，主な団体は参加して調停が行われた。

シアトルの反対派住民は，当初計画はマウントベーカーというワシントン湖に面した丘陵を掘割で通るものだったので，住民や企業の立ち退きの問題があり反対した。また，公共交通の計画が入っていなかった。反対派は，公共交通は重要で高速道路を補うものという考え方であったが，この考えは今も変わらない。調停などの結果，道路の車線を減少させ公共交通用の車線もできたことを評価している。さらに，当初の掘割の計画がトンネルや蓋かけになったため，地域が分断されずにその上に公園などの施設ができ，防音壁などの環境保全策も講じられた。住民は，建設には何でもかんでも反対していたのではないとしており，かなりのものが達成されたと評価している。

一方，当初反対したが途中から条件つき賛成に転じたマーサー島については，当時のDavis市長は以下のように評価している。当初の案ではマーサー島を分断し環境的に受け入れ難いと思ったが，蓋かけをすることと，この道路を地域住民が優先的に使えるようになったため計画を認めた。その後，計画のいくつかの変更に関して州道路局（当時）に提案し，交渉の結果，住民参加による設計チームを編成した。設計チームは住民に公開の過程で案を修正し，数々の点が提案され地域に配慮した設計となった。当時の住民意識調査で87％の人々が修正案を支持した。ここでも，蓋かけをしたため地域が分断されず，その上に公園などの諸施設を作ったこと，さらに環境保全対策を講じたことなど，結果には満足している。

州交通局のDues氏によれば，30年たってようやくできたこの道路

写真12-2　I-90号のマーサー島通過部分　左手前が蓋かけ部分で公園になっている

に対する住民の評価は高いようである（写真12-2）。蓋かけをし，その上に公園や，野球場，テニスコート，ピクニック場などの地域アメニティ施設を作ったため，建設費は全体で15億ドルにもなった。そのうち，蓋かけと公園の部分だけで1億2千万ドルの費用がかかっている。調停による合意形成後，事業者は毎年ニューズレターを発行し，工事の進捗状況を住民に伝えるなど，住民とのコミュニケーションをはかる努力を続けてきた。

●アセスメントの効果

　この例は，NEPAによるアセスのもっとも初期の例だが，そのプロセスで作成されるEISは住民参加の実施により，論点を明確にするのに役

立った。アセスは計画の意思決定を行うものではないが，議論をして論点がはっきりすることが期待できる。アセス・プロセスは議論のための場を住民に提供する。

そして，上述の Cormick によれば，事業の計画がずさんでなくなったという効果もある。すなわち，EIS が必要なので最初から環境を配慮するようになったというわけである。

3. アセスメントによる紛争発生とその解決の事例
－ジャクソンの下水処理場建設紛争－

シアトルの例はアセスの実施により紛争の解決過程が加速された例と言える。しかし，解決自体は調停という話し合いで行われた。この例のようにアメリカでもアセス制度の導入されたころはまだ試行錯誤の段階であったが，各地での裁判を経て何が適切なアセスかが次第に明らかになっていった。

以下の例は，第7章で紹介したワイオミング州ジャクソンの下水処理場建設紛争の例である。この例でのアセスは，シアトルの事例の数年後，NEPA によるアセスが定着してきたころ，1977 年に行われた。

ジャクソンは自然が豊かな地域で年間 300 万人もの観光客を集めている。町の 1992 年時点での定住人口は約 5,000 人で，ジャクソン町を含むティトン・カウンティ全体では約 12,000 人である。他に夏季のみの居住人口も 2 割程ある。この紛争は 1970 年代に生じたが，1970 年ごろのカウンティの人口は国勢調査によれば現在の 3 分の 1 程度，約 4,800 人であった。1980 年までの 10 年間にその 2 倍近くの 9,400 人まで増加した。このため，急増する人口に当時の下水処理場は対応できなくなったのである。

● アセスメントまでの経緯

　この紛争の争点は成長管理であった。図 12-2 に示すサウスパークが紛争の舞台で，南北 10km ほどの地域である（写真 12-3）。ここはカウ

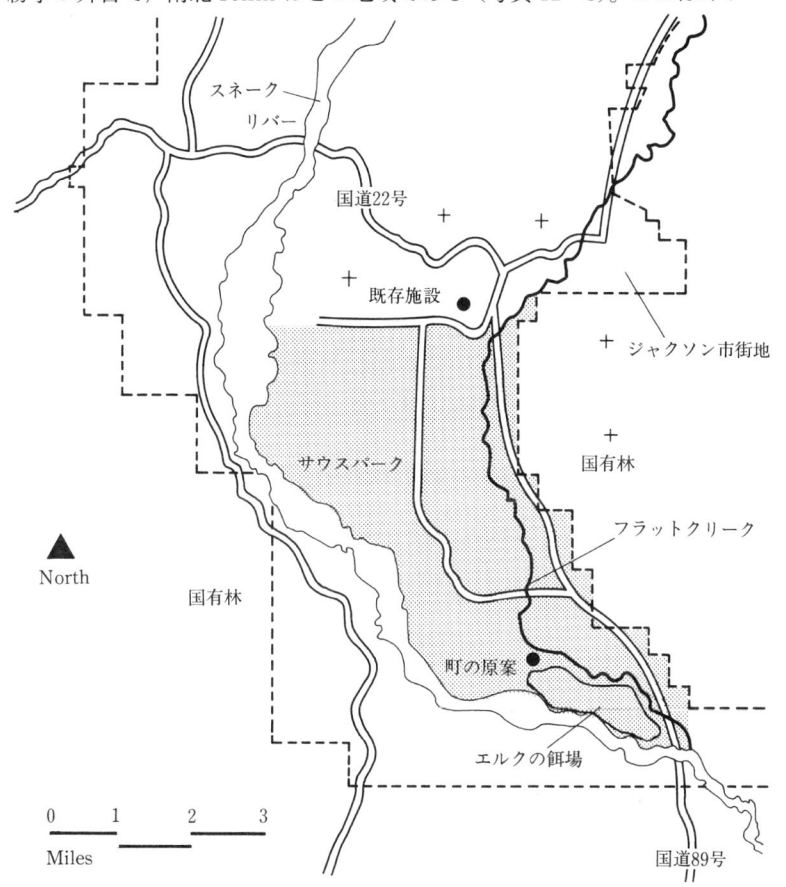

図 12-2　ワイオミング州ジャクソンとサウスパーク

写真12-3　サウスパークの遠景　左手奥が現存の下水処理場

表12-2　ジャクソン下水処理場紛争の経緯

1971.		既存の処理場が処理能力限界に達する
1973.		サウスパークのエルク餌場での処理場建設申請が却下される，隣接地へ
1976.		カウンティが総合計画案を提示
	11	選挙の結果，町長は開発派，カウンティは抑制派が優勢に，対立明確化
1977.	5	サウスパーク案のDEISを公表
	7	町議会，サウスパーク案を承認
	8	町・カウンティ，協議を開始
	9	カウンティ，町の案に反対を表明，EPA担当者にMersonが着任
	11	Merson, 妥協案を提示
	12	EPA, Briscoeを雇い調停に入る
1978.	2	三者協定を結ぶ意向が示される
	3	EPA, 協定案を提示，ワシントン会合
	4	協定に調印

ンティ内ではあるがジャクソン町の境界外になる。下水処理場の建設が開発を誘引するということで, 町は将来の開発を期待し, 逆にカウンティは環境保全の立場から開発の抑制を主張し, 両者が対立した。

　当時の処理場は 1969 年に作られたものであるが, 1971 年に処理能力の限界に達した (表 12-2)。EPA の排水基準を満たせなくなってしまったのである。下水処理水は, サウスパークの中を流れるフラットリークという美しい小川に放流されており, 問題は誰の目にも明らかであった。そこで, 1973 年には町はサウスパークの南端にあるエルクの餌場内に処理場建設を申請したが却下された。ここは州有地であったため, 町は民有地を購入せずに処理場を建設しようとしたのである。しかし, この提案が否定されたため, 町は仕方なく餌場の隣接地に建設予定地を変更した。だが, いずれにせよサウスパークの南端に位置しており, 北から南へ下る勾配を利用して下水を流すことができ, 将来のこの地域での開発に対応できる。そして, 費用のかかる機械化処理場でなく, 地価の安いこの地域ではあまり費用のかからない, ラグーンシステムの処理場が建設できるという利点もあった。

　しかし, 当時テトン・カウンティは成長管理を意図した総合計画を作成中で, 町の開発志向の計画に反対であった。カウンティは人口増加による行政サービス需要の増加と環境汚染を懸念したのである。このように町とカウンティが対立しているなか, 1976 年 11 月に町長とカウンティ行政委員会の選挙があった。その結果, 町長には開発派の Gill が選ばれ, カウンティの委員会では 3 人の委員のうち抑制派が 2 人を占め, 町とカウンティの対立が鮮明になった。

　町は下水処理場建設のための補助金 201 を EPA から受けることが必要なため, NEPA の規定により町のサウスパーク案のアセス・プロセスに入った。このアセスは担当政府機関の EPA が行い, 1977 年 5 月に

DEIS を発表した。その結果、第 6 章でみたように町の案は否定されたわけである。

● アセス後の展開

この 7 月、カウンティは成長管理を意図した総合計画の最終案を提示したが、これに対し町議会は町の下水処理場計画を承認してしまった。そこでカウンティは町とこの件で協議を開始したが両者の合意は得られず、9 月にカウンティは町の処理場案に対し初めて正式に反対表明をした。ここに両者の対立は明確な紛争という形をとることになった。

だが、この町とカウンティの対立は互いに手詰まりの状態となった。町は補助金が必要であったが原案のままでは EPA の承認は得られない。カウンティは急激な開発を抑えたいがアセスメントの結果以外に有効な手立てはない。EPA もこのままでは下水処理の状況は改善されない。この 9 月に EPA 担当官に Merson が着任し、事態は新たな展開を迎えた。彼は 11 月に、条件つきで町のサウスパーク案を認めるという妥協案を提示した。これは、この 10 月にカウンティが、サウスパーク内でのラフティ・J という住宅地開発計画を仮承認してしまったため、Merson は下水処理場がない場合の浄化槽使用による汚染を懸念したからである。

Merson による妥協案の提示にもかかわらず、紛争の手詰まり状態は続いた。彼は EPA のメンバーであるため町長らは彼を敵対する存在とみなしたのである。しかし、このままは放置できないという事情から、話し合いによる解決へと向かった。この場合もシアトルの事例のように調停の場が持たれた。このため、中立な立場の人物として、EPA は 12 月に Briscoe を雇い調停に入った。彼は成長管理政策にも通じた専門家で当事者双方から大きな信頼を得ることができ、調停は順調に進んだ。そして、EPA の提示した妥協案を修正した上で、町とカウンティだけで

なく EPA も含んだ3者協定を結ぶことを提案した。彼は当事者間に合意への基礎作りをしたが，この段階ではまだ合意には至らなかった。

　1978年2月，下水道の計画線に面したサウスパーク地区の地主達が町への併合を要求したが，Gill 町長はこれに答える意志があると Merson に伝えた。これに反対する EPA は補助金カットを示唆したため話し合いは新たな展開を迎えた。町も EPA も互いに脅しをかけたわけである。3月に EPA が協定案を提示し，町はこの案の修正を求めワシントンでの会合を持った。ワシントンへは Gill と Merson の他，町の顧問弁護士 Larson が赴き，EPA 本部の担当者と共に州の Hansen 上院議員の事務所で会合を持った。Hansen は町の立場を支持し，EPA は下水への接続制約を具体的な接続戸数という数値としては示さないという修正に応じた。その結果，合意に達し，4月13日に3者協定に調印した。

● 協定と下水処理場の現状

　こうして，サウスパークに処理場を建設するという町の原案は，下水への接続制限つきという修正を経て合意が得られた。この制限は具体的な接続戸数ではなく，1995年まで年率6%という人口増加率で示された。カウンティはこれに基づき総合計画の中で，その一部として町の境界外の地域での接続戸数制限を設けることが定められた。最終的には，この制限は町の境界外でのことなので，町は特に問題は感じなかったわけである。

　この協定に基づき，町は処理場の設計案を作成し直し，この案に対して，1979年2月に最終 EIS が出された。そして，EPA 第8地域事務所と州環境保全局が計画を承認し処理場建設を行い，処理場は1980年に完成し稼動に入った。

　現在の下水処理場は，我々が見慣れた都市部での機械化された処理場とは違うラグーンシステムによるものである（写真12-4）。EPA の排

写真12-4　現在の下水処理場（ラグーンシステム）

出基準に適合した処理水はフラットクリークに放流していて，小川は美しいたたずまいを見せている。施設全体が自然環境とよく調和しており，処理場の技術者によれば，鳥や魚など生物が前よりも増えたようだという。

　また，新処理場設置後にサウスパークにできた住宅のうち，この紛争時から計画されていたラフティ・Jの住宅開発地を除き，その多くは下水道に接続せず浄化槽を使用しているとのことである。ただし，それほど多くの戸数ではないようである。カウンティにおける1980〜1990年の10年間の人口増加率は年平均2%に満たないから，カウンティの意図

した成長管理計画は目的を達している。

4. 紛争発生と解決の方法

　上述の二つの事例はいずれもアセスの後，話し合いで紛争が解決している。アセスにより紛争が発生したとしても，このように解決の方法があればよいと言える。そして，これらの事例に見るようにアセスは紛争解決のための話し合いに入るきっかけを与え，また重要な情報源ともなっている。

●裁判から話し合いへ

　このような環境アセスメント段階での紛争を環境紛争と言う。アメリカは裁判の国と言われるように，紛争解決は多くの場合，裁判による解決がはかられている。逆にわが国では，できるだけ裁判は避け，話し合いで解決しようという傾向がある。しかし，アメリカでも，環境紛争の解決には時間と費用のかかる裁判は避けて話し合いによる解決をはかる例が次第に現れてきた。環境紛争においては，裁判による解決の限界が明らかになってきたからである。

　すなわち，環境への影響は既存の法律では規定されていないものが数多くあり，このため適法性による判断だけでは紛争は解決しない。例えば，アセスメントの実施については NEPA に照らして，その手続きの適法性は議論できるが，アセスメントの内容自体の判断はあまりできない。

　また，アセスメントは将来の問題に関することなので因果関係の立証が困難である。そして，紛争解決が遅れると環境への悪影響が継続したり計画が進行しないことによる社会的損失が生じたりするため，できるだけ迅速な解決が望まれる。さらに多くの場合，多数の関係主体が存在するので裁判での解決が容易ではない。このようなことから，アメリカ

でも話し合いでの解決が行われ始めた。
● **話し合いによる解決方法**

　話し合いによる解決とは交渉による解決である。これには，当事者による直接交渉と第三者の仲介する方法がある。問題がこじれると，当事者だけによる交渉では難しく第三者が仲介する方法によらざるを得ない。図12-3のように，第三者が仲介する方法の主なものは斡旋，調停，仲裁の三つである。

　　　直接交渉 ─ あっせん conciliation
　　　第三者の仲介 ─ 調停 mediation
　　　　　　　　　　仲裁 arbitration

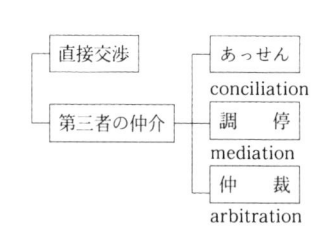

図12-3　話し合い（交渉）による紛争解決の方法

　なかでも調停（mediation）と仲裁（arbitration）が代表的な方法である。このうち仲裁は，第三者の提示する解決案に双方がしたがうということをあらかじめ決めておいて交渉が行われる。仲裁者の提示案は拘束力を持っている。これに対し調停では，調停者の提示案の採択には当事者双方の合意が必要である。仲裁と違い調停では，調停案に拘束力はない。このため，調停の方が当事者の意向が反映されやすいという利点がある。特に合意を尊重するわが国では，紛争解決の方法としてこの調停がよく用いられているが，環境紛争の交渉による解決ではアメリカでもこの調停が一般的な方法になってきた。

● **調停のプロセス**

　調停は，調停への参入，交渉，協定の締結の3段階で進む。このプロセスを，ジャクソンの下水処理場建設紛争の事例を参考に説明する（図12-4）。

(1)　**調停への参入**

　調停に入るための条件は少なくとも二つある。第一に，当事者双方の

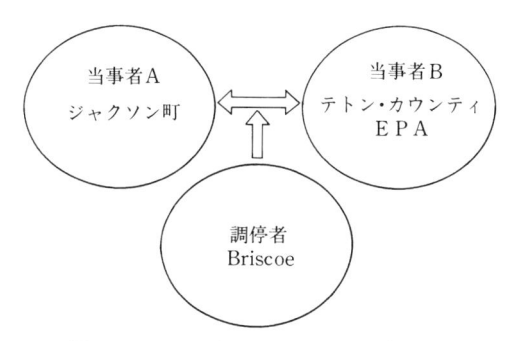

図12-4　ジャクソンにおける調停の例

力が均衡していることであり，どちらかに押し切られてしまうことのない状態である。その上，第二に，そのままには放置できない状況にあるということである。

　ジャクソンの事例では，町とカウンティはすでにがっぷり4つに組んでいたが，アセスの実施によってEPAの判断も明確になった。EPAには補助金という交渉材料があるものの，町が独自の財源でサウスパークに処理場を建設したら阻止はできない。こうして，三者の力は均衡していた。

　そして，カウンティとEPAは成長管理を志向している。既存の処理場は基準を超えた処理水をフラットクリークに放流しており，対応が必要であった。そして，サウスパーク内の住宅地開発の仮承認が行われたことにより，町の提案した場所での処理場建設を考えないと，この開発地での浄化槽使用による新たな汚染が予想され，このままは放置できないという状況になった。

(2) 交渉

　交渉では調停者が当事者双方から情報を得て解決案を探索する。この

ためには計画案の内容や環境影響など事実に関する事実情報と，当事者双方や世論などの価値判断に関する価値情報の交流が必要である。特に価値情報は，調停者が当事者の本音を把握しなければならない。このためには調停者の中立性は必須条件である。調停者は当事者から信頼される人でなければならない。

ジャクソンの事例では，Merson は成長管理政策で有名なコロラド州のボールダー市での行政経験のある Briscoe を調停人として雇った。彼は Briscoe の地方自治体での実務経験を買ったわけである。MersonらEPAのメンバーは町の敵と見られていたので，中立な立場の Briscoe を雇ったのだが，彼は当事者双方の言い分をよく聞いた上で調停の原案を作成した。彼はこの過程で当事者双方から大きな信頼を得た。当時の Gill 町長も Larson 顧問弁護士も皆，彼が中立で公平であったと，高く評価している。

(3) **協定の締結**

最後に協定が締結される。協定はその履行が保証されなければならない。このため，協定文書が作成され公表される。内容は通常，協定不履行の場合の罰則事項が規定され，予想外の事態が生じた場合の対応方法が定められる。特に環境影響は不確実性が高いので必要に応じて再交渉を行うことが明記される。

この事例では，制限戸数を明示しないで成長管理がどの程度可能かを，カウンティは心配した。そこで，町とカウンティのほかに監督官庁であるEPAも含めた3者協定が結ばれた。20年以上経った現在，協定は守られたことが確認できる。

5. アセスメントの効果

本章では，アセスメントと紛争について，NEPA施行直後の試行錯誤

の時代に行われたシアトルでの事例と，数年を経てこの制度が定着したころのジャクソンにおける事例を紹介した。

　紛争解決のための話し合いに入るためには当事者双方の力が均衡していることが必要である。アセスメントは公衆に公共事業を止める力を与えたとも言われるが，通常は事業者に押し切られてしまう住民がアセスによって事業者と均衡しうる力を得たことになる。その結果，話し合いによる紛争解決へと進むことができた。

　また，アセスの実施は，判断のために必要な情報を交流させるだけでなく，紛争における論点を明確にする。その結果，一方で当事者間の対立を深めるものの，それによって，解決案探索への手掛かりを与えている。互いの違いが明確になることが新しい解決案の創造を可能にするのである。これは紛争解決のための交渉において情報を増やすという効果である。

　わが国では，これまで事業者の多くはアセスを否定的に見がちであったが，本章の事例のようなアセスの積極的な効果に目を向けるべきである。すなわち，アセスの実施は，一時的には紛争を激化させることもあるが，結局は多くの主体が納得するような解決案に到達する可能性が高い。しかも，アセスの実施後1，2年という比較的短い時間で解決がなされている。アメリカでの上記の事例がこのことを示している。

　環境に大きな問題があれば，アセスメントがなくても紛争は起こるものである。アセスは判断形成のプロセスを地域住民に公開することにより，むしろ，紛争解決を助ける効果がある。本章で紹介した事例はいずれも，もし，アセスメントがなかったら，紛争解決により多くの時間を要したであろう。

13

戦略的環境アセスメント

1. 開発行為の累積的影響

●東京の高密度土地利用

　第1章で示した東京とニューヨークの土地利用を比較した写真をもう一度ご覧頂きたい（写真1-4）。東京とニューヨークの密度の圧倒的な差は深刻な問題をはらんでいる。例えば，東京23区内の密度は，阪神淡路大地震のような震災リスクを考えれば，このままは放置できない状況である。データを吟味すればこのことは以前から明らかだったが，東京ではニューヨークのマンハッタンほど高層ビルが1箇所に集中していないため実際の密度を誤解してしまう（写真13-1）。

　しかし，事実は異なる。東京23区の人口密度は1ha当たり130人にもなる。同程度の広がり，ニューヨーク市の1.5倍もの人口密度である。そして，東京の昼間人口密度はさらに高い。ニューヨークは都心のほんの一部では密度は高いが，都市レベルの密度は東京よりも相当に低い。災害リスクや環境汚染の問題を考えるには，少なくとも23区程度の広がりの土地利用で判断しなければならない。

　そして，都心から20kmの地点では両都市の密度の差はもっと大きい（写真1-5参照）。ニューヨークは緑の中に住宅が点在しているが，東京は依然として建物が続く。この辺りは，戦後間もない頃に東京都がグリーンベルト計画をたてようとした地域である。だが，当時の経済復興優先の声に負けてしまった。その結果，東京は世界の大都市の中でも特異

写真 13-1　東京とニューヨークの都心部

な高密度土地利用となった。果たして，これでよかったのだろうか。

● 累積的影響のチェック

　東京がこのような高密度になってしまったのはなぜか。個別の建築行為が累積された結果である。アセスは大規模事業にしか適用されないが，アセス法では大規模建築物は対象外となっている。東京都の条例アセスでは対象となるが，高さが 100m 以上，かつ，延床面積 10 万平方メートル以上という巨大な建築物のみが対象である。また，区部では港区がアセス要綱をもつものの，延床面積 5 万平方メートル以上が対象である。つまり，ほとんどの建築行為は事業アセスの対象外である。

　東京のようにすでに環境汚染の進行した地域では，大規模開発であっても環境への汚染負荷の増分は既存の汚染負荷に比べわずかでしかな

い。累積的な影響をチェックする手だてがないと開発行為が集積してゆく地域では、時間とともに環境負荷は次第に大きくなっていく。すなわち、都市は高密になり環境負荷が増大する。このことが、東京の環境問題が依然として解決されていない根本原因である。

　例えば、自動車排ガスに起因するところの大きい窒素酸化物による大気汚染は、この20年以上にわたって一向に改善されていない。原因は自動車交通の発生集中が過大なためである。この解決には土地利用密度を下げて自動車交通の発生集中を下げることが基本である。事業所や都市生活など、都市活動に基づく窒素酸化物の発生も都市的土地利用の密度が低下しないと低減できない。

　地球温暖化対策として二酸化炭素の発生を抑制するにも、都市はエネルギー利用効率を高めるとはいえ、基本的には都市活動の水準を下げることが必要である。そして、夏季のエネルギー消費を過剰にするヒートアイランド現象の緩和のためには、建造物による建蔽面積を減らし緑地面積を増やさなければならない。緑地はヒートアイランド現象を緩和すると共に二酸化炭素の吸収源にもなる。

　また、1995年の阪神淡路大震災の経験で、都市の防災性を高めるために緑地や道路などのオープンスペースの必要性が強く認識された。この震災の直後には、防災面からもオープンスペースを確保することが主張されたが、現在では以前ほどの声は聞かれない。

　それどころか、1999年3月にまとめられた経済戦略会議の報告の中では、土地の高度利用のために容積率の緩和や、線引き制度の見直しまで提言している。不良債権処理のために都市環境を破壊するようなことが許されるだろうか。不良債権と化した都心部の小規模宅地や不整形宅地は環境破壊型の高度利用をするのではなく、不足する緑地を生み出すために公共で買い上げるべきである。都市環境のあり方、都市住民の生活

の質を考えた成長管理的な政策こそが必要である。

●成長管理

地区レベルや都市レベルでの適正な土地利用密度はどのくらいか。この判断のためのアセスはこれまで実施されてこなかった。持続可能な発展のためには土地利用計画レベルでのアセスが必要である。

東京は地域の総合計画段階での環境配慮はほとんどなされずにきた。そして、わが国の極めて緩い土地利用規制の結果、都市の余白は開発に負けてしまい、オープンスペースの少ない都市空間ができてしまった。環境負荷の発生は人間活動によるから、マクロには建物の容積が重要な意味を持つ。ところが東京を始めわが国の容積率規制は欧米に比べ著しく緩い。すなわち、容積が過大に設定されている。環境保全にもっと重点をおいた土地利用計画が必要である。

容積率は 1960 年代後半の容積率指定時に過大に指定されたが、これは平均すれば半分ほどしか使われないだろうと歩留まりを想定していたためである。当時の都市計画の専門家によれば、そのころの自動車利用状況のもとで考えても指定容積率は 2 倍ほどの過大な値であった。自動車交通の発生だけを考えても、容積率は現在の半分以下に下げるダウンゾーニングをしなければならないはずである。

第 12 章、ジャクソンの下水処理場計画の紛争事例で、「成長管理」という言葉が出てきたが、持続可能な発展のためには人間活動の管理という発想が必要である。人間活動と環境の比較考量という観点が必要であり、この点からの土地利用計画や上位計画、総合計画、さらには政策の形成がなされなければならない。

2. 戦略的環境アセスメントとは何か

事業アセスだけでは、累積的影響に対処することができない。累積的

影響を除去するためには，上位計画や地域の総合計画の段階での環境配慮，すなわち，この段階での環境アセスメントが必要である。

環境アセスメントの新しい分野として，1990年ごろから世界的な動きが始まった。Strategic Environmental Assessment（SEA）である。日本語では，戦略的環境アセスメントと訳している。

これは事業よりも上位段階の意思決定に関する環境アセスメントである。事業を行うか否か，行うのならどこにどのように行うか。このような戦略的段階での環境アセスメントをさす。戦略的とは常に，目的との関係で意思決定をすることである。ある目的に対し代替案を比較検討する。その結果，必要があれば，目的自体も再検討する。ここでも，システム分析の考え方が適用できる。

●政策・計画・事業

通常，事業に至る前には上位段階での意思決定がある。これは事業の種類により，また社会により異なるが，概念としては共通している。事業の上位の意思決定は，上位計画や総合計画の意思決定である。そのさらに上位には政策の意思決定がある。すなわち，上から，政策，計画，事業という階層構造になっている（図13-1）。

政策は英語では Policy，基本的な方針を決める段階である。計画は，政策により示された方針にしたがい具体的な行為の枠組みを決めたもので，特定の部門や地域などが明示され具体性が高まる。英語では，Plan あるいは Program という表現が使われる。この計画に基づき行う個別の具体的な行為が事業（Project）である。

例えば，道路事業を考えてみる。高速自動車国道を例にとれば，まず，高速自動車国道をどのように整備していくかといった道路整備五カ年計画段階の意思決定がある。これは，政策段階の決定である。次に，個別路線の起点・終点を決定する予定路線段階の決定がなされ，さらに，個

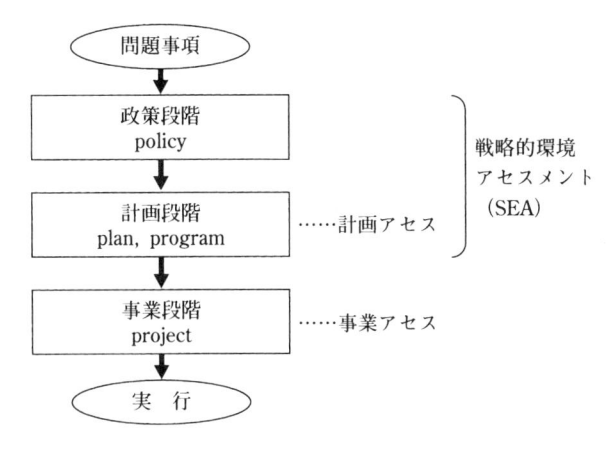

```
       ┌─────────┐
       │ 問題事項 │
       └────┬────┘
            ↓
      ┌──────────┐
      │ 政策段階  │ ┐
      │  policy  │ │
      └─────┬────┘ │   戦略的環境
            ↓      ├─  アセスメント
    ┌──────────────┐│    (SEA)
    │  計画段階     │…… 計画アセス
    │ plan, program│ │
    └──────┬───────┘┘
           ↓
      ┌──────────┐
      │ 事業段階  │…… 事業アセス
      │ project  │
      └─────┬────┘
            ↓
       ┌─────────┐
       │  実 行  │
       └─────────┘
```

図 13-1　政策・計画・事業と SEA

別路線の主たる経過地，設計速度等を定める基本計画段階の決定がある。この二つは事業の上位計画段階の決定である（図 13-2）。

そして，個別の路線の具体的な経過地が定められる整備計画段階の決定が行われる。現行の環境アセスはこの整備計画の前に実施されている。これが事業アセスである。

このように事業アセスに先立つ各段階で，各種の政策や上位計画についての意思決定が行われている。道路事業では，政策段階で発案してから実際に道路建設事業が着工されるまで 20〜30 年かかることは稀ではない。なお，第 12 章で紹介したシアトルの例のように，アメリカでも都市部を通る道路の場合は着工までにかなりの時間がかかる。

これらの段階で環境配慮を行う手続として，我が国においても SEA を適用することが理念上は可能である。

●戦略的環境アセスメント

次第に戦略的環境アセスメントの必要性が認識されるようになって来

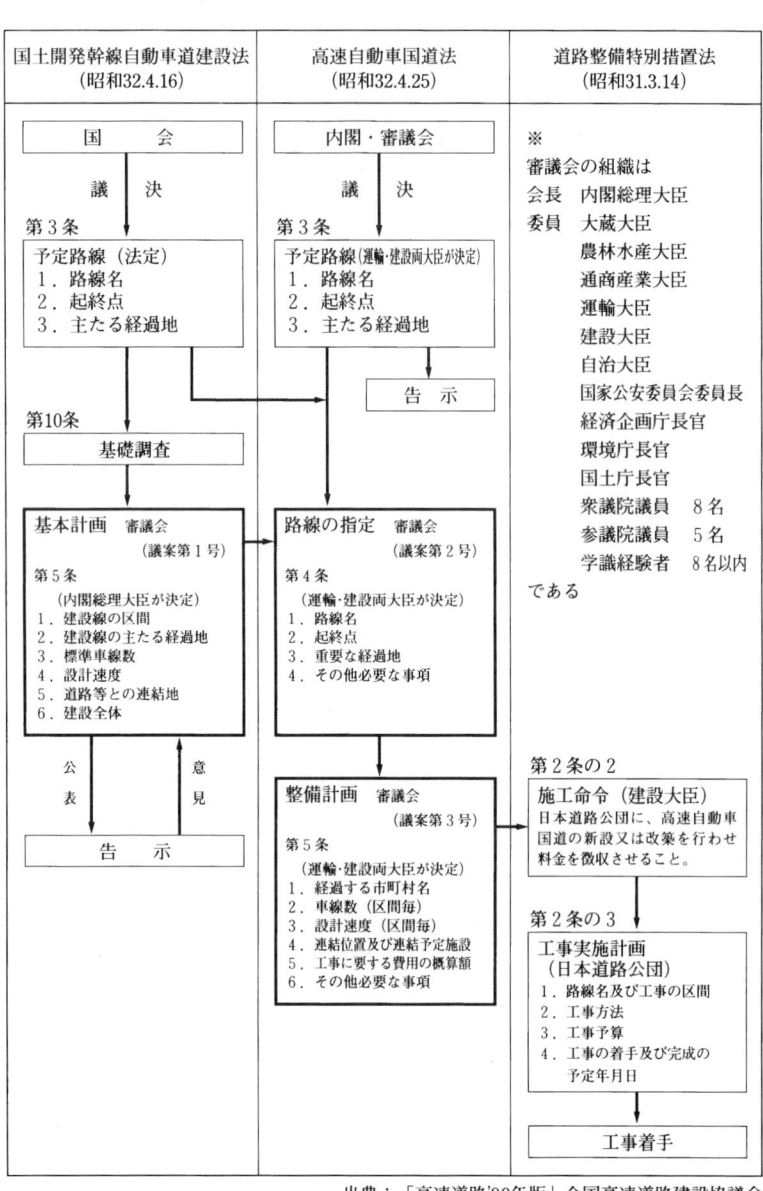

国土開発幹線自動車道建設法 (昭和32.4.16)	高速自動車国道法 (昭和32.4.25)	道路整備特別措置法 (昭和31.3.14)
国会 → 議決 第3条 予定路線（法定） 1. 路線名 2. 起終点 3. 主たる経過地 第10条 基礎調査 基本計画　審議会 （議案第1号） 第5条 （内閣総理大臣が決定） 1. 建設線の区間 2. 建設線の主たる経過地 3. 標準車線数 4. 設計速度 5. 道路等との連結地 6. 建設全体 公表 ← 意見 告示	内閣・審議会 → 議決 第3条 予定路線（運輸・建設両大臣が決定） 1. 路線名 2. 起終点 3. 主たる経過地 告示 路線の指定　審議会 （議案第2号） 第4条 （運輸・建設両大臣が決定） 1. 路線名 2. 起終点 3. 重要な経過地 4. その他必要な事項 整備計画　審議会 （議案第3号） 第5条 （運輸・建設両大臣が決定） 1. 経過する市町村名 2. 車線数（区間毎） 3. 設計速度（区間毎） 4. 連結位置及び連結予定施設 5. 工事に要する費用の概算額 6. その他必要な事項	※ 審議会の組織は 会長　内閣総理大臣 委員　大蔵大臣 　　　農林水産大臣 　　　通商産業大臣 　　　運輸大臣 　　　建設大臣 　　　自治大臣 　　　国家公安委員会委員長 　　　経済企画庁長官 　　　環境庁長官 　　　国土庁長官 　　　衆議院議員　8名 　　　参議院議員　5名 　　　学識経験者　8名以内 である 第2条の2 施工命令（建設大臣） 日本道路公団に、高速自動車国道の新設又は改築を行わせ料金を徴収させること。 第2条の3 工事実施計画 （日本道路公団） 1. 路線名及び工事の区間 2. 工事方法 3. 工事予算 4. 工事の着手及び完成の予定年月日 工事着手

出典：「高速道路'99年版」全国高速道路建設協議会

図 13-2　高速道路計画の意思決定手順

たが，世界のこれまでのアセスは欧米でも事業アセスが主流だった。事業アセスであることを強調するため，英語でも Project EIA と言う。

特に計画段階からのアセスの必要性が明確になるのは開発行為と自然保護とが対立するなど，土地利用計画が関連する場合である。自然保護に対する意識の高まりとともに，最近ではそのような事例も増えてきた。代表的な事例に，海岸部の土地利用計画に関する問題として干潟の問題がある。我が国のアセス事例として第9章で紹介した藤前干潟の事例も，本来，廃棄物の最終処分場は伊勢湾全体の総合計画の中で位置づけ，これに対し SEA を行うべきものであった。

環境アセスメント分野の国際学会である国際影響評価学会（IAIA）では，SEA を次のように定義している。「SEA は，提案された政策・計画・プログラムにより生ずる環境面への影響を評価する体系的なプロセスである。その目的は，意思決定のできる限り早い適切な段階で経済的・社会的な配慮と同等に環境の配慮が十分に行われ，その結果適切な対策がとられることを確実にすることである」。筆者はさらに，プロセスの透明性が不可欠であることを付け加える。

SEA は事業アセスの限界に対する認識を背景として，それより上位段階の意思決定に環境アセスを導入するという意味で用いられている用語であり，対象は法令案の策定から地域開発計画まで非常に幅広い。

戦略的環境アセスメントとは，事業より上位段階の計画や政策の意思決定段階で行う環境アセスメントの総称である。だから，計画が対象なら計画アセス，政策が対象なら政策アセスという言い方もされる。

このように内容は多様であるが，その本質は明確である。それは政策・計画段階における意思決定過程の透明性を高めるということにある。持続可能な発展のためには，大規模事業を行う主体は官民を問わず，その環境影響を政策策定や計画策定の段階からどのように配慮したかを

社会に対して説明する責任（アカウンタビリティ）がある。そのための情報公開と住民参加に基づく仕組みがSEAである。

●SEAの要件

SEAの要件は何か。次の3点があると考えられる。

① 政策・計画段階での実施。

SEAとは政策・計画の意思決定に環境配慮を徹底することである。

② 社会・経済面での影響と環境面の影響の比較考量（図13-3）。

戦略的意思決定の段階では代替案の比較検討が必須条件である。ノーアクションの代替案も検討しなければならないが，そのためには，社会・経済面での影響と環境面の影響の比較考量が必要である。

③ プロセスの公開性，透明性が必要。

意思決定過程の透明性を確保することが不可欠である。しかし，計画

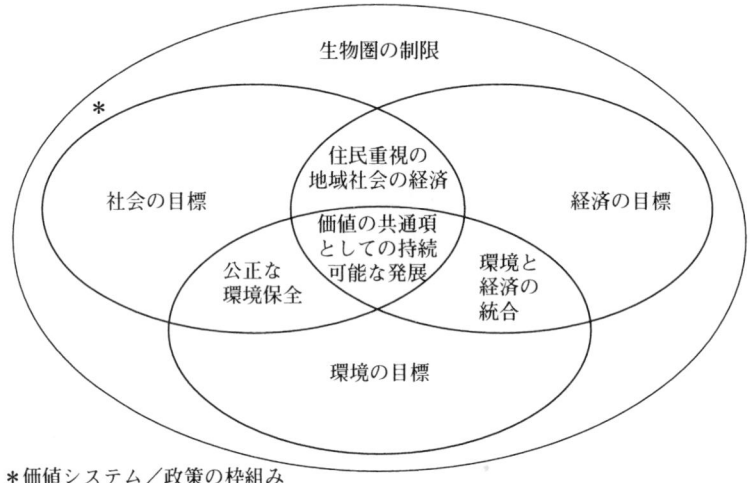

＊価値システム／政策の枠組み

図13-3　接続可能な発展に関するシステムの全体像（Sadler *et, al.,* 1996）

や政策の情報公開には抵抗が大きい。また，住民参加は対象範囲が広くなるのでEIAより困難になる。

3. SEAの動向

●欧米の動き

このSEAの考え方は，すでにアメリカの国家環境政策法（NEPA, 1969）の中に見える。NEPAでは連邦政府の関与するあらゆる意思決定を対象とするとしており，事業だけでなく上位計画や政策も対象になる。特に計画は，Programatic EIAと呼ばれ実施されてきた。しかし，NEPA‐25年間の有効性の研究において，「NEPA誕生後25年間の適用は，特定地域における建設，開発，あるいは資源採取事業に集中していた。」と指摘している。このようにアメリカでさえ容易ではなかったが，計画段階のアセスは一定程度行われてきたことも事実である。

ヨーロッパでは1985年に欧州共同体（EU）が欧州委員会（EC）の事業アセス指令を出し，対象は当面，開発事業に限定されることとなった。日本だけでなく，従来は各国で事業アセスが主として行われてきた。

とはいえ，ECではこの事業アセス指令を検討していた当時からSEAの必要性は議論されていた。したがって，ECでは，政策・計画・プログラムの環境アセスメントは残された課題として検討されてきた。そして，EU加盟国のいくつかで，政策・計画・プログラム段階での環境アセスメントに関する具体的な取り組みが進められた。

なかでもオランダでは，1987年の環境影響評価令において，特定の部門別計画，国家・地域計画などに対して事業アセスと同様の手続きを行うこととした。また，1995年に環境テストと呼ばれる手続を開始し，新しい法令案を作成する際に必要に応じて環境へのさまざまな影響について検討し，記述させている。その他，デンマーク，フィンランドなどで

も，SEA が制度化されている。また，イギリスにおいても，公式の SEA 制度はないが先進的な計画制度のもと SEA の具体例が蓄積されてきた。

最近の動きは，EU が SEA の実施について加盟 15 か国の共通ルール化をめざし，1996 年 12 月に EC の指令案を発表したことである。1999 年 2 月にはその修正案を発表した。2000 年の成立をめざし，加盟国間で調整中である。

1996 年の SEA 指令案の目的は，基本計画や実施計画の，準備段階と採用段階において環境アセスメントを実施し，その結果をこれらの意思決定に考慮することにより，環境保護をこれまで以上に高いレベルで実施することである。これは，現行の事業アセスを補足するものと位置づけられている。当初の案では土地利用に関連する基本計画と実施計画の段階にのみ限定していたが，1999 年の修正案では，対象をより広げて適用されることとなった。

そして，国際組織の中では世界銀行が SEA の導入をリードしてきた。世界銀行は 1989 年に運用指令を出しアセスを行ってきたが，これは事業アセスだけでなく，部門別アセスや地域別アセスも含むものである。後者の部門別アセスや地域別アセスは SEA の一種と言える。特に，リオの地球サミットで合意された，持続可能な発展，Sustainable Development，を実現する具体的な方法として，SEA に注目している。

このような世界の動向についての詳細は，IAIA の国際共同研究の報告書を参照されたい。

● わが国の動き

EU の SEA 指令が発効し，EU 加盟国における法制化が進められた場合，環境先進国と言われる各国で SEA が運用されることになる。日本は SEA の導入においても，アセス法と同様に OECD 加盟国で最後になってしまうのであろうか。

実は、わが国でもSEAをめざした動きは始まっている。1993年の環境基本法の第19条で、「国の施策の策定等に当たっての配慮」を規定した。環境影響評価法は事業アセスを中心としたものであるが、法律制定に当たり中央環境審議会から提出された答申では政策や上位計画段階の環境アセスメントについても指摘しており、SEAの必要性は明確に認識されている。

また、環境影響評価法の国会における審議過程で衆参両院で付された附帯決議の中にSEAの推進が書きこまれた。すなわち、「上位計画や政策における環境配慮を徹底するため、戦略的環境影響評価についての調査・研究を推進し、国際的動向や我が国での現状を踏まえて、制度化に向けて早急に具体的な検討を進めること」とされた。

環境庁では1998年から研究会を組織し検討を開始している。1999年からわが国の環境アセスメントは新しい段階に入ったが、この付帯決議の実行が求められることとなる。このため、環境庁では1998年から戦略的環境アセスメント研究会を発足させ検討を開始している。

4. SEAの事例

日本のアセス制度では、アセス法における港湾計画だけが計画段階のアセス、すなわち計画アセスである。しかし、1999年時点ではこの適用例はまだない。わが国ではこれからの問題である。

ここでは、SEAの事例が次第に蓄積されてきたヨーロッパの事例を紹介する。

●計画アセスの例：海峡トンネル連絡鉄道計画の第一段階

実は、第10章で紹介した英仏海峡トンネル連絡鉄道の路線選定の第一段階がSEAの初期の例といえる。この路線選定は2段階で行われたが、第1段階は大まかな4つのルートを比較検討して一つのルートを選

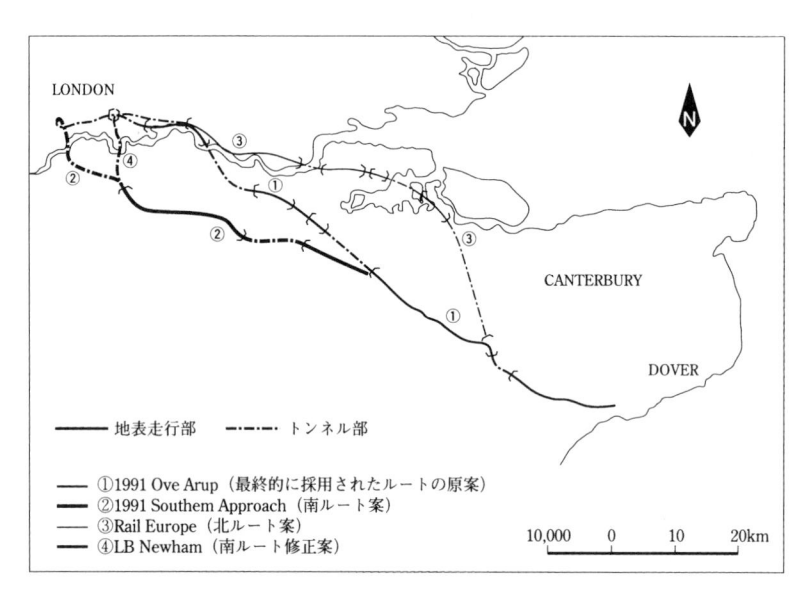

図 13-4　CTRL 計画の第一段階で検討された 4 つのルート

んだ（図 13-4）。このプロセスは，1987 年から 1991 年にかけて行われた。当時はまだ，SEA という概念は一般的ではなかったので，SEA とは言われていないが，これは路線別事業の上位計画段階でのアセスである。そして，第 2 段階の具体的路線選定が通常の事業アセスである。

1987 年に British Railway（英国鉄道）がルート選定調査を開始し，翌 1998 年に 4 つのルート案を発表した。これは上位計画段階の案なので大まかなルート案である。路線というよりもある幅をもった帯状のルートで，Route Corridor と呼んだ。その幅は最大で 4 km ほどある。

ところが，この計画はケント州で大きな問題になった。そこで，この提案を国民に理解してもらうことが必要になり，啓蒙のプロセスが取られた。この選定の経過を，出版物として公刊し，国民の理解を求めた。

文書は市販されたものだけでも約50冊になる。つまり，情報公開により意思決定過程の透明性を確保した。これにより，ルート選定のアカウンタビリティを満たすことができた。

具体的には，この4案を比較するため，1989年から1991年の間に，関係者らがどのルート案を推奨するかの見解を表明した。これらを踏まえ，1991年に運輸省がルート案を決定した。そして，British Railwayは，その根拠を国民に示すため，比較環境審査書を公刊した。

これは，いわばインフォーマルな政策形成過程だが，4つのルート代替案の選定過程が公衆に公開されたことはイギリスでも異例のことであった。イギリスの通常のアセスでは，最終的に検討結果の経緯として示されるだけである。

これらの4案は図13-4のようになる。南よりのルートはロンドン近郊までは同じで，ロンドン市内へのアクセスのみ異なる。北よりのルートは最短経路に対し，大きく北へ迂回する。最終的には，中央のルートを修正した案に決定した。ロンドンの駅をセントパンクラスにした。

最終ルートの選択における主要なポイントは環境面の問題であった。特にケント州は「イギリスの庭園」と言われるほど美しい地域である。

写真13-2　イギリスの庭園といわれるケント州の風景

選定されたルートは，よく風景と溶け合ったものとなったと評価されている（写真13-2）。騒音にも配慮したし，自然保護にも関心を持った。

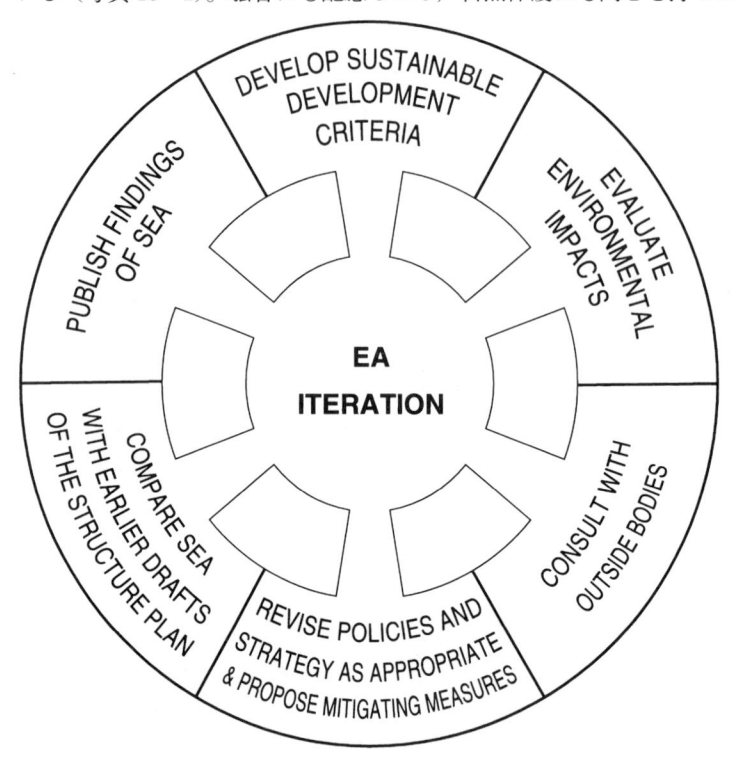

（図：中央に「EA ITERATION」、周囲に以下の項目）
- DEVELOP SUSTAINABLE DEVELOPMENT CRITERIA
- EVALUATE ENVIRONMENTAL IMPACTS
- CONSULT WITH OUTSIDE BODIES
- REVISE POLICIES AND STRATEGY AS APPROPRIATE & PROPOSE MITIGATING MEASURES
- COMPARE SEA WITH EARLIER DRAFTS OF THE STRUCTURE PLAN
- PUBLISH FINDINGS OF SEA

DIAGRAM1-Process of preparing the Strategic Environmental Appraisal of the Kent Structure Plan

出典：Kent Structure Plan, Third Review Technical Working Paper, Strategic Environmental Appraisal of Policies, 1993

図13-5　SEAの準備プロセス：ケント州地域基本計画

●イギリスの地域基本計画の SEA

　この考え方が，従来から行われている地域計画にも応用された。イギリスでは，カウンティ（州）ごとに Structure Plan，日本語では地域基本計画と訳される地域の総合計画が作られている。この計画策定プロセスに環境配慮を行うため，SEA が行われるようになった。

　初期の代表的な事例にケント州の SEA がある。これは 1993 年に作成されたものである。これは国のガイドラインの基本になった。地方の活動が国のモデルになったわけだが，これは極めて英国的アプローチである。1993 年後半に国は SEA のガイドラインを出した。ケント州地域基本計画のための SEA であるが，ここでは Strategic Environmental Appraisal と言っている（図 13-5）。この SEA にもとづき，1996 年にケント州の地域基本計画が策定された。

　この SEA のレポートは比較的薄いもので，コストがたくさんかかるようなものではない。大切なのは計画の意思決定過程の透明性を高めること。定性的評価が中心になり，評価結果は一覧表で表現し判断する。多様な側面について検討することがポイントである。

　最近の例では，持続可能性の評価を行うようになってきた。社会・経済的評価も積極的に含めるものである。イギリスでは環境評価から持続可能性評価へと移行中である。

　これらの経験が，英国政府に SEA の必要性を強く認識させた。英国環境省は 1991 年に SEA のガイドラインとして，Policy Appraisal and Environment を刊行している。1994 年にはケント州の例も参考にして，その続編，Environmental Appraisal in Government Departments を出版した。

●部門別計画の例，オランダの廃棄物処理 10 か年計画

　オランダでは政策に対しては環境テストを実施している。これは環境

配慮に関して簡便なチェックを行ったものである。しかし，計画については EIA の方法論が適用される。オランダでは，法律制定，政策，計画，事業という一連の手順がある。オランダの新方式では，法律制定には環境テスト，政策にも環境テストを行い，計画には SEA，事業には EIA を適用することになった。

新しい廃棄物法制定のため，1990 年代に環境テストが実施された。1992 年（試行）と 1995 年の 2 回実施された。この場合は，廃棄物処理政策に対しては何も行わなかったが，廃棄物処理 10 か年計画に対して SEA が行われた。このプロセスに環境影響評価委員会が関与したが，助言を行うのみで作業は廃棄物処理協議会が実施した。なお，事業に対しては通常の EIA を実施する。

最初に実施された 1992〜2002 年の廃棄物処理 10 か年計画の例を紹介する。2002 年に予測される廃棄物量を，政策目標は全て満たされるという楽観シナリオと，これが困難であるという悲観的シナリオの二つを想定し，そのもとで，可燃物は全量焼却という原案と，I から III まで三つの代替案が比較検討された。

このための評価指標は，環境中への汚染物質放出，酸性化，障害など 7 分野の 15 指標である（表 13-1）。これらデータの集約は行われず，表およびグラフを使って代替案の比較が行われた。

この SEA は廃棄物担当部局による自発的な取り組みであった。自発的に SEA を実行した理由の一つは，住民参加の実現である。信頼できる情報を得るためにも必要であった。アセスの実施により，国民は国家計画の策定に加わることができた。

このプロセスの効果は，より適切な案を選定できたことである。計画の最終決定で焼却能力の削減を決定し，当初提示した原案でなく，ごみの再生と分別を重視する案が選ばれた。最終的には代替案の II が選定さ

表13-1 オランダ廃棄物処理10か年計画のSEAにおける評価指標（1992）

テーマ	指標
環境中への放出	重金属（水銀とカドミウム）、重芳香族の炭化水素、ダイオキシン、有機化合物
酸性化	SO_2およびNO_X
障害	悪臭
気候変動	CO_2およびCH_4
エネルギー	エネルギー純生産
除去	埋め立てられる残留物、埋め立てられる化学廃棄物、残留物の再資源化
空間利用	空間の占拠

れた。分別と再利用に重点を置き、残りの廃棄物は焼却するという案である。

この事例ではSEAを実施した結果、国民の理解と協力を得やすくなったということである。

5. SEAの導入

●わが国での導入可能性

容易ではないが、わが国でもSEAの試みは少しずつ行われ始めた。例えば、川崎市の環境調査制度（1994）や東京都の総合アセスの試み（1998）がある。川崎市では、1991年に制定した環境基本条例に基づき環境配慮制度を作った。この制度はプロセスの公開制が低いが、政策・計画の早期段階から部局横断的に環境面での影響を検討するという点では、SEAの一つの要件を満たしている。

一方、東京都の総合アセスの試みは、総合計画の計画段階から公開制の高いプロセスで環境配慮を行うものである。2000年からの導入をめざし、環境保全局が中心となり1998年から制度の試行を始めた。この制度

では審査会委員15名の中に3名の公募委員を設け透明性は高い。しかし，社会経済面との比較考量と言う枠組みではなく環境面だけを評価するため，総合性という点では不十分ではあるが，期待したい。ただし，1999年になっても具体的な作業が進んでいないのが気がかりである。

これらの事例はまだSEAの部分的な試みであるが，横浜市青葉区における道路づくりへの住民参加では，本格的なSEA的取り組みがなされている。筆者は専門家としてと同時に地域住民の一人としてこの事例に直接関与した。数年間の準備期間の後，1996年から1998年にかけ住民参加による検討が行われ，整備しないという案も含めた代替案検討が行われた。

代替案の評価では，環境面だけでなく，社会・経済面の評価も行われた。この検討結果は簡単なパンフレットにまとめられた。青葉区の10万世帯中，1万世帯を対象に郵送法によるアンケート調査がに行われた。その結果では，計画対象の3区間のいずれも，整備する案がもっとも高い支持を受けた。その後，筆者も参加して専門家による研究会が持たれ，アンケート結果を踏まえて一応の結論が1999年に出された。

●SEA導入の条件

戦略的環境アセスメントを導入するための制度的な条件は，情報公開と住民参加である。社会の民主化が進むと情報公開は進むもので，わが国も1999年にようやく情報公開法ができ，2001年から施行される。政府の行政情報がすべて原則公開になる。

しかし，SEAにおける住民参加は対象となる人々の範囲が広くなるため，その実施は従来の住民参加よりも困難になる。いろいろと工夫をしなければならない。新しいメディアの活用も必要となる。

IAIAの国際共同研究を実施し，オランダのロブ・フェルヒーム氏とともにその報告書を書いたイギリスのバリー・サドラー氏は，ある国に

SEAを導入するための条件として以下の3点をあげている。
　第1は政治的意志と国民の支持である。意思決定プロセスはすでにあるのだから、SEA導入の成否はその国の人々の意志にかかっている。その上で、第2は、官僚の意識の変革が必要であり、意識改革のための教育が必須となる。そして、第3に、SEAのプロセスを進めるための専門家が存在しないといけない。
　具体的なSEAのプロセスでは、その中核は代替案の比較検討である。このための技術的な問題がある。この点について、SEAの代表的研究者の一人リキ・テリヴェルさんは、イギリスでの経験から語る。
　「郊外に住宅を建設すれば車の量が増えることは誰にでもわかる。数量的なものは不要と言える。影響の度合いの検討もそれほど難しくはない。簡単に計算できる。イギリスでは通常、そこまでチェックしない。質的評価でも、まあ大丈夫だからだ。コストに対して得られる効果はどうかという観点から見れば数量化は不要である。詳しい情報でなくてよい。質的評価から決断の多くは下せる。」
　このように語る理由は、イギリスでは活発な議論が行われるからである。そして。この議論のプロセスは透明性が要求される。よいSEAでは、幅広い人々が一堂に会して討論しており、皆で質的な結論を引き出すという。その場合、ほとんどのSEAは公開される。文書も当然、公開される。
　そして、「SEAには数量的な情報がまったくないとか、扱うべきではないというわけではない。詳細な情報が大量に必要ということはないので、コストがかかるからと言ってSEAを拒否しないようにしてもらいたい。その問題に関係する人達を捕まえれば、簡単にSEAを実行できる。」と言う。
　つまり、SEAはあまりコストがかからないと考えるべきである。不確

実性が高い段階なので詳細な分析はできないし，その必要もない。
　もっとも大切な点は，計画や政策の意思決定過程を透明なプロセスとすることである。このためには意思形成過程の情報を公開し，その上で計画案検討段階からの積極的な住民参加プロセスを作ることである。そうすれば，わが国でもSEAは導入可能である。意思決定過程の透明性をいかに高めるかは，日本社会改革のための根源的な問題である。

14 環境計画とアセスメント

1. 環境基本計画

　第13章で述べたように持続可能な発展のためには戦略的環境アセスメント（SEA）が必要である。そして，環境を保全するための環境計画自体も，SEAの対象となる。本章は，SEAと環境計画との関係について考える。

●環境計画とアセスメント

　まず，わが国における環境計画の歴史を簡単に紹介する。これまでも，環境庁が発足して間もない1970年代には国レベルでの環境政策に関する長期方針などが作られたことはある。しかし，環境計画の根拠法がなかったため，実効性は乏しかった。その後，1980年代からは，むしろ地方自治体レベルで個々の自治体任意の計画として地域環境管理計画が作られてきた。しかし，やはり明確な法的根拠がなかったため，これらの計画の実効性もまた必ずしも高くはなかった。

　1990年代に入ってようやく環境計画の実効性が生まれた。1993年に環境基本法が制定されたことにより，環境計画の位置づけが明確になった。環境基本法では，持続的発展が可能な社会の構築をめざすという環境理念の大きな転換があった。すなわち，従来のように人間の活動水準は所与として，排ガスや排水といった環境中に排出される汚染物質を削減するだけの対応では不十充分であるということである。いわゆる end of the pipe 的な対応だけではだめで，環境への負荷の原因となる人間

活動そのものに遡及する対策が必要だという考え方である。

この見地から，経済社会システムそのものの改変と，人々のライフスタイルの変更が不可欠となる。そのための方策が求められるようになった。この主要な政策手段として，次の三つが定められた。環境計画，環境アセスメント，経済的手段である。なかでも環境計画は中心的な役割を果たすもので，同時に地方自治体においても環境計画の推進が求められるようになった。

国の環境計画は環境基本計画という名称である。環境アセスメントと経済的手段は，環境基本計画の中で位置づけられている。しかし，環境基本計画自体の評価も行われなければならない。これには計画や政策のアセスメントであるSEAのアプローチが必要となる。

環境計画は，国および地域のあらゆる計画の制約条件を与えるものと考えるべきである。例えば，市町村の総合計画なら，その制約条件を与えるものとして，総合計画と同等，あるいはその上位に位置づけられるべきものと言える。

環境基本法は国の法律だから，これに基づく環境基本計画は国レベルのものである。国の環境基本計画は1994年に作られ，計画の内容を国民に伝えるため計画文書のほか解説書，さらに普及啓発のためのパンフレット類も出版されている。この計画は，4つのキーワードで構成されている。これらは，循環，共生，参加，国際的取組みである（図14-1）。国の環境基本計画の詳細については巻末の参考文献を参照されたい。

一方，都道府県や市町村でも，各地で環境基本計画が作られているが，これらの地域レベルの環境基本計画も，国の計画の枠組みに沿っている。これら，地方自治体においても環境基本条例を制定し，これにより環境計画の実効性を担保するようになってきた。

これらの環境計画に共通する基本的な考え方の一つは，地球環境問題

> **長期的な目標**
>
> 【循環】環境への負荷の少ない循環を基調とする経済社会システムの実現
> 【共生】自然と人間との共生の確保
> 【参加】公平な役割分担の下でのすべての主体の参加の実現
> 【国際的取組】国際的取組の推進

図 14-1　環境基本計画の基本的な考え方

の解決に向けた積極的な対応をめざしていることである。

2. 自治体の環境計画の例: 京都市の環境計画

1997年12月に京都市で地球温暖化防止のための国際会議が開かれた。正式名称は気候変動枠組条約第3回締約国会議（COP 3 : Conference of the Parties 3）である。COP 3 を開催した京都市では，この会議の前後から，会議開催国として地球温暖化防止のために積極的な取組みを行っている。

● 温暖化防止と京都のまちづくり

地球温暖化防止のためには，地域社会のシステムを根本から変えなければならない。具体的には国の環境基本計画に示されたキーワードの中でも，特に循環と共生の両者を満たすことが目標となる。このような観点からの総合的な取り組みが必要である。したがって，まちづくりと連動させることが必要となり，そのような計画でない限り地球温暖化防止は実現できない。そして，その実行のためには，もう一つのキーワードである参加が不可欠である。

例えば，COP 3 の開かれた1997年に改築され，近代的なビルとなった

京都駅ビルがある。このビルは国際コンペを行ってデザインを決めた。いわば最新のデザインによる近代的なビルだが，京都にマッチするだろうか。この計画には賛否両論があった。近代技術の集大成としての評価はできるが，地域の風土にあったデザインという点ではどうだろうか。地域環境との調和が求められている。

　写真14-1は，南禅寺界隈の様子である。こちらは，いかにも京都らしいたたずまいを見せている。しかし，寺院という宗教活動の場であるため守られてきたという特殊性がある。そして，一帯の東山の自然環境もこのような歴史の中で保全されたものである。だが，それとともに，この地域の雰囲気を壊さないような工夫が町づくりに活かされている。寺院だけでなく周辺の住宅地もこの環境にとけ込むような町づくりの工夫がされている。また，鴨川の上流，賀茂川に面した住宅地も静かなたたずまいを見せている（写真14-2）。

　だが，京都の市内はこのような地区ばかりではない。現代都市として

写真14-1　南禅寺界隈の様子（京都）

写真 14-2　賀茂川の川原と下鴨の住宅地

写真 14-3　都市化した京都の都心部（木屋町御池）

他都市と共通の問題を抱えている。都心部での大気汚染や騒音，水質汚濁などの環境問題の発生である。(写真14-3)は都心部の一つ，御池通りが鴨川を渡る辺りの現状である。ここは，古都の風情があまり見られない。しかし，鴨川に面しており，東のほうには東山を間近にみる。このような立地条件なのだから古都の風情を活かした計画が望まれる。

現状は写真のように自動車交通が極めて多く，ラッシュ時の交通渋滞はどこの都市でも見られるような状況である。その原因は観光客による自動車利用だけでなく，生産と生活の両面での市民による自動車利用が増大した結果である。以前，京都市内には路面電車(市電)が走っていたが，モータリゼーションの進行が市電の廃止をもたらした。市電の走行スペースが自動車用に使われるようになったが，自動車交通の状況はなかなか改善されず，新たな交通を発生させたという側面もある。自動車利用のために道路を増やすという対応だけでは，交通公害の問題は解決できない。

このような自動車利用は温室効果ガスの大きな発生源であり，地球温暖化防止のためには自動車利用を減らさなければならない。しかし，モータリゼーションが進行した今日，自動車への依存の大きい都市システムになっており，自動車交通の削減は容易ではない。この解決のためには交通システムを全体として考えなければならず，その計画作りが求められている。

そこで，京都市では，COP3の開催をきっかけに地球温暖化防止計画の作成と実行に取り組んできた。これには，市民・行政・企業・専門家の協力が必要であり，そのような取り組みがなされている。

● 「京(みやこ)のアジェンダ21」の策定

まず，COP3の開催された1997年直前の京都市の取り組みを見てみよう(図14-2)。1996年3月に新京都市環境管理計画を策定し，この実

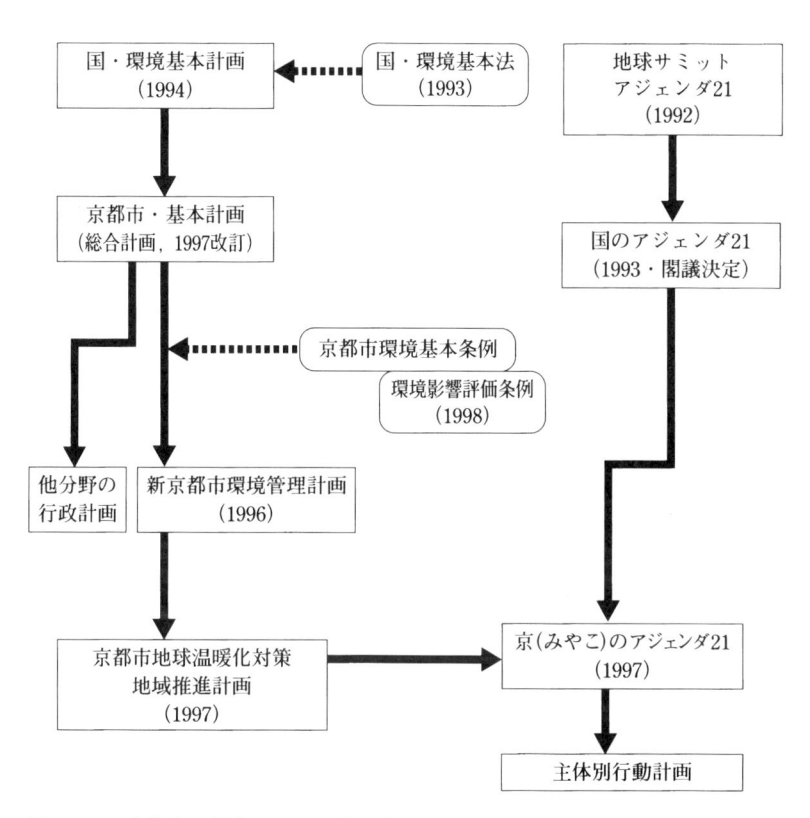

図 14-2 京都市の総合計画と環境関連計画

効性を確保するため翌 1997 年 4 月には京都市環境基本条例を施行した。そして，同年 7 月に，京都市地球温暖化対策地域推進計画を策定し，温暖化防止に具体的に取り組み始めた。

この地域推進計画と並行して，行動計画として「京のアジェンダ 21」が作成された。アジェンダ 21 は 1992 年，リオの地球サミットにおいて

世界各国の合意のもと作成されたもので，わが国もこれを受けて1993年12月にその国別行動計画を閣議決定している。そして，地方自治体での行動計画としてローカルアジェンダの作成が求められた。京のアジェンダ21もその一つである。まさに，環境保全の合言葉であるThink Globally, Act Locally の対応が必要となった。

　1997年10月に公表された計画文書によれば，「環境保全を基本としながら，地域のコミュニティの活性化，伝統の継承と新しい産業や文化の創造といったような豊かな町づくりにもつながる持続可能な都市づくりをめざす行動計画・行動指針として「京（みやこ）のアジェンダ21」をつくり，21世紀以後も持続的な営みができる都市・京都をめざします。」となっている。このため，市民，事業者，行政の三者の具体的な行動計画・行動指針づくりを行う。例えば，行政内部でもこれにもとづき庁内の行動率先実行計画として，京都市役所エコオフィスプランが作られた。市は自ら，積極的な取り組みの姿勢を市民に示したわけである。

　このような取り組みは全国の自治体で行われているが，京都市では都市計画との連動も考えているところが特徴的である。このように都市計画も視野に入れて取り組む自治体も次第に増えてきたが，1997年前後の時点ではまだ新しい取り組みであった。

　「京のアジェンダ21」は持続可能な都市づくりをめざす行動計画・行動指針ということであり，総合的なものだが，その中心課題は地球温暖化防止である。その目標は，具体的には温室効果ガスの代表である二酸化炭素排出量の削減のために総合的な取り組みを行うこととしている。京都市は二酸化炭素排出量を，2010年までに1990年レベルの90％に抑制することを目標としている。このことは，1997年に策定された上述の京都市地球温暖化対策地域推進計画に定められている。この上位計画を受けて，「京のアジェンダ21」が策定された。

●京都市の地球温暖化防止計画

　二酸化炭素の排出は，大量生産，大量消費，大量廃棄を基調とする現代の事業活動や市民生活によるものである。すなわち，その過程で大量の自動車交通が発生している。この問題解決には，社会を消費・廃棄型から循環型へ転換することが基本である。同時に，京都の特徴である永い歴史によりはぐくまれてきた文化や，自然景観，歴史景観を継承し，さらに活力があり魅力的な都市空間を形成することが求められている。両者の要求をどうやって両立させるか，これが京のアジェンダ21による取り組みの課題である。

　そのため，多様な主体の協働により，以下の三つを基本方針として取り組んでいる。
①京都の特性を活かした生活様式と事業活動づくり
②環境と共生する物・エネルギーの循環システムづくり
③環境にやさしい交通と物流システムづくり

　これら三つの基本方針に基づき，次の５つの重点取組みがあげられている。この，目標，基本方針，重点取り組みという階層的な流れは環境計画において一般的に見られる形である。

・重点取り組み
①省エネルギー・省資源のシステムづくり
②グリーン・エコノミック・ネットワークづくり
③エコロジー型新産業システムづくり
④エコツーリズム（環境調和型観光）都市づくり
⑤環境にやさしい交通体系の創出

　このように計画の内容はかなり総合的なものであり，かつ，根本的な社会変革をねらったものである。これを見ると，二酸化炭素排出量の削減という目標は，持続可能な発展が可能なように社会経済システムを変

革し,新しいライフスタイルに変えていくための一つの総合指標的な意味を持つといえる。

これらの中で,特に⑤環境にやさしい交通体系の創出,について見てみよう。市の取り組みは,都市計画局と環境保全局の両部局が中心となってこの問題に取り組んでいる。都市計画と連動した環境計画の取り組みである。

市の都市計画担当者の話では,公共交通を重視する交通体系に変えていくことに主眼を置いている。公共交通は,効率的で環境にやさしいのが利点だとする。京都市では1999年時点で地下鉄は烏丸線と東西線の2路線があるが,この地下鉄の拡充を計画している。地下鉄だけではネットワークは十分でないから,当然バスも重要な手段である。そこで,バスを使いやすく魅力的にする努力がなされている。特に,定時性の確保が重要だという。そして,排ガスを直接は出さない市街電車の活用も考えたいということである。

一方,市の環境保全担当者の話では,市の環境計画の中で,京のアジェンダ21にもとづく計画が中心的な位置を占めている。これは市民・事業者・行政のパートナーシップで行う計画という位置づけである。その中で環境にやさしい交通体系をめざしている。産業活動との関係ではエコツーリズムが重要だが,同時に公共交通機関の整備が重要な課題である。地下鉄やバスの他に,自転車の使いやすい町にすることも重要と考えている。駐輪場の整備や,自転車道の整備などの方策を行う。

これらの計画は行政の力だけでは実行できない。市民,事業者,行政,そして,専門家という地域社会の各メンバーのパートナーシップで行うことが不可欠である。そのため,これら4主体が参加して活動する場として,「京のアジェンダ21フォーラム」を作っている(図14-3)。

フォーラムの活動は,単に会議を行うだけでなく,講演会やシンポジ

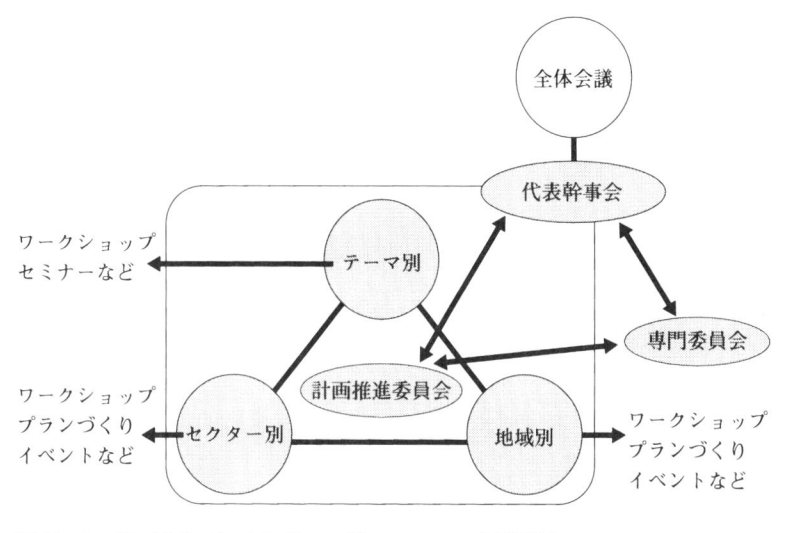

図14-3　京（みやこ）のアジェンダ21フォーラム組織図

写真14-4　京のアジェンダ21フォーラム活動

ウムの開催により普及啓発をはかり，ニュースレターの発行も行うなど，多岐にわたっている。この活動のため，市は都心部の廃校になった小学校の教室を使うなどいろいろな便宜をはかっている（写真14-4）。

このように，京都市では温室効果ガスの代表である二酸化炭素を削減するため，交通体系全体を見直すことを始めた。自動車利用を減らすにはどうしたら良いかを上記4主体のパートナーシップで検討している。そして，身近なことから具体的な行動を始めている。

さらに，路面電車の復活についても議論を始めた。京都はわが国の市電発祥の地である。東山の三条蹴上げにできたわが国最初の水力発電所からの電力を使って，市電を走らせた。現在は市電を廃止してしまったが，発想の転換が必要な時である。電力を動力とする路面電車の活用は地球環境保全に効果的である。パートナーシップでの検討による新しい取組みが期待される。

3. 環境と調和したチューリッヒの交通システム

このような環境を配慮した交通体系づくりは，欧米の環境先進諸国においてすでに行われている。とりわけ人口密度の比較的高いヨーロッパ諸国での取り組みが積極的である。そこで，総合交通体系の整備により自動車交通の発生を減らす取り組みの例を紹介する。その代表例の一つはスイスのチューリッヒ市での取り組みである。

● 市内での自動車利用が減ったチューリッヒ

チューリッヒは市域自体の人口は36万人ほどであるが，都市圏の人口は100万人ほどになるスイスで最大の都市である。

この町は，世界の金融センターとしての現代的な都市景観を誇っているが，同時に都心部には中世の街並みが残る歴史的環境の豊かな都市でもある。チューリッヒ湖に続くリマト川沿いの両岸に中世の街並みが続

写真14-5　チューリッヒの旧市街

写真14-6　チューリッヒの路面電車（トラム）

く（写真14-5）。

　そして，自然環境とも調和した町である。チューリッヒ湖，リマト川の両岸は丘陵地になっていて緑と水の豊かな町である。市民は気軽に湖や，周辺の森に遊びに行ける。冬季などはチューリッヒ湖の向こうにアルプスの山々を臨むことができる。そして，この町の市民の足はトラム（路面電車）である（写真14-6）。

　路面電車の路線が密度高く走るだけでなく，路面電車でカバーできない地域は，トロリーバスやディーゼルバスが走っている。その他，スイス国鉄の近郊電車も走り，川と湖には舟運もある。その結果，公共交通機関は，まさに網の目のようなネットワークとなっている。市内では，これらの公共交通機関のどれかに300m以内の距離でアクセスできるようになっている。これは，徒歩4分以内で，公共交通機関の駅か停留所に行けるということである。

　この結果，都心部では自動車交通の量は同程度の規模の都市に比べ著しく少ない。チューリッヒ市都市交通局によれば，公共交通機関の利用率が37％にもなる。この利用率は，同じく自動車利用を抑制する施策を取っていることで知られるドイツ各都市における値の2倍前後にもなる。

　公共交通の利用率がこのように高いということは，そのぶん，自動車使用が抑制されたことを意味する。市の担当者によれば，自動車の保有は経年的に増えて来たが都心部での使用は減ったという。実際に市民も，自動車を持っていても都心部に行くときはトラムを使うと言っている。緑豊かな住宅から10～15分ほどトラムに乗れば都心部に着く。（写真14-7）

　繁華街への自動車乗り入れ規制も行っているが，その成功例が市の一番の繁華街，バーンホフシュトラーセでの規制の実施である。当初，地

写真14-7　トラムで10分ほどの住宅地

写真14-8　車を規制したバーンホフ・シェトラーセ

元商店街は大変心配をした。ところが今では，かえって魅力的な商店街になっており，客層も購買力の大きな層に移ってきたという。都市の活性化にも大きく寄与したことがわかる（写真14-8）。

●使いやすいチューリッヒの公共交通機関

このように市民がトラムを始めとする各種公共交通機関をよく使っている理由は，まずネットワークがよく整備されているからである（図14-4）。しかし，それだけでなく，さらにさまざまな工夫がされている。

まず，乗車券の工夫がされている。1日乗車券のほか，1か月有効，1年有効のパスが売り出されている。これは，いわゆる環境パスの一種である。すなわち，チューリッヒ都市圏の公共交通機関，路面電車，トロリーバス，ディーゼルバス，国電，水上バスのすべてに乗れるパスである。そして，長期間有効なパスほど割安になっている。例えば，1999年の時点で，1か月のパスは70スイスフラン，1年有効のパスは658スイスフランとなっている。年間パスなら1日当たり1.8スイスフラン，日本円で120〜130円（1999年価格）ほどでしかない。また，パスは家族の誰もが使うことができる。

したがって，いったんパスを買うと，自動車よりも公共交通機関を使おうというインセンティブが生まれる。ともかく，市内では徒歩4分以内で停留所にアクセスできるのだから抵抗は少ない。

例えば，このパスを使って路面電車に乗ってみよう。まず，感心するのは時間が正確だということである。路面電車だが，わが国における通常の電車のように正確な運行がなされている。トラムの時間を見て，時計を合わせる人もいるようで，市交通局の担当者は，これを自慢している。市民の信頼のほどがうかがえる。

路面電車に乗るとき改札の必要はないので，乗降は極めてスムースである。煩わしくないだけでなく，乗降時間が短くなるため，これが定時

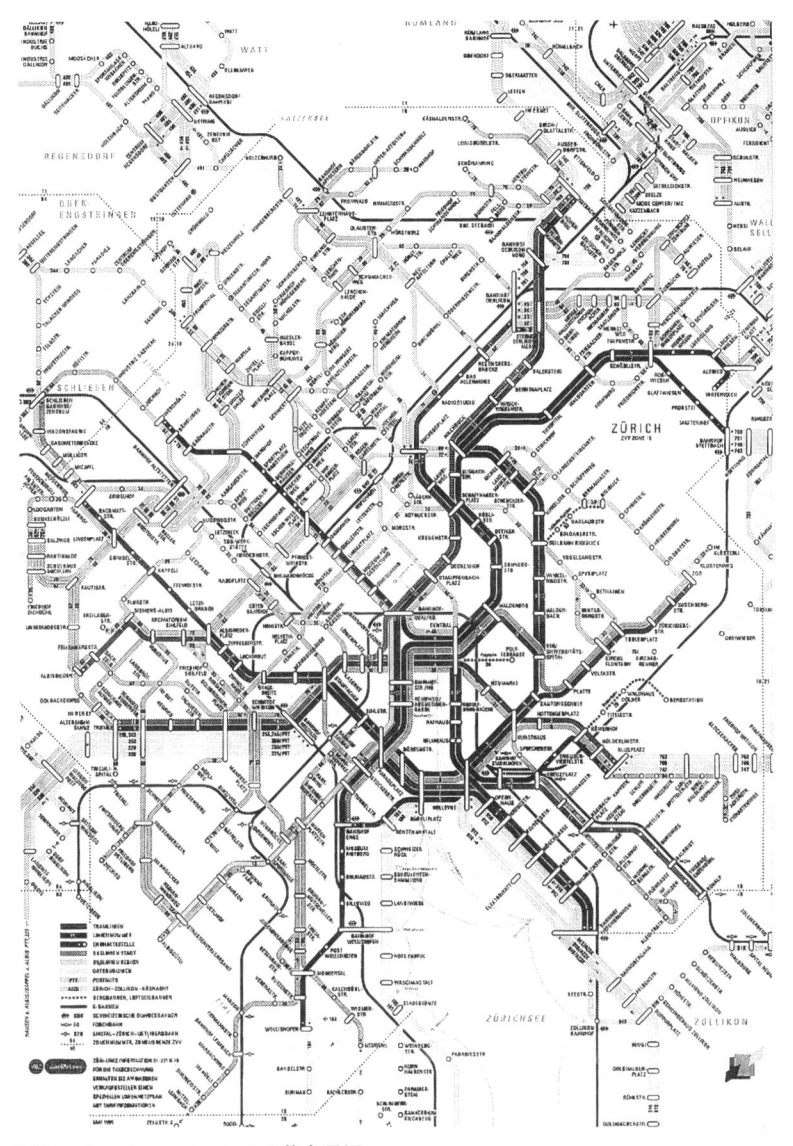

図14-4　チューリッヒの公共交通網

運行にも寄与している。時折，車内に検札が来るが，乗車券かパスを持っていなければ罰金を払わなければない。不正乗車をする人はあまりいないようだ。

　車内は非常に清潔で，快適になっている。市の交通局は車内がいつも清潔に保たれるよう清掃にも力を入れている。車体の整備も入念に行うので車体が長持ちする。30～40年は使えるという。このため，さらに快適な最新式の車両に代えたくても，すぐにはできない。最新式の車両は，高齢者や障害者の乗降が楽になるよう床が低くしてある。市はこのような努力を継続している。

　そして，乗り換えも極めてやりやすい。地下鉄の乗り換えはエスカレーターが整備されていても，階段を使わざるを得ない場合もかなりある。路面電車は平面で，しかも短距離の歩行でまったく自由に乗り換えができる。この簡便さは，東京などの地下鉄や電車の乗り換えとは比べものにならない。

　わが国でも市電の残る町では，このような状況が今でも見られるが，環境パスでは，より便利である。切符の清算や買い直しは不要だし，改札の煩わしさもない。気軽に乗り換えができる。

　環境パスの良さは，他の交通機関への乗り換えも自由だということである。例えば，路面電車からトロリーバスに乗り換えることもできるし，ディーゼルバスに乗り換えることもできる。これらのネットワークは相互に連結されており，乗り場は，交通手段間の乗り換えがしやすいようデザインされている。路面電車だけでなく，交通体系全体で市民の足を確保しており，その結果，自動車利用が減っている。

● 市の交通政策

　なぜ，これほど使いやすくなっているのだろうか。チューリッヒ市の都市交通局の担当者の情報から判断すると，以下の5点が考えられる。

(1) 環境パスの導入

これは上で述べた「虹のカード」である。環境パスは市民が公共交通機関を，文字どおり市民の足と実感できる効果を発している。

このためには交通を運営する各事業者の協力がなければならないが，チューリッヒでは市の交通局や国鉄だけでなく，都市圏の30社ほどの中小の民間事業者も協力して公共交通のネットワークを形成し「虹のカード」を発行している。市は市民のすべてがこの虹のカードを持つようになってもらいたいと言うが，これだけ便利だと，そういう方向に行くのではないかと思えてくる。

(2) 車内検札

これは小さなことのようだが，筆者は重視している。改札口や駅施設が要らない，車内での検札システムは，交通機関の乗降場所の設置を容易にする。自動改札機も要らない。パスのチェックは人力で行うので，これは無駄のようだが，見方を変えれば雇用創出にもなる。そして，改札をしないというシステムの根底には互いの信頼関係がある。モラルの問題が関係する。わが国も，昔のような恥を知る国に戻れば，十分に適用可能なシステムであるはずだ。

車内検札が可能となるためには物理的条件もある。極端な車内混雑があまりないことが必要である。チューリッヒでは人口当たりの公共交通機関の整備率が高い結果だが，経済大国の日本でなぜ同じことができないのか。チューリッヒの交通体系全体は路面電車とバスが主体であり，費用が膨大にかかる地下鉄はほとんどない。市民にとって使いやすい交通手段は費用も適正なのかもしれない。

(3) 周到な交通管制

公共交通機関の信頼性の基本は定時運行である。路面電車を時計代わりにするほどの定時制を確保するため，交通制御システムが導入されて

いる。市の交通局に交通機関全体の運行状況モニターシステムがあり，これにより運行状況をチェックしている。基本的には，警察との緊密な協力関係のもと，交通規制や交通の誘導によりマイカー交通を制御しており，公共交通機関の運行上の支障は少なくなっている。

そして，渋滞などで定刻どおりに運行できなかったり，事故などで運行していない区間が見つかると，警察と連動して交通官制を行う。時には臨時のディーゼルバスを走らせて対応することもある。基本的に市内の自動車交通は抑制されているため，これはめったに起こらないが，このように緊急時の対応の準備もした上で交通制御をしている。

(4) 市民にわかりやすいシステム

路面電車のもう一つの効用は，ネットワークがわかりやすいということである。道路内の線路は，地面に書いた地図のようなものである。このためネットワークが市民の頭に入りやすい。バスと違って，乗り間違えても容易に気づき，また，環境パスなら乗り換えも苦にならない。

そして，各種の交通機関も同じ公共交通ネットワークに入っているということがわかるような工夫がされている。車体は白と青のツートンカラーになっており，一目でこの交通体系に入っていることがわかる。広告板は車両の上端に小さく取りつけてあるだけで，車両の識別しやすさを優先する配慮がなされている。

(5) クリーンな交通機関

このような総合的な取り組みがなされているが，路面電車，トロリーバス，国電，いずれもクリーンエネルギーの電力である。これらを中心に総合的な交通体系を整備している。船はほんの一部しかないが，ディーゼルバスへの対応は重要である。

チューリッヒではディーゼルバスの排ガスの浄化にも力を入れている。市はドイツの自動車メーカー，メルセデスベンツと共同して粒子状

物質(PM)の除去装置の改良を行ってきた。すでに1990年からPM除去フィルターを使用しており，担当の技術者によればPMの90％以上が除去できるという。フィルターの価格は25,000スイスフラン(1999年価格，約175万円)である。そして，新しいフィルターがイギリスのメーカーにより開発され，これは14,000スイスフラン(1999年価格，約98万円)という低価格になった。

費用はある程度かかるが環境配慮のコストとして必要だという考えで，このような対策が講じられている。わが国でも，1999年になって東京都がディーゼル車の排ガス対策を積極的に講じ始めた。わが国ではフィルターの費用が200〜300万円もするとか，技術的に対応できないなどと事業者には消極的な対応が見られたが，世界には進んだ技術がある。チューリッヒの例は良い参考になるであろう。工夫次第で費用は下がるものである。

4. 地域の総合計画のSEA

このように，チューリッヒでは総合的な交通体系の整備により自動車利用を削減している。このスイスの例を見ると，わが国でもこのような取り組みの可能性を探るべきではないかと考えられる。このためには，地域の総合計画による総合的アプローチと合意形成が不可欠である。

京都市の例でも，市民，事業者，行政，そして専門家という多様な主体が協力し，そのための議論の場を形成している，このことが必要である。まず重要なことはメンバーの選定である。利害関係のあるメンバーの代表者は皆，参加できるようなものでなければならない。

そして，議論は透明性の高いプロセスで行うことが必要である。議論の正確な記録とその公表は極めて重要である。誰が何を言ったか，議論の内容が具体的にわかるよう記録しなければならない。透明性の高いプ

ロセスにするためには，公開を前提に直接の当事者でない人たちにもよく理解できるような記録でなければならない。

　政策や計画の意思決定にどうつなげるか。これらの意思決定につながる参加を行うことが肝要である。すなわち，計画を実現するためのシステム作りが課題と言える。

　チューリッヒ都市圏の人口は100万人ほどであり，京都は150万人近くである。そして，経済水準は我が国もスイスも世界の最高水準で，ほぼ同じ水準である。すなわち公共交通機関の整備や町づくりの財源のおおもとである経済力がわが国にないというわけではない。しかし，わが国では難しく，なぜチューリッヒでは公共交通体系のこれだけの整備が可能となったのか。

　一つには，スイスでは富が国民生活の福祉の向上に適切に使われるシステムであるということであろう。スイスは連邦制で地方分権が進んでいる。直接民主主義の国として有名である。その結果，生活福祉の向上に重点を置いた政策が行われやすい。チューリッヒでは膨大な費用のかかる地下鉄ではなく，路面電車やバスを中心にした費用対効果の高い交通システムを整備している。これは，計画に民意が十分に反映される計画システムになっていることも重要な要因である。

　そして，もう一つ，都市構造の問題がある。土地利用条件が厳しいことはスイスも同じである。チューリッヒ市の平地部分はほんのわずかであり丘陵地が多い。平地は京都よりもずっと少ない。しかし，地域の土地利用計画がきちんとしている。このため，道路の幅員が比較的広く路面電車の通行が可能となった。とはいえ，京都の市電が通っていた道路とそれほど大きな差はない。問題は広幅員の道路の密度が，京都ではチューリッヒほど高くはないことである。結局，適切な土地利用計画が必要だということになる。

この適切な土地利用計画のためには環境面の配慮が不可欠であり，第13章で考察したSEAが必要となる。SEAを実施するためには，計画プロセスの改善が重要な課題である。

15 アセスメントの今後

これまでの学習で，環境アセスメントとは何か，基本的な内容は理解されたことであろう。本章ではアセスメントの今後について考える。

1. 現行制度の改善

自治体の制度もアセス法の仕組みを基本にしており，わが国のアセスは，いずれも事業アセスである。アセス法の適用は 1999 年に始まったばかりで結論を出すのは早いが，残された問題点はある。だが，事業者の自主的対応や法の運用次第でこれらの問題点はかなり解決できると思われる。

このような観点からアセス法の改善点について見ていこう。代表的なものとして，以下の 7 つが考えられる（表 15 – 1）。

表 15 – 1　アセス法の改善 7 項目（予測）

```
1．対象事業の拡大
2．代替案の検討
3．参加手続きの充実
4．予測・評価技術の開発
5．フォローアップの担保
6．アセス関連情報の蓄積と活用
7．審査体制の整備
```

● 対象事業の拡大

　まず，第二種事業の規模下限値の引き下げである。現在の規定では第一種事業の規模下限値の，4分の3を基本にしているが，よほど規模が小さくない限りアセス対象とすべきかのチェックが必要である。

　そして，対象事業の種類を拡大することも必要である。また，対象リスト以外の事業への対処も必要である。地域住民等が，アセスが必要と考えるものは検討するという規定が必要である。例えば，愛知万博は本来，アセス法の規定では対象とならないが，1995年の閣議了解でアセスの実施が決められた。また，何十年も前に事業計画が決定し部分着工という形で少しだけ事業は行われているが，事業の本体はこれからという場合なども，当然アセスの対象になり得る。

　そして，埋立事業など面的開発事業では，事業を複数期に分けて1期当たりの事業規模は小さくしてアセス対象からはずそうとすることが生じ得る。このようなことのないよう将来計画も含めたアセスが必要である。これは上位計画のアセスを行えば対応が可能であるが，事業単位でもアセス逃れの生じないような工夫がなければならない。

● 代替案の検討

　新しいアセス制度の趣旨は，まだ十分に理解されていないようである。アセスは，環境保全の見地から事業計画をよりよいものに変えてゆくための手段であることを明確に認識する必要がある。

　準備書では複数案の比較検討などを通じて，事業者が，環境影響の回避・低減に努めたことを説明することが求められている。このためには，代替案の比較検討は不可欠である。欧米の環境先進諸国の制度では代替案の検討が必須である。

　複数案とは，原案とその代替案ということだから，アセス法で複数案の検討が推奨されていることは，原案以外に代替案検討が必要だという

ことである。複数案の比較をしないで、事業者は環境影響の回避・低減に努めたことをどうやって説明できるであろうか。いろいろ比較して、所与の制約条件のもとでの最適解を示すのがわかりやすい方法である。

法律の条文には代替案検討が明記されていないが、こうして考えるとアセス法の趣旨から言えば、結局代替案検討は不可欠だということがわかる。準備書で代替案の比較検討が必要だということは、方法書段階から検討する代替案を絞り込んだほうがよいことになる。

● 参加手続きの充実

アセス手続きの各段階における参加の推進が必要である。方法書段階、準備書段階、いずれも積極的な意見交換が重要である。スクリーニング段階でも参加ができることが望ましい。第3章で述べたさまざまなコミュニケーションの工夫ができる。事業者の自主的判断で、以下のようなことが可能である。

まず、方法書や準備書などのアセス文書が完成したことの周知徹底をはかり、関係者が入手しやすくすることである。文書コピーの入手費用は安くし、インターネットの活用もすることが効果的である。

そして、提出された意見書に事業者がどう答えたか、きちんと文書で示すために見解書を作成し公表することが望まれる。

もう一つは、意見交換の場を積極的に持つことである。説明会でも質疑は可能だがそれだけでは不十分である。住民等の意見を積極的に表明できる公聴会の設置が望ましい。そして、その運営方法は双方向での意見交換ができるようなものでなければならない。

事業者が住民等の意見を一方的にただ聞き置くというだけの公聴会では意味がない。大切なのは双方向の意見交換であり、計画案が環境配慮したよりよいものに変化していくようなプロセスでなければならない。

● 予測・評価技術の開発

　環境の概念が広がり，環境への負荷の評価や，自然との共生の観点からの評価が必要になった。このため，これら生態系の評価など，新しい分野における予測・評価技術の開発が必要である。

　この新しい概念は，わが国ではまだなじみが薄い。特に自然との共生では海外の事例が参考になろう。例えば，スイス連邦工科大学のシュミット教授のチームは「こうもりの飛行シミュレーション・モデル」の開発なども行っている。これなど，わが国の従来の発想では出てこない。

　また，評価手法の考え方も新しいものが必要である。評価においてできるだけ定量化することが必要だが，定性的な評価も有効である。代表例として，景観などは定量化は難しい。しかし，評価対象を見れば順位づけはできる。予測・評価のためには，計画により景観がどう変化するか，ビジュアルなシミュレーション・モデルが必要となる。

　例えば，コンピュータ・グラフィックスによる山岳景観のシミュレーション・モデルがある。マッターホルンのような風景があったとすると，これは明らかに素晴らしい景観である。この場合，数量化は必要がない。風景には絶対的な数値を与えるよりも，そのものを示して評価してもらう手続きのほうがよい。

● フォローアップの担保

　事業者はアセス手続きをスムースに進めるため，アセス段階では事後のフォローアップに対し積極的であるが，その担保が必要である。ただし，アセス段階では計画の内容が未確定だからフォローアップに任せるとするのは間違っている。この場合は，計画の内容や外的条件を種々想定した複数の代替案を比較検討しなければならない。

　フォローアップを効果的なものにするためには情報の信頼性が必要である。そのためにはより公開性の高いものにしなければならない。行政などが仲介して，事業者と地域住民等の間で協定を結びフォローアップ

の体制を確実なものにしておくことが必要である。

●アセス関連情報の蓄積と活用

アセス文書やその分析データや環境情報の蓄積を図り，これらの情報へのアクセスを容易なものにする。

このためには，まず，データの信頼性を確保するため，調査を委託した場合の委託先名の記述は，調査を担当した技術者名も書かせることが必要である。これは事後の確認にも役だつ。とりわけ，生物関係のデータは，調査技術者による差が大きいと言われるので重要である。

アセス文書は生情報が必要だが，利用の便を考えると情報はできるだけ電子化して蓄積することが望まれる。なお，バックアップとして印刷情報も必要となる。

これらの情報は国民共有の財産であるという認識が必要であり，行政だけでなく，事業者やNGOなど多様な主体の利用に供するべきである。

●審査体制の整備

地方自治体の制度ではいずれも審査会に相当する組織があり，専門家による第三者的立場からの審査が行われている。国のアセスでは環境庁の職員が審査を担当するが，案件に応じて外部の専門家による審査ができるような体制が必要である。

例えばオランダでは，環境影響評価委員会（EIA委）がアセス審査を担当するが600人ほどの専門家のプールを持っており，適宜専門家の協力を得ている。オランダは人口1500万人であるから，その8倍もの人口があるわが国は，数千人の専門家プールがあってもおかしくはない。

2. 大切なスコーピング

アセス法による新しい制度で，従来わが国であまりなじみのなかった手続きは方法書段階，すなわちスコーピングである。効果的なアセスを

行うためには，スコーピングが特に重要である。

● スコーピングの必要性：NEPA における経験

　世界で初めてアセスを始めたアメリカにおける初期の経験からスコーピングが始まった。アメリカでは，NEPA が運用されて最初の 6 年間の実績を検討し問題点を分析した。アメリカは NEPA 施行後，しばらくは当初のガイドラインにそってアセスを実施していた。しかし，次第に長大な報告書が作られるようになり，単なる資料作りにすぎないものとなってしまい，あまり有用ではなかった。

　そこで，1978 年に CEQ が新たな規定を設けて，問題点を絞り込むよう助言した。そのねらいは，アセス文書を市民が理解しやすいものにすることである。すなわち，民主主義社会を動かすには，もっとガラス張りにすることが必要だと認識されるようになった。

　地域の実情に詳しい人々を無視して検討範囲を決めるのは不適切であり，地域住民や NGO からの意見を尊重しなければならない。彼らの声を十分に聞いて重要な問題点だけに焦点を絞ることが必要である。アメリカの経験では，そうすれば結局は費用の節約になり，事業者にも益することが極めて大きいことが明らかになった。

● スコーピングの趣旨

　NEPA で追加されたスコーピングは，その後の各国の制度でも標準的な手続きとなった。

　スコーピングでは，検討する代替案の範囲を絞り込むことも必要である。調査・予測・評価の方法を絞り込むだけではない。アセス法では方法書段階で代替案を列挙することは求めていないが，この段階で代替案を示しておくほうが手戻りや手続きの遅滞が生じにくい。

　大切なことは，事業者だけでなく地域住民や NGO など関係するすべての主体が参加して検討することである。

このため，方法書は薄くてよい。自由な議論ができるためには，むしろ，薄いほうがよい。オープンな議論ができるよう，中身をあまり固めない段階で情報公開して，公衆の参加を求める。幅広い意見が出ることこそ重要なのである。十分なスコーピングが必要である。

●わが国での経験：万博アセスでの手続き遅れの発生

わが国でも，十分なスコーピングの必要性を確認させた例がある。アセス法の先取りとして行われた愛知万博のアセスで，方法書段階から検討すべき代替案を列挙しておくことの必要性が明確になった。

このアセスでは，1998年4月に公表された実施計画書（方法書に相当）に対し，住民やNGOなどから原案の他に代替案を列挙するよう意見が出たが，実施計画書には代替案が記載されなかった。しかし，準備書の公表後に，原案の他に代替案を検討することが必要となった。

会場予定地の「海上（かいしょ）の森」の自然が事業者の予想以上に貴重なことが判明したからである。具体的には貴重種であるオオタカの営

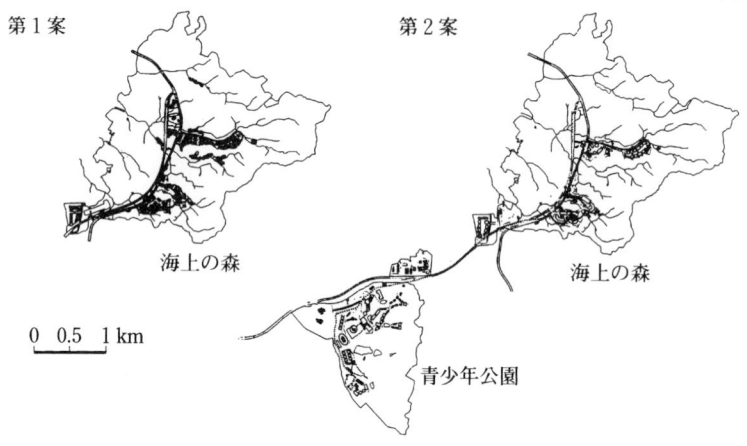

図15-1　愛知万博アセスの代替案

巣が発見された。このため，変更案を検討せざるを得なくなった。当初案（第1案）と変更案（第2案）では対象地域が大きく異なる（図15-1）。第2案では隣接する青少年公園地区も会場予定地として加えられた。この第2案に類似した案はすでに実施計画書段階で地域住民やNGOらが提案していた。しかし，この段階では事業者は，これらの意見を採用しなかった。

　準備書は1999年2月に公表され，その後，評価書は同年10月に公表された。この間に上記の計画案の変更がなされた。このため，第2案の部分は調査が不十分となった。自然環境調査は2か月のみで，アクセス交通による影響の予測評価もしておらず，不十分なアセスとの強い批判が出された。通産省の評価書意見検討会においても，この第2案では環境影響を低減できないと判断された。博覧会国際事務局（BIE）は環境配慮が十分ではないとして2000年5月に予定されていた登録申請の延期を助言し，アセス手続きは実質上延長になった。

　方法書段階での意見が，準備書にフィードバックされなかったことが，この事態を招いたと言える。もし，方法書の確定版に複数の代替案が記載されていれば，調査も予測・評価も間に合ったはずである。準備書に代替案を複数用意しておき比較検討すれば，準備書段階で必要な基礎調査は終わっており，評価書は準備書の軽微な修正で対応できた。そして，2000年5月の登録申請にも間に合ったであろう。

　この例のように，方法書段階で代替案を列挙しておかないと，手戻りや追加調査のため，アセス手続きに手間取る。かえって，事業者の負担が大きくなってしまう。方法書段階で代替案を列挙しておくほうが，事業者にとっても大きなメリットがあることがわかる。

●スコーピングの方法：オランダの例
　スコーピングを積極的に行っている国の一つはオランダである。オラ

ンダでは，わが国の方法書のドラフトに対応するものとして，最初に極めて簡便な文書を作成する。これを Starting Note という。いわば，方法書のたたき台である。大切なのは中身のある検討である。このため，双方向のコミュニケーションが重視される。ワークショップ形式で議論が進められる。会議形式でのコミュニケーションが大切なのである。もちろん，意見書の形で文書で意見を伝えてもよい。

この公衆参加によるスコーピングの期間は4週間取られる。スコーピングの運営は上述の EIA 委が行い，この委員会は全体で9週間かけて Starting Note を検討する。公衆が参加するプロセスは，EIA 委が検討する期間の最初の4週間である。この9週間の検討期間が終わると，EIA 委は，方法書に相当する文書をさらに4週間かけて作成する。スコーピングには全体で13週間，約3か月がかかる。

案件によってはより長期のこともあるが，不必要に長くなることはない。

● 改善の方向

アセス法における方法書段階の規定の不十分さは，事業者の自主的判断でカバーできる。各国における経験も踏まえて考えると，以下のような工夫ができよう。

① 方法書のドラフトを早期に公開する。
② 方法書の中身を検討していくための意見交換の場を設ける。この場には事業者，住民，行政，専門家等多様な主体を参加させる。
③ 検討プロセスは公開で行う。
④ 検討の期間は数か月以内に制限する。
⑤ 方法が決まった段階で，方法書を確定させ公表する。

これらは，事業者の自主的判断でできることである。実際，愛知万博のアセスでは，アセス法では規定されていない方法書の説明会や意見交

換会が持たれた。その意味ではアセス法を越える先進的な取組みも試みられた。

3. 新しいアセス，SEA の導入

現行制度に関する改善を図ることと同時に新しいアセス制度の導入も必要である。アセス法では事業アセスが対象であるが，事業よりも上位段階の意思決定を対象とした戦略的環境アセスメント（SEA）の導入である。すでに第 13 章で述べたが，SEA の導入も急がねばならない。

●政策・計画の意思決定への環境配慮

持続可能な発展のためには，基本的にはすべての大規模な人間行為に対してアセスが必要である。とはいえ，それには限度がある。

そこで，政策，計画，事業という意思決定の階層構造の中で，常に環境配慮するシステムを作ることが必要となる。このために必要な基本的な手法の開発はすでに行われている。もちろん，引き続き手法開発は行わなければならないが，政策，計画，事業の意思決定は常に迫られているのだから，手法開発の完了を待っているわけには行かない。

意思決定過程を透明化し，その判断に必ず環境配慮を加えるという制度作りを先行させなければならない。そのためには，情報公開が必要である。特に意思形成過程の情報公開が不可欠である。ところが，これには抵抗が大きい。この問題を吟味しておくことが，SEA の導入の条件作りに必要である。

●意思形成過程の情報公開

わが国は 1999 年に情報公開法を制定し，2001 年からの施行が決まったから，原則的には国の所有する行政情報はすべて公開される。しかし，例外的に非公開とされることがあり得るものとして，6 種類の情報が規定された。そのうち，意思形成過程情報も例外が適用されることがあり得

るとされた。地方自治体でも国の情報公開法の制定に合わせ，情報公開条例の改正や新たな制定がなされたが，これらも国の制度に準じて，このような例外規定を設けている。

　しかし，SEAを実施するためには，意思形成過程情報が非公開とされてはならない。行政が政策の根拠を住民に説明するためには意思形成過程の情報は例外なく開示することが不可欠である。行政が，どのような目的を設定したか，そのためにどのような案を検討対象としたか，それら諸案の効果や影響をどう予測し評価したか。この一連の経緯を住民に具体的に説明する責任がある。とりわけ，環境政策の転換がなされた今日，持続可能な発展の観点からの判断ができるような情報が住民に提供されなければならない。

●**意思形成過程情報の公開は不都合を生じるか**

　事業者は混乱を避けるとして，未確定の情報は公開したがらない。しかし，そもそも代替案とは決定前のものだから代替案の検討のためには未確定の情報を公開することが不可欠である。アセスの過程で住民が適切な意見を出していくためにも，十分な情報公開が必要である。

　意思形成過程の情報公開に対してよく言われる二つの問題点は，無用な混乱を生ずるおそれと，自由な意見の表明が阻害されるおそれである。しかし，これらについては，明確な反論ができる。

　民主主義社会では，多様な意見が出るのが正常である。環境問題では環境面と社会・経済面のバランスをどう取るかで考え方が異なり，さまざまな意見があり得る。だから多様な意見が出ないようでは，その社会はむしろおかしい。したがって，いわゆる混乱とは有用で必要なものである。さまざまな主体が意見を表明し議論を重ねることにより，社会的に公正で，合理的，効率的，安定な解決策を得ることができる。

　また，専門家とはその専門領域において客観的に正しい情報を提供

し，専門家の良心に恥じない判断をすることに社会的役割がある。したがって，自由に意見を表明できない専門家は委員会や審議会の委員たる資格はない。専門家としての襟度を保つことこそが必要である。そして，意見表明を阻害する動きがあれば，厳重に対処するシステムを作ることこそ本質である。密室での議論により生じる弊害のほうが甚大である。

さらに，よく言われる立地点などの計画情報を公開することにより生ずるとされる土地の買占めについても，何ら合理的な根拠がない。この言明に多くの人が騙されている。大きな誤解がある。

買占めは，密かに計画の意思決定がなされ，それが公開されず特定少数の人だけが知っているときに生ずる。計画の確定していない段階で情報が公開されれば，どこに立地するかわからないわけだから買占めなど生じない。また，自分の土地に立地するかもしれなということであれば土地は手放さない。計画の情報が公開されず，しかも，特定少数者だけが知っているからこそ，土地の買占めは生じるのである。その結果，公共主体は高い価格で土地を購入することになる。

●情報公開による社会・経済的便益

このように，意思形成過程の情報公開はそれほど大きな不都合を生じるとは思われない。むしろ，以下のようなメリットがある。

政策や計画，事業など，予算執行にかかわる意思形成過程の情報公開は公費の妥当な支出をもたらす。ここで妥当な支出とは，合理的，効率的，そして，社会的に公正な公費の支出である。公共事業の実施において，複数の省庁が類似施設を近接して建設する無駄が生じているなど，縦割り行政の弊害は多い。これは意思形成過程の情報が公開されないため行政内部の論理が先行して生じる無駄である。意思形成過程の情報が公開されれば，このような無駄を未然に防止する可能性は飛躍的に高まってくるはずである。

住民の監視の目にさらし，参加の機会を増やせば，住民の判断が意思形成に反映できる。この場合，公開の場で検討を行えば，合理性，効率性，とりわけ社会的公正性の観点から不適切な判断は下せなくなる。住民の中にはさまざまな専門家がおり，多様な意見や知識，知恵が提供される。情報公開と参加の推進によって，このような地域の知的資源の有効活用もまた可能となる。

●途上国援助事業へのSEA

SEAの適用について，今後のわが国にとって極めて重要なことがもう一つある。国際的取り組みである。これからは地球規模の視野で考えなければならない。とりわけ地球環境問題の解決には，途上国の問題が重要である。

わが国は海外援助大国となったが，このような援助事業において，環境配慮は十分なされてきたであろうか。海外援助へのSEA適用が重要な課題となっている。すでに途上国でもSEA的なアプローチがなされている。 世界はSEA的なアプローチが主流であり，世界銀行の環境配慮指針でもSEAの適用が求められている。

そして，わが国の国際協力事業団（JICA）もそのような方向でガイドラインの改訂を進めているところである。世界に貢献するために，SEAの積極的な適用が求められている。

4. 土地利用計画と成長管理

持続可能な発展のための基本的な計画は地域の土地利用計画である。人間活動の管理が必要であるから，この土地利用計画は成長管理を基調としたものでなければならない

わが国では，欧米の環境先進諸国に比べ，特に土地利用計画が不十分であり，土地利用規制が緩い。最後に，持続可能な発展のための基本で

写真15-1　ロンドンの都心部

写真15-2　ロンドンの住宅地

写真15-3　ロンドン住宅地の土地利用

写真15-4　ロンドンのグリーベルト

ある，土地利用計画について考えてみよう。

●イギリスの土地利用規制

イギリスは近代都市計画発祥の地であり，1898年には有名なハワードの田園都市論も提唱された。自然環境とのバランスを取ろうという意識は国民の中に強い。

英国の土地利用制度の特徴は，厳格な土地利用規制にある。1947年の都市農村計画法で決定的な条項を設けた。それは土地開発権を国有化したことである。土地の所有権は個人に属する。しかし，開発権は国有化

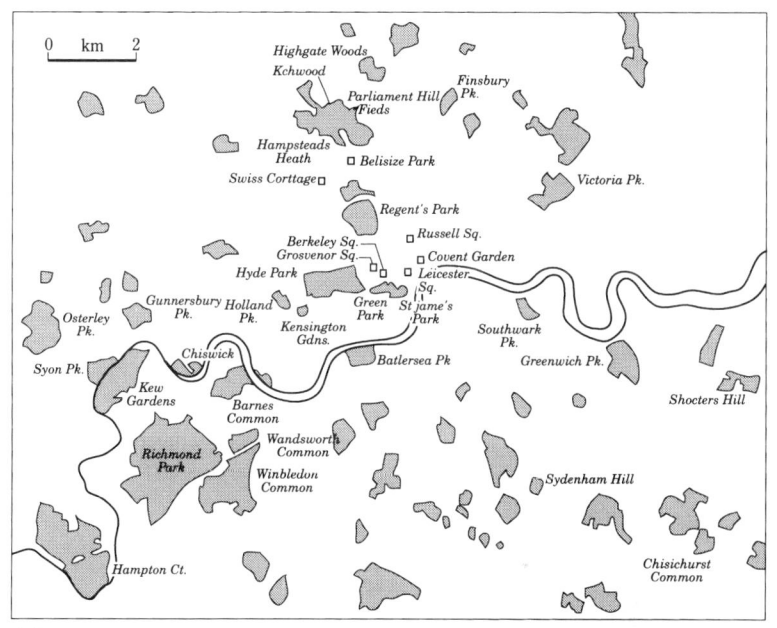

出典：Cout, H&Wood, P. edt. "London:Problems of Change", Longman Group Ltd. 1986
図15-2　ロンドンの公園緑地

した。これによって，個人が勝手に開発することはできなくなった。この開発権の放棄に対してはもう50年ほど前に補償済みであり，したがって，土地利用の規制が効果的にできる

　実際，ロンドンの周辺にはグリーンベルトが作られている。グリーンベルトでは一切の開発行為が禁止されている。これは1947年の都市農村計画法が根拠となっている。

　この法律ができた理由は，1920年〜1930年代にロンドン郊外に無秩序なスプロール化が起こり大きな問題となったことである。ロンドンの市民は貴重な農地や美しい田舎を失ってはならないと考えた。

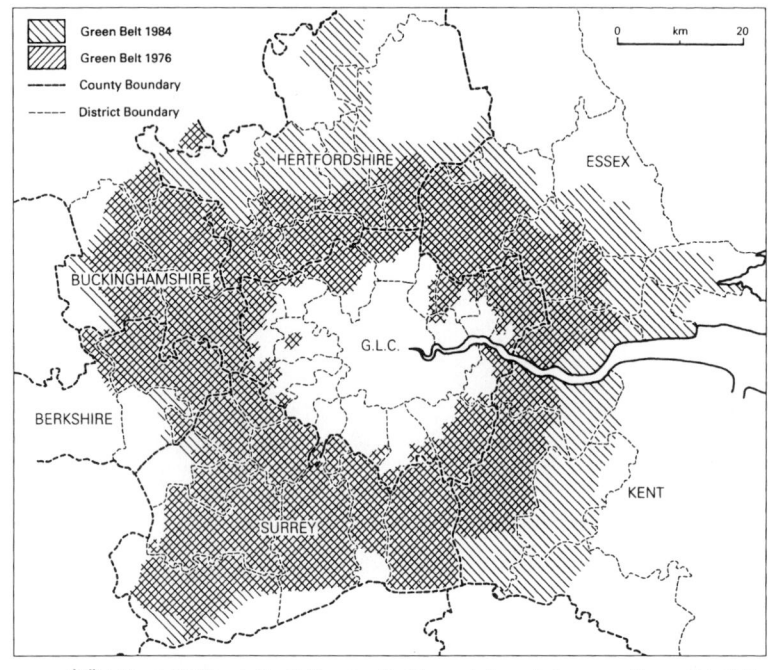

出典：Clout, H&Wood, P. edt. "London:Problems of change", Longman Group Ltd. 1986

図15-3　ロンドン都市圏のグリーンベルト

● ロンドンの都市構造

　このような土地利用規制は，欧米などの環境先進国で行われてきた。イギリスはその代表格であり，緑の豊かな都市空間が形成されている。

　ロンドンの都心はかなり高度な土地利用がされている（写真 15‐1）。しかし，都心から少し離れると様子は大分違う。都心部にも大きな公園がある。グリーンパークや有名なハイドパーク等々，数知れない（図 15‐2）。そして，都心から 2～3 キロも行くとすでに緑の中の住宅地が広がる（写真 15‐2）。これらは低層の集合住宅からなる都市住宅が中心である。空から見るとオープンスペースと緑の多いことがよくわかる（写真 15‐3）さらに，20 キロほど行くと農地も見えてくる（写真 15‐4）。これがグリーンベルトである（図 15‐3）。

　これを東京と比較して考えてみよう。東京も都心の一部には意外と緑があるが，23 区全体でみると少ない。そして，これは防災上の問題も大きい。では，東京ではどのくらいの緑地が必要か。この問題に答えるためには，SEA が必要である。

● スイスの国土計画と土地利用規制

　イギリスは山岳部が少なく平地面積が多い。そこで，わが国のように山岳部の多いスイスの例を考えてみよう。

　総人口 700 万人のスイスでは，国全体を一つの大都市と考えた国土計画をしており，これが基礎となっている。例えば，ジュネーブは国際機関，チューリッヒはビジネス活動，バーゼルはハイテクといった具合である。そして，さらに小さな町がある。それらの都市や町が機能分担している。自然環境もこのスイス市の一部である。これらの都市をつなぐため発達した鉄道網が活用される。

　こういうグランドデザインのもと，開発行為が行われる地域は非常に限られてくる。これによって各都市の機能特化が図られる。都市と都市

の間は田園地帯や山岳部である。アルプスは山岳地帯の代表だが，レクリエーションや観光資源としての価値が高い。アルプスでの開発も，あちこちで開発するのではなく，一定の地域に開発を集中させている。したがって，非常に厳しい土地利用規制が行われている。

ただし，土地利用規制の厳しさは州により異なる。連邦制国家であるので州の自主性が尊重される。グリンデルバルトのある，ベルン州では非常に厳格な土地利用規制をしている（写真1-2）。スイスは直接民主制であるので住民投票によりどのような規制をするかは決まる。

住民の承認を得ていれば計画は容易に行えるが，この住民の承認を得るのが難しい。グリンデルバルトの環境が守られてきたのは，結局は住民の意志の結果である（写真1-2）。住民たちはグリンデルバルトの風景が貴重な資源であることをよく知っている。この考え方は19世紀の末ごろから始まった。上流社会の人達がグリンデルバルトを訪れ，この地が高級リゾート地となり，実際に彼らに経済的利益をもたらしたからである。

この事例は，今後のわが国にも参考になろう。日本の国民も次第に，質の高い自然環境を求めるようになってきた。大切なのは単に開発行為を行うのではなく，地域の自然環境の質を維持することによって地域の魅力を保つことである。スイスは地方分権化の進んだ社会であり，地域住民の声が計画に直接反映される社会システムである。

5. おわりに

環境計画の基本は広域的な土地利用計画であるという認識は次第に広まっているようである。ここでは，イギリスとスイスの例を示したが，欧州共同体（EU）でのSEA指令の検討は，まず，土地利用計画に関わる政策や計画の意思決定にSEAを適用することを考えた。アメリカで

も同様の認識がされている。

　わが国でも環境の質を保つためには広域的な土地利用計画が，まず，基本である。都市計画法改正の議論で，市町村を超えた広域的なマスタープランの導入が検討されたが，これも広域的な土地利用計画の重要性が意識されてのことである。

　環境計画自体がSEAを必要とするが，環境計画ができていれば，個別の事業アセスは，環境計画の枠組みの中で行うことができる。個別事業の可否も上位計画で基本的な枠組みが用意されていれば判断がしやすくなる。例えば，2000年1月に住民投票が行われ，住民からノーの意志表示がされた徳島県吉野川の可動堰問題でも，本来，吉野川流域全体の総合計画が必要であった。流域全体の河川環境計画を作り，その上で考えれば，可動堰がふさわしいか，現在の堰を補修強化したほうがふさわしいかを判断することができる。

　このような環境計画を行うためには，一極集中的な意思決定機構では対応できない。エコロジカルシステムに対応する地域の広がりとして道州制ぐらいの広域レベルでの地方分権を進め，同時に民主的な計画システムをつくってゆかなければならない。

　ヨーロッパの環境先進諸国は人口規模が500万人から1500万人の範囲に入るところが多い。イギリスやドイツのような大国も分権化が進んでおり，州の力が強い。社会の意思決定の単位はやはり，このぐらいの人口規模である。こうして考えると，わが国は8から10程度の州にわけて社会の意思決定をしたほうが効果的な環境計画ができるであろう。

　そして，この環境計画の基本である土地利用計画へのSEAの適用が重要である。わが国は土地問題が特に深刻であるため，厳格な土地利用規制はしにくい。しかし，土地制約の厳しいわが国では，だからこそ土地の公共性をより重視した計画が必要となる。

持続可能な発展のためには，効果的な土地利用計画が必要なのである。そのためには計画プロセスの透明性を高めなければならない。すなわち，情報公開と住民参加の推進が不可欠である。

参考文献

1―持続可能な発展

- 淡路剛久編：開発と環境―第一次産業の公害をめぐって―. 日本評論社, 351pp., 1986
- Carson, R. 著, 青樹梁一訳：沈黙の春―生と死の妙薬―. 新潮社, 342pp., 1974
- 原科幸彦：都市の成長管理と環境計画. 環境情報科学, 24(2), 64-70, 1995
- 伊藤滋・高橋潤二郎・尾島俊雄監修：環境共生都市づくり. ぎょうせい, 443pp., 1993
- Johnson, D.: *Planning the Great Metropolis -The 1929 Regional Plan of New York and Its Environs-*. E & FN Spon, London, 299pp. 1996
- 環境庁編：環境白書・平成11年版（総説, 各論）, 大蔵省印刷局, 1999
- 環境庁企画調整局企画調整課編著：環境基本法の解説. ぎょうせい, 539pp., 1994
- 増原義剛：図でみる環境基本法. 中央法規, 159pp., 1994
- 宮本憲一：環境と開発. 岩波書店, 265pp., 1992
- 内藤正明・加藤三郎編：持続可能な社会システム. 岩波書店, 228pp., 1998
- 東京都都市計画局：東京都市白書'91, 152pp., 1991
- World Commission on Environment and Development: *Our Common Future*. Oxford University Press, 400pp., 1987

2―アセスメントとは何か

- Canter, L. W.: *Environmental Impact Assessment*. McGraw-Hill, Inc. 331pp., 1977（大久保昌一監訳：環境影響評価報告書作成技法. 清文社, 341pp., 1978）
- 土木学会環境システム委員会編：環境システム. 共立出版, 286pp., 1998
- Glasson, J., Therivel, R. & Chadwick, A.: *Introduction to Environ-*

mental Impact Assessment. UCL Press, 342pp., 1994
- ●原科幸彦, 原沢英夫, 西岡秀三：環境施策のシステム分析支援技術の開発に関する研究. 国立公害研究所研究報告第37号, 150pp., 1982
- ●原科幸彦, 中口毅博：居住環境指標の体系に関する一考察. 環境情報科学, 19(1), 130-139, 1990
- ●宮川公男編：システム分析概論. 有斐閣双書, 298pp., 1973
- ●Munn. R. E. 編, 島津康男訳：環境アセスメント・原則と方法. 環境情報科学センター, 189pp., 1975
- ●大野輝之, レイコ・ハベ・エバンス：都市開発を考える. 岩波書店, 235pp., 1992
- ●Quade, E. S. & Boucher, W. I. 編, 香山健一, 公文俊平監訳：システム分析 1, 2. 竹内書店, 210pp., 244pp., 1972
- ●寺田達志：わかりやすい環境アセスメント. 東京環境工科学園出版部, 181pp. 1999
- ●山村恒年：環境アセスメント. 有斐閣選書, 348pp., 1980
- ●Young, P. C. edit: *Concise Encyclopedia of Environmental Systems.* Pergamon Press, 769pp., 1993

3—コミュニケーションの方法

- ●Creighton, J.: *The Public Involvement Manual.* Abt Books, 333pp., 1981
- ●原科幸彦：計画案検討のための住民参加会議方式の改善に関する実験的研究, 計画行政. 6(1), 63-71, 1983
- ●環境庁企画調整局編：詳解・環境アセスメント. ぎょうせい, 1316pp., 1992
- ●環境庁環境アセスメント研究会編：日本の環境アセスメント・平成10年度版. ぎょうせい, 260pp., 1998
- ●山村恒年：環境アセスメント. 有斐閣選書, 348pp., 1980
- ●島津康男：市民からの環境アセスメント. 日本放送出版協会, 228pp., 1997

4—検討範囲の絞込み

- ●Carpenter, R. A. & Maragos, J. E.: *How to Assess Environmental Impacts on Tropical Islands and Coastal Areas.* Environmental and Policy Institute, East-West Center, Honolulu, Hawaii, 58pp. 1989

- 千秋新一編著：新体系土木工学 別巻 環境アセスメント．技報堂出版, 71-84, 1988
- 鹿島建設編：環境アセスメントの実務．鹿島出版会, 152-157, 1987
- 島津康男, 原嶋亮二：環境アセスメント仕様書の作り方．武蔵野書房, 12-37, 1980
- Munn, R. E. 編, 島津康男訳：環境アセスメント—原則と方法．環境情報科学センター, 37-78, 1975
- 内藤正明, 西岡秀三, 原科幸彦他著, 日本計画行政学会編：環境指標—その考え方と作成手法—．学陽書房, 191pp., 1986
- 岡田康彦：地域住民の声が環境への負担を軽くする（インタビュー）．時の動き, 1011号, 8-15, 1999
- 原科幸彦：環境アセスと住民参加．時の動き, 1011号, 36-37, 1999

5—環境影響の予測(1)

- 鹿島建設編：環境アセスメントの実務．鹿島出版会, 158-193, 1987
- 環境アセスメントハンドブック編集委員会：環境アセスメントハンドブック．環境技術研究協会, 335-587, 1987
- 環境情報科学センター編：環境アセスメントの技術．1018pp., 1999
- 東京都環境保全局：東京都環境影響評価技術指針関係資料集．1-204, 1988
- 千秋新一編著：新体系土木工学 別巻 環境アセスメント．技報堂出版, 85-151, 1988
- 日本環境アセスメント協会：環境アセスメント技術マニュアル—予測・評価編．1-338, 1982

6—環境影響の予測(2)

- 日本環境アセスメント協会：環境アセスメント技術マニュアル—予測・評価編．338-410, 493, 1982
- 鹿島建設編：環境アセスメントの実務．鹿島出版会, 193-248, 1987
- 環境アセスメントハンドブック編集委員会：環境アセスメントハンドブック．環境技術研究協会, 588-699, 1987
- 環境情報科学センター編：環境アセスメントの技術．1018pp., 1999
- 瀬戸昌幸：生態系—人間存在を支える生物システム—．有斐閣, 1-6, 1992
- 環境情報科学センター編：自然環境アセスメント指針．168-218, 1990
- Institute for National, Regional and Local Planning: Swiss Fed-

eral Institute Technology: *Landscape and Environmental Planning: Objectives and Activities.* 15pp, 1999
- 環境庁：生物の多様性分野の環境影響評価技術検討会中間報告書. 1999

7—環境影響の評価

- Canter, L. & Hill, L.: *Handbook of Variables for Environmental Impact Assessment.* Ann Arbor Science Publishing Inc., 203pp., 1979
- Dee, N. et. al.: *Environmental Evaluation System for Water Resource Planning.* Battele Columbus Laboratories, Ohio, 188pp., 1972
- Elliott, M. L.: Pulling the Pieces Together: Amalgamation in Environmental Impact Assessment. *Environmental Impact Assessment Review,* 2(1), 11-38, 1981
- ぎょうせい：環境関係法令・解説集—平成4年版—. ぎょうせい, 3126 pp., 1992
- 原科幸彦：都市環境の総合評価方法, 中村英夫編「都市と環境」. ぎょうせい, 327-338, 1992
- 原科幸彦, 原沢英夫, 西岡秀三：環境施策のシステム分析支援技術の開発に関する研究. 国立公害研究所研究報告第37号, 150pp., 1982
- 原科幸彦, 田中充, 内藤正明：住民観察にもとづく快適環境指標の開発, 環境科学会誌. 3(2), 85-98, 1990
- 内藤正明, 西岡秀三, 原科幸彦他著, 日本計画行政学会編：環境指標—その考え方と作成手法—. 学陽書房, 191pp., 1986
- 島津康男：新版環境アセスメント. 日本放送出版協会, 238pp., 1987

8—日本の制度の歴史

- 青山透, レベッカ・コールマン：米国における環境アセスメントの背景・現状・将来①, ②, ③. かんきょう, 1976.9, 14-19, 1976.11, 40-41, 1977.1, 41-47
- 中央環境審議会「今後の環境影響評価制度の在り方について」答申. 13 pp., 1997
- 船後正道：米国国家環境政策法について—アメリカにおける環境アセスメントの制度と手続き—①, ②, ③. 青と緑, (3), 68-75；(4), 50-63；(5), 75-89, 1975

- 原科幸彦編著，環境アセスメント．放送大学教育振興会，282pp., 1994
- 環境庁企画調整局監修：環境アセスメント実務必携．ぎょうせい，957pp., 1986
- 環境庁企画調整局編：詳解・環境アセスメント．ぎょうせい，1316pp., 1992
- 川名英之：ドキュメント日本の公害・第1巻・公害の激化．緑風出版，465pp., 1987
- 川名英之：ドキュメント日本の公害・第11巻・環境行政の岐路．緑風出版，548pp., 1995
- 森嶋昭夫：環境影響評価法までの経緯(1)．ジュリスト No.1115, 25-30, 1997
- 森田恒幸：環境影響評価における最近の研究動向，農林水産技術情報協会発行「環境影響評価」，56-72, 1988
- 清水汪：環境影響評価法の制定を迎えて．ジュリスト No.1115, 31-35, 1997
- 山村恒年：環境アセスメント．有斐閣選書，348pp., 1980

9. 日本の現行制度と事例

- 青山貞一：恵比寿ガーデンプレイス－住民参加型アセス－．環境技術研究協会『環境アセスメントここが変わる』432pp. 1998
- 浅野直人：環境影響評価の制度と法．信山社，257pp. 1998
- 淡路剛久：環境影響評価法の法的評価．ジュリスト，No.1115, 50-58, 1997
- Creighton, J.: *The Public Involvement Manual*. Abt Books, 333pp., 1981
- 原科幸彦：計画案検討のための住民参加会議方式の改善に関する実験的研究．計画行政，6(1), 63-71, 1983
- 原科幸彦：環境影響評価法の評価－技術的側面から，ジュリスト No.1115, 59-66, 1997
- 環境庁環境アセスメント研究会監修：環境アセスメント関係法令集．ぎょうせい，1014pp., 1998
- 環境庁環境アセスメント研究会編：日本の環境アセスメント・平成10年度版．ぎょうせい，260pp., 1998
- 環境庁環境影響評価研究会：逐条解説・環境影響評価法．ぎょうせい，745pp., 1999
- 環境技術研究協会：環境アセスメントここが変わる．432pp.1998

- 環境法政策学会編:新しい環境アセスメント法. 商事法務研究会, 206 pp. 1998
- 松浦さと子編:そして, 干潟は残った. リベルタ出版, 310pp.1999
- 明治学院大学立法研究会等編:環境アセスメント法. 信山社, 366pp. 1997
- 内藤克彦:環境アセスメント入門. 化学工業日報社, 238pp.1998
- 寺田達志:わかりやすい環境アセスメント. 東京環境工科学園出版部, 181pp. 1999
- 辻淳夫:藤前干潟から見た環境アセスメント. 松行康夫・北原貞輔共編著「環境経営論Ⅱ」, 税務経理協会, 21-61,1999

10―欧米の制度と事例

- Berzok, L. : The Role of Impact Assessment in Environmental Decision Making in New England : A Ten-Year Retrospective. *Environmental Impact Assessment Review,* 6(2), 103-133, 1986
- Canter, L. W.: *Environmental Impact Assessment (Second Edition).* McGraw-Hill, Inc. 660pp., 1996
- Council for Environmental Impact Assessment, The Netherlands: *New Experience on EIA in the Netherlands.* 55pp., 1998
- Council of the Environmental Quality : Environmental Impact Assessment. *United States of America National Report* 1992, 372-381, 1992
- Council of the Environmental Quality: *Environmental Quality - Twentieth Annual Report.* CEQ, 494pp., 1990
- Department of the Environment, UK: *Environmental Assessment -A Guide to the Procedures-.* The Stationary Office, UK, 63pp., 1989
- 原科幸彦:アメリカにおける環境影響評価制度の概観. ジュリスト, (1083), 30-37, 1996
- 早水輝光:米国における環境アセスメントの現状と課題. 資源環境対策, 28(11), 59-64, 1992
- 細野宏:米国環境アセスメント制度の最近の動向. かんきょう, 13(2), 31-38, 1986
- 環境庁環境アセスメント研究会監修/地球・人間環境フォーラム編集:世界の環境アセスメント. ぎょうせい, 423pp.1996
- 小野由里・原科幸彦:計画プロセスにおける環境アセスメント制度の

機能に関する日米比較．第8回環境情報科学論文集，169-164, 1995
- 高橋一修：アメリカ環境アセスメント法の到達点―NEPA 手続条項・実施規制の意義―．ジュリスト，(695), 52-58, 1979
- Wood, C.: *Environmental Impact Assessment -A Comparative Review-*. Longman Science and Technical, Harlow, 337pp., 1995

11―積極的な住民参加

- Arnstein, S.: A Ladder of Citizen Participation. *AIP Journal*, (35), 216-224, 1969
- 船場正富：環境の選択―住民の求める環境アセスメント―．280pp., 1986
- 原科幸彦：地区レベルの環境計画プロセスにおける住民意向反映手法に関する研究―システム分析支援技術の立場から―．地域学研究，14, 1-16, 1984
- 原科幸彦：環境の意思決定を考える―新しい環境アセスメント―．環境情報科学，28(3), 2-7, 1999
- 原科幸彦・津田義浩：環境アセスメントにおける住民アセスメントの効果―恵比寿ガーデンプレイス計画を事例として―．環境情報科学論文集，141-146, 1996
- 早水輝光：米国における環境アセスメントの現状と課題，資源環境対策，28(11), 59-64, 1992
- 島津康男：新版環境アセスメント．日本放送出版協会，238pp., 1987
- 篠原一：市民参加．岩波書店，247pp., 1977
- Susskind, L. & Cruikshank, J.: *Breaking the Impasse ; Consensual Approaches to Resolving Public Disputes*. Basic Books. Inc. Publishers, 276pp., 1987
- 寄本勝美：自治の現場と参加．学陽書房，230pp., 1989
- 寄本勝美：市民参加の合意形成．地域開発，(344), 15-21, 1993

12―アセスメントと紛争

- Bacow, L. S. & Wheeler, M.: *Environmental Dispute Resolution*. Plenum Press, 372pp., 1984
- 原科幸彦：環境紛争解決のための調停―Environmental Mediation―．地域開発，82.10, 29-35, 1982
- 原科幸彦：アメリカの環境紛争調停―住民との利害調整の新しいアプローチ．環境情報科学，12(3), 45-50, 1983

- 原科幸彦：環境紛争における合意形成. 環境情報科学, 22(3), 6-12, 1993
- Harashina, S.: Environmental Dispute Resolution in Road Construction Projects in Japan. *Environmental Impact Assessment Review*, 8(1), 29-41, 1988
- Harashina, S.: Environmental Dispute Resolution Process and Information Exchange. *Environmental Impact Assessment Review*, 15(8), 69-80, 1995
- Patton, L. K. & Cormick, G. W.: Mediation and the NEPA Process: The Interstate 90 Experience. in *Environmental Impact Analysis: Emerging Issues in Planning*. Edits. Jain, R. & Hutchings, B., University of Illinois Press, 43-54, 1978
- 佐藤重雄・山田康雄・福田光宏：きれいな空気と安眠を―東京湾岸道路の公害反対運動の10年―. 公害研究, 12(3), 65-69, 1983
- Susskind, L. & Cruikshank, J.: *Breaking the Impasse ; Consensual Approaches to Resolving Public Disputes*. Basic Books. Inc. Publishers, 276pp., 1987

13―戦略的環境アセスメント

- 中央環境審議会「今後の環境影響評価制度の在り方について」答申. 13 pp., 1997
- Council on Environmental Quality: *The National Environmental Policy Act -A Study of its Effectiveness After Twenty-five Years*. p. 49. 1997
- Department of the Environment, UK: *Policy Appraisal and the Environment: A Guide for Government Departments, 1991*, （原科幸彦訳, 政策評価と環境. 建設政策研究センター, *85pp., (1994), and DOE: Environmental Appraisal in Government Departments, 1994*
- EC: Proposal for a Council Directive on the assessment of the effects of certain plans and programs on the environment. COM(96)511., 1996
- 原科幸彦，日本におけるSEAの可能性（Possibility of introducing SEA into Japan）．「戦略的環境アセスメントに関する国際ワークショップ（International Workshop on Strategic Environmental Assessment）予稿集」, 57-63，東京，1998.11.26
- 原科幸彦，道路事業の計画段階からの住民参加：横浜市青葉区の事例.

日本計画行政学会第22回全国大会研究発表論文集，(1999)
- Hardin, G.: The Tragedy of the Commons. *Science* (162), 1243-1248, 1968
- 石田頼房編：未完の東京計画―実現しなかった計画の計画史―．270pp., 1992
- 「科学」編集部：大震災以後．岩波書店，356pp., 1998
- 環境庁企画調整局，計画段階における環境影響評価技法の体系化に関する調査研報告書（昭和53年度5分冊，54年度6分冊，55年度8分冊）．1979-1981）
- Kent County Council: *Kent Structure Plan, Strategic Environmental Appraisal of Policies.* 20(+43)pp., 1993
- 森田恒幸：環境アセスメントに関する最近の研究動向について／計画アセスメントを中心にして．環境情報科学，11(1), 35-42, 1982
- 大野輝之，レイコ・ハベ・エバンス：都市開発を考える．岩波書店，235pp., 1992
- Sadler, Barry and Verheem, Rob: *Strategic Environmental Assessment.* 188pp., 1996, （国際影響評価学会日本支部訳：戦略的環境アセスメント．ぎょうせい，219pp., 1998）
- Therivel, R. et.al.: *Strategic Environmental Assessment.* Earthscan Publication Ltd. 181pp., 1992

14―環境計画とアセスメント

- 阿部孝夫：地域環境管理計画策定の理論と手法．ぎょうせい，1986
- 青山貞一：理論と実践・環境プランニング．環境総合研究所，92pp., 1987
- 朝倉暁生・関野敦司：環境計画の策定段階における住民参加のあり方に関する基礎的研究．計画行政，20(4), 1997
- 原科幸彦：都市レベルの環境計画―新たな展開―．計画行政，17(3), 35-41, 1994
- 原科幸彦，村山武彦，吉村輝彦：都市レベルでのマスタープラン作成のための住民参加手法の開発に関する基礎的研究．第一住宅建設協会・地域社会研究所，92pp., 1994
- 環境庁編：環境基本計画．大蔵省印刷局，159pp., 1994
- 環境庁企画調整局企画調整課編著：環境基本法の解説．ぎょうせい，539pp., 1994
- 環境庁企画調整局編：首都圏・その保全と創造に向けて．大蔵省印刷

局，1990
- 内藤正明：エコトピア．223pp., 日刊工業新聞社，1992
- 内藤正明編著：環境調和型都市（ESSO Energy 21）．世界文化社，75pp. 1993
- 田村明：環境計画論．鹿島出版会，284pp., 1980

15—アセスメントの今後

- Clout, H. & Wood, P. edt.: *London: Problems of Change*. Longman Group Ltd. 169pp. 1986
- Cullingworth, B. & Nadin, V.: *Town & Country Planning in Britain-Eleventh Edition-*. Routledge, London, 343pp. 1994
- Hall, P. & Ward, C.: *Sociable Cities*. John Wiley & Sons, 229pp. 1998
- 原科幸彦：都市の成長管理と環境計画．環境情報科学，24(2), 64-70, 1995
- 原科幸彦：都市環境と生活の質．新都市，47(2), 18-24, 1993
- 原科幸彦：意思形成過程の情報公開はなぜ必要か．晨（あした），18(5), 18-20, 1999
- 原科幸彦，戦略的環境アセスメントとは何か－土地利用計画との関連から－．不動産学会誌，13(3), 54-60, 1999
- Harashina, S.: EIA in Japan-Creating a more transparent society? *Environmental Impact Assessment Review*, 18(4), 309-311, 1998
- Howard, E.: *To-morrow: A Peaceful Path to Real Reform*. London: Swan Sonnenschein, 1898
- Howard, E.: *Garden Cities of To-morrow* (preface by F. J. Osborn and introductory essay by L. Munford) Faber, London, 1946（長素連訳：明日の田園都市．鹿島出版会，276pp., 1968）
- 五十嵐敬喜・小川明雄，公共事業をどうするか．岩波書店，228pp., 1997
- 中井検裕・村木美貴：英国都市計画とマスタープラン．学芸出版社，318pp., 1998
- 岡島成行：アメリカの環境保護運動．岩波書店，201pp., 1990
- 大野輝之：現代アメリカ都市計画－土地利用規制の静かな革命．学芸出版社，222pp., 1997
- 大谷幸夫編：都市にとって土地とは何か．筑摩書房，273pp., 1988
- Ward, S. edt.: *The Garden City*. E & FN SPON, 215pp., 1992

●渡辺俊一：比較都市計画序説―イギリス・アメリカの土地利用規制―．三省堂，296pp., 1985

索引

配列は五十音順

●あ 行

Ⅰ-90号線建設紛争……………… 229
愛知県………………………… 169
愛知万博……………………… 293
愛知万博のアセス……………… 65
アイブルク…………………… 198
アカウンタビリティ……… 67,120,256
悪臭…………………………… 1
アジェンダ21 ………… 22,155,275
アースデイ…………………… 144
アセス文書…………… 175,294,296
アセス法……………… 24,46,157
アセス法との調整……………… 165
アセス法の改善点……………… 292
アセスメントの手続き………… 46
斡旋…………………………… 244
アドホック法………………… 84
アポロ11号…………………… 21
アムステルダム……………… 196
アメリカ………………… 181,297
アメリカ都市計画協会………… 218
アメリカにおける住民参加…… 207
アーンスタイン……………… 210
EIA委………………………… 296
EIS…………… 52,183,186,187,232
EA………………… 186,188,208
イエローストーン国立公園…… 132
イギリス……………………… 307
イギリスの制度……………… 194
意見交換会…………………… 65
意見書……………… 53,54,67,169
EC…………………………… 190
意思形成過程情報……………… 302
意思決定………………… 31,255
EC事業アセス指令…………… 190

EPA……… 137,138,183,184,187,240
EU…………………………… 191,258
入れ子………………………… 170
インターネット………… 66,174,294
ヴォーバン地区……………… 29
埋め立て計画………………… 168
埋立事業……………………… 198
運輸省………………… 145,146,172
英国鉄道……………………… 260
英仏海峡トンネル連絡鉄道… 201,259
SEA…………… 252,256,291,301,311
SEA指令……………………… 310
SEA指令案…………………… 258
NGO………………… 170,174,176
NPO(非営利組織)…………… 174
恵比寿ガーデンプレース……… 174
FEIS………………………… 187
エルク………………………… 134
エールワイフ………………… 213
OECD………………………… 157
欧州共同体…………………… 257
横断条項………………… 160,173
欧米のアセス制度……………… 181
大石武一……………………… 144
汚染物質……………………… 86
オーダーメイド……………… 76
オープンスペース……………… 251
重みづけ……………………… 138
オランダ………………… 296,299
オランダの制度……………… 192
オランダの廃棄物処理10ヵ年計画
…………………………… 263
温室効果ガス………………… 112,274

●か 行

会議形式…………………………… 56
会議形式のコミュニケーション
　………………………… 57,61,300
会議によるコミュニケーション… 69
海上の森…………………………… 298
開発許可制度……………………… 194
カウンティ………………………… 239
科学性と民主性…………………… 32
閣議アセス…………………… 151,159
加重線形和………………………… 129
価値対立…………………………… 138
価値判断……………………… 32,137
神奈川県…………………………… 55
神奈川県の制度…………………… 148
可能性評価………………………… 263
カリフォルニア……………… 183,218
川崎市の環境調査制度…………… 265
川崎市の制度……………………… 147
環境影響の回避・低減
　………………… 121,158,164,192
環境影響評価……………………… 20
環境影響評価制度の推進………… 155
環境影響評価法…… 24,52,156,157,159
環境影響評価法案………………… 156
環境汚染………………………19,31,249
環境基準……………………… 121,127
環境基本計画……… 22,155,269,270
環境基本条例……………………… 270
環境基本法…… 22,24,155,172,259,269
環境計画…………………… 210,269,310
環境諸問委員会…………………… 183,229
環境情報……………………… 174,296
環境政策…………………………… 25
環境庁……………………… 144,146,148
環境調査協定……………………… 178
環境庁長官の意見……… 152,160,172
環境テスト…………………… 257,263
環境と開発に関する国連会議…… 155

環境の質…………………………… 182
環境パス……………………… 284,287
環境評価システム………………… 128
環境負荷……………………… 26,250
環境紛争…………………………… 243
環境への負荷……………………… 112
環境保護庁………………………… 184
関係地域住民……………………… 162
関西国際空港……………………… 130
気象………………………………… 101
規制行政…………………………… 20
基礎調査…………………………… 70
共生………………………… 26,28,270
行政手続法………………………… 183
協定………………………… 244,246
京都市……………………………… 271
グリンデルバルト……………… 11,310
グリーンベルト……………… 248,308
黒川調査団………………………… 142
計画………………………………… 252
計画アセスメント………………… 208
計画段階…………………………… 255
計画段階からの参加……………… 227
景観………………………… 108,295
景観の予測手法…………………… 109
下水処理場建設紛争……………… 236
決定参加…………………………… 208
見解書………………………… 54,56,165
建設省……………………………… 146
検討範囲…………………………… 47
検討範囲の絞り込み……………… 67
ケント州…………………………… 260
合意形成……………………… 226,235,289
公害………………………… 18,71,139
公害国会…………………………… 20
公害訴訟…………………………… 143
公共交通…………… 234,278,282,284
公告………………………………… 53
公述………………………………… 63

325

索引

交渉……………………………… 244,245
工場立地法……………………… 146
高速道路………………………… 234
公聴会…… 54,55,63,147,153,165,170
交通管制………………………… 287
行動計画………………………… 276
公有水面埋立法………………… 145,172
港湾計画………………………… 259
港湾法…………………………… 145
国際影響評価学会…………… 156,171,255
国際協力事業団………………… 304
国際的取組み…………………… 270
国政モニター調査……………… 151
国連人間環境会議……………… 21,144
国家環境政策法………… 21,144,181,257
ＣＯＰ３………………………… 271
個別評価……………… 37,121,126,134
個別法等によるアセス………… 145
狛江市…………………………… 220
ごみ中間処理施設建設計画…… 220
ごみ非常事態宣言……………… 172
コミュニケーション… 45,51,64,85,212
コミュニケーションシステム…… 64
コミュニケーションの方法…… 56

●さ 行
裁判から話し合いへ…………… 243
サットンの拡散式……………… 88
参加……………………………… 270
参加手続き……………………… 294
参加の機会……………………… 160
サンフランシスコ……………… 40
シアトル………………………… 229
ＣＥＱ……………………… 183,184,229
ＣＥＱＡ……………………… 183,218
ＣＥＱに申し立て……………… 187
ＣＥＱへの申し立て…………… 190
事業……………………………… 252
事業アセス…………… 147,157,190,203

事業アセス指令………………… 257
事業者…………………………… 53
事業者の自主的取り組み……… 65
事業の計画段階………………… 175
事後のフォローアップ………… 160
システム分析………… 33,34,45,126
自然生態系……………………… 104
自然保護………………………… 20,262
持続可能な開発………………… 22
持続可能な発展……………… 11,22,155
自治体のアセス制度…………… 180
市長意見………………………… 165,170
市町村長意見…………………… 54,152
実施計画書……………………… 298
市電……………………………… 274
自動車交通…………………… 250,274
自動車乗り入れ規制…………… 282
自動車利用……………………… 274
自動車利用の抑制……………… 29
自動車利用を抑制……………… 282
地盤沈下………………………… 101
シミュレーション・モデル…… 295
市民委員会……………………… 221
社会・経済的評価……………… 263
社会・経済面…………………… 256
社会的意思決定………………… 29
ジャクソン………… 132,236,245,246
ジャクソンの下水処理場計画… 131
ジャクソン町………………… 138,239
車内検札………………………… 287
住宅地開発事業………………… 198
住民アセス…………………… 176,178
住民運動………………………… 141
住民参加………………………………
　　　31,32,64,145,147,207,212,223,235,266
住民と事業者…………………… 65
縦覧……………………………… 53
主務大臣………………………… 152
循環……………………………… 270

準備書
　… 48,52,53,57,58,62,162,164,171,294
上位計画……………………………… 252
上位計画段階…………………………… 260
詳細なアセスメント………………… 46
情報公開
　………… 31,145,147,173,266,301,303
情報公開法………… 180,183,266,301
情報交流…………………………… 54,69
情報参加……………………………… 208
情報提供……………………………… 212
条例………………………… 148,153,158
新石垣空港…………………………… 125
人工干潟……………………………… 171
人口密度……………………………… 248
審査会………… 54,56,66,164,170,173
審査書………………………………… 54
審査体制……………………………… 296
振動…………………………………… 100
水質汚染……………………………… 92
水象…………………………………… 102
スイス…………………………… 11,309
スクリーニング
　………… 46,160,162,183,187,191,208
スコーピング……………… 47,67,77,
　　160,162,176,179,187,192,208,297,299
Starting Note ……………………… 300
structure Plan …………………… 263
政策…………………………………… 252
政策・計画・プログラム…………… 257
政策分析……………………………… 33
生態系………………………………… 105
成長管理……………… 237,240,251,304
整備五新幹線………………………… 146
世界銀行………………………… 258,304
説明会…………………………… 53,62
線形和表示…………………………… 137
専門家………………………………… 302
戦略的環境アセスメント

……………………… 203,248,251,301
騒音…………………………………… 96
総合計画……………………… 252,265,289
総合交通体系………………………… 280
総合評価……… 38,124,125,137,223
総合評価値…………………………… 131
相対評価……………………………… 120
総論賛成，各論反対………………… 213
訴訟…………………………… 232,233

●た　行

第一種事業…………………………… 162
大気汚染……………………………… 86
大規模建築物………………………… 249
対象事業……………………………… 293
代替案………………… 33,37,39,42,67,76,
　　120,124,134,203,222,264,266,293,299
代替案検討…………………………… 203
代替案の比較検討……… 120,164,192
代替案評価…………………………… 126
第二種事業…………………………… 162
タスクフォース………………… 214,215
地域環境管理計画………… 22,121,269
地域基本計画………………………… 263
地域住民………………………… 69,142
地域別アセス………………………… 258
チェックリスト法…………………… 81
地球温暖化対策……………………… 250
地球温暖化防止計画………………… 277
地球環境問題…………………… 22,270
地球サミット…………………… 18,275
知事意見………………………… 54,152,165
地象…………………………………… 102
地方計画庁…………………………… 194
地方自治体の手続き………………… 54
地方自治体のアセス制度…………… 158
地方自治体の制度…………………… 164
中央環境審議会……………………… 156
中央公害対策審議会………………… 146,148

仲裁	244
チューリッヒ	280
チューリッヒ市都市交通局	282
チューリッヒ都市圏	290
調停	233,235,240,244
沈黙の春	19,182
ＤＥＩＳ	186
定性的な評価	295
定性的評価	121,263
ディーゼルバス	282,288
定量的評価	121,137
デシベル	96
手続き遅れ	298
テトン・カウンティ	132
田園都市論	307
電気事業法	156
電波障害	115
東京	15,248
東京都	55
東京とニューヨーク	248
東京都の条例	174,249
東京都の制度	148
東京都の総合アセス	265
動植物	104
透明性	173,255,268,289
道路事業	252
道路づくりへの住民参加	266
都市開発	213
都市計画	276
都市構造	290
都市再開発	174
都市農村計画法	194,307
途上国援助事業	304
土地の買占め	303
土地利用	15,248,258
土地利用規制	307,309
土地利用計画	255,291,304,310,311
土地利用密度	251
トラム	282
トロリーバス	282

●な 行

名古屋市	147,168
名古屋市の要綱	170
二酸化炭素	250,277
虹のカード	287
日本計画行政学会	223
ニューヨーク	15,248
ＮＩＭＢＹ	213
ネットワーク法	84
ＮＥＰＡ	21,23,52,134,143,181,182,190,232,297
ＮＥＰＡ手続き	186

●は 行

廃棄物	115
排出基準	121,127
パソコンによるシミュレーション	92
バッテル研究所	128
発電所	151,157
発電所の省議アセス	146
パートナーシップ	278
話し合いによる解決	240
パフモデル	89
パブリックコメント制度	180
万博アセス	298
ヒートアイランド	250
人と自然との豊かな触れ合い	108
評価	38
評価関数	127,131
評価基準	121
評価項目	32,68,81,128,134,164
評価項目の選定	62,129
評価指標	121,264
評価指標値	127
評価書	48,52,53,54,57,58,171,192,194,203

評価書の補正	160
評価方法	68
フィードバック	48,69
フォローアップ	295
複数案の比較検討	120
藤前干潟	24,166
藤前干潟保全	172
藤前干潟を守る会	170,174
部門別アセス	258
部門別計画	263
フライブルク	26
プリュームモデル	89
触れ合い活動の場	110
文化財	116
分権化	311
文書形式	56
文書形式のコミュニケーション	56,58
紛争	138,229,232,237
紛争解決	229,243,247
紛争発生	243
方法書	47,53,57,58,67,69,162,192
ボストンの地下鉄延長計画	213
北海道	147

●ま 行

マーサー島	230,234
まちづくり	271
松村調査団	142
マトリックス法	82
三島・沼津の石油化学コンビナート	141
未然防止	20,31
ミッションベイ開発	40,218
密度	248
港区	249
京のアジェンダ21	275,278
京のアジェンダ21 フォーラム	278
民主性	32,51
むつ小川原開発	147

●や 行

有害物質	87
ユーロスター	202
要綱	148,153,158
容積率	250
横浜市青葉区における道路づくりへの住民参加	266
吉野川の可動堰問題	311
予測手法	86,118
四日市公害訴訟の判決	143
ヨーロッパ	190
ヨーロッパの制度	191

●ら・わ行

ライフスタイルの変更	270
ラムサール条約	166,196
リサイクルセンター	223
立地上の過失	143
緑地	250
累積的影響	248
ルート選択	203
レイチェル・カーソン	19,182
路面電車	274,280,282,284,288
ロンドン	309
ワークショップ	219

分担執筆者紹介

●村山 武彦●
（むらやま・たけひこ）
4〜6

1960 年	千葉市に生まれる
1989 年	東京工業大学大学院理工学研究科博士課程修了
	福島大学行政社会学部助教授・工学博士
現在	早稲田大学理工学部教授
専攻	環境のリスクアセスメント・マネジメント，環境計画
主な論文	アスベストによる居住環境汚染のリスクアセスメントに関する研究（環境科学会誌，第4巻第2号）

編著者紹介

● 原科 幸彦 ●
（はらしな・さちひこ）
1〜4・7〜15

1946年	静岡市に生まれる
1975年	東京工業大学大学院理工学研究科博士課程修了
現在	東京工業大学大学院総合理工学研究科教授・工学博士
専攻	環境理工学，環境計画，環境評価と合意形成
主な著書	環境システム（共著，共立出版，1998）
	都市と環境（共著，ぎょうせい，1992）
	環境指標（共著，学陽書房，1986）
	都市づくりと土地利用（共著，技報堂，1985）
主な訳書	戦略的環境アセスメント（監訳，ぎょうせい，1998）
	Sadler,B&Verheen,R.*Strategic Environmental Assessment*,1996
主な論文	環境影響評価法の評価（ジュリスト，第1115号，1997）
	都市の成長を管理する（科学，第67巻第3号，1997）
	環境紛争における合意形成（環境情報科学，第22巻第3号1993）
	計画案検討のための住民参加会議方式の改善に関する実験的研究
	（計画行政，第6巻第1号,1983）

放送大学教材　1842382-1-0011

環境アセスメント

発行─────2000年3月20日第1刷
　　　　　2014年2月20日第9刷

編著者────原科幸彦

　　　　　　　　　　　　　　　一般財団法人
発行所────放送大学教育振興会
　　　　　　　〒105-0001
　　　　　　　東京都港区虎ノ門1-14-1
　　　　　　　郵政福祉琴平ビル
　　　　　　　電話・東京（03）3502-2750

市販用は放送大学教材と同じ内容です。定価はカバーに表示してあります。
落丁本・乱丁本はお取り替えいたします。　Printed in Japan

ISBN978-4-595-84238-2　C1334